Truques da mente

CB141791

Stephen L. Macknik e Susana Martinez-Conde

com Sandra Blakeslee

Truques da mente

O que a mágica revela sobre o nosso cérebro

Tradução:

Lúcia Ribeiro da Silva

ZAHAR

Aos nossos filhos maravilhosos, Iago e Brais.
Agradecemos a vocês por toda a magia.

Copyright © 2010 by Stephen L. Macknik e Susana Martinez-Conde

Grafia atualizada segundo o Acordo Ortográfico da Língua Portuguesa de 1990, que entrou em vigor no Brasil em 2009.

Tradução autorizada da primeira edição americana, publicada em 2010 por Henry Holt & Company, uma divisão da Macmillan, de Nova York, Estados Unidos

Título original

Sleights of Mind (What the Neuroscience of Magic Reveals About Our Everyday Deceptions)

Preparação
Luís Henrique Valdetaro

Revisão
Eduardo Monteiro
Clara Diament

Indexação
Nelly Praça

Capa
Dupla Design

Fotos da capa
© James Courtney / iStockphoto
Max Delson Martins Santos / iStockphoto

CIP-Brasil. Catalogação na fonte
Sindicato Nacional dos Editores de Livros, RJ

M144t

Macknik, Stephen L.
Truques da mente: o que a mágica revela sobre o nosso cérebro / Stephen L. Macknik e Susana Martinez-Conde com Sandra Blakeslee; tradução Lúcia Ribeiro da Silva. – 1ª ed.– Rio de Janeiro: Zahar, 2011.

Tradução de: Sleights of Mind: (What neuroscience of magic reveals about our everyday deceptions)
Inclui índice
ISBN 978-85-378-0715-6

1. Ilusões de óptica. 2. Ilusionismo. 3. Neurociências. I. Martinez-Conde, Susana. II. Blakeslee, Sandra. III. Título.

CDD: 152.148
11-4209 CDU: 159.954.3

Todos os direitos desta edição reservados à
EDITORA SCHWARCZ S.A.
Praça Floriano, 19, sala 3001 – Cinelândia
20031-050 – Rio de Janeiro – RJ
Telefone: (21) 3993-7510
www.companhiadasletras.com.br
www.blogdacompanhia.com.br
facebook.com / editorazahar
instagram.com / editorazahar
twitter.com / editorazahar

Sumário

Introdução

Terceira Lei de Clarke: "Qualquer tecnologia suficientemente avançada é indistinguível da magia."

Lei de Niven: "Qualquer mágica suficientemente avançada é indistinguível da tecnologia."

Agatha Heterodyne ("Girl Genius"), Paráfrase da Lei de Niven: "Qualquer mágica suficientemente analisada é indistinguível da ciência!"

Alguma vez você já se perguntou como funcionam os efeitos mágicos? Moedas se materializam do nada. Cartas se movem em um baralho como se fossem puxadas por uma força invisível. Belas mulheres são cortadas ao meio. Colheres se vergam. Peixes, elefantes e até a Estátua da Liberdade desaparecem diante dos nossos olhos. De que forma um mentalista adivinha os nossos pensamentos? Como é possível não ver um gorila na sala? Como alguém consegue deter um projétil com os dentes? *Como fazem isso?*

Não se dê ao trabalho de perguntar a um ilusionista. Ao ingressar em uma organização de mágicos profissionais, é possível que o iniciado seja solicitado a prestar um juramento: "Como mágico, prometo jamais revelar o segredo de qualquer ilusão a um não mágico, a menos que essa pessoa também jure respeitar o juramento dos mágicos. Prometo nunca fazer nenhum truque para não mágicos sem antes praticar o efeito até poder executá-lo bem o bastante para preservar a ilusão da magia." Trata-se de um código. Uma confraria. O mágico que desrespeita esse código corre o risco de sofrer a reprovação de seus colegas profissionais.

Então, o que nós, dois intrusos, estamos fazendo ao escrever um livro sobre mágica? Já não se revelou quase tudo sobre o ilusionismo? Escreva "mágica" na caixa de buscas do site Amazon Books e aparecerão 75 mil resultados. Procure no YouTube e você poderá ver praticamente todos os truques de ilusionismo já inventados – muitas vezes demonstrados com adoráveis criancinhas de sete anos em seus quartos, enquanto a mãe ou o pai seguram a câmera. Visite a Craiglist e faça sua escolha em uma miríade de encantadoras descrições de mágicos amadores locais. O que mais resta dizer?

Na verdade, muita coisa. Este é o primeiro livro que já se escreveu sobre a neurociência da mágica, ou, se você preferir, a *neuromagia*, termo que cunhamos ao iniciar nossas viagens pelo mundo do ilusionismo.* Muito já se disse sobre a história da prestidigitação, os truques dos profissionais, os mais recentes acessórios de apoio e as reações psicológicas aos efeitos do ilusionismo. Mas a neurociência vai mais fundo na investigação. Queremos revelar o interior do cérebro no momento em que somos tapeados por truques de prestidigitação. Queremos explicar, em um nível fundamental, por que somos tão vulneráveis aos truques da mente. Queremos que você veja que a ilusão é parte integrante do caráter humano. Que enganamos uns aos outros o tempo todo. E que sobrevivemos melhor e usamos menos recursos cerebrais ao fazê-lo, por causa da maneira pela qual nosso cérebro produz a atenção.

Como muito do que acontece na ciência, chegamos ao ilusionismo por acaso. Somos neurocientistas do Instituto Barrow de Neurologia (BNI, na sigla em inglês), na cidade de Phoenix, Arizona. O BNI é o mais antigo instituto autônomo de neurologia dos Estados Unidos e, no momento, tem o maior serviço neurocirúrgico da América do Norte, fazendo mais de 6 mil craniotomias por ano. Cada um de nós dirige um laboratório de pesquisas no instituto – Stephen, o laboratório de neurofisiologia do comportamento, Susana, o laboratório de neurociência da visão. A propósito, somos casados. Temos o interesse primordial de descobrir como o cérebro, na condição de dispositivo feito de células individuais chamadas neurônios, é capaz de produzir a consciência, a sensação de nossa experiência na

* Devin Powell, redator da revista *New Scientist*, descreveu nossos primeiros estudos em um artigo de 2008, que introduziu o termo "magicologia" (estudo científico da mágica) como alternativa para "neuromagia" (estudo neurocientífico da magia). Embora "neuromagia" seja um pouco mais restrito do que "magicologia", os dois termos são mais ou menos equivalentes e geralmente intercambiáveis.

primeira pessoa.* De algum modo, quando os neurônios se ligam uns aos outros em circuitos específicos, atinge-se a consciência. Essa é a suprema indagação científica, e a neurociência está prestes a respondê-la.

Nossa incursão pelas ilusões começou há uma década, quando, como jovens cientistas que buscavam renome, tentamos instigar algum entusiasmo popular por nossa especialidade, a neurociência da visão. Em 2005, depois de aceitarmos nomeações para o corpo docente do BNI, organizamos a anual Conferência Europeia sobre Percepção Visual, que se deu na cidade natal de Susana – La Coruña, na Espanha. Queríamos expor a ciência da visão de uma maneira nova, que deixasse o público e a mídia intrigados. Estávamos fascinados pela maneira como a ciência é capaz de explicar algo sobre as artes visuais – por exemplo, o trabalho de Margaret Livingstone sobre por que o sorriso da Mona Lisa é tão inefavelmente enigmático. Também sabíamos que as ilusões de óptica são de importância fundamental para se compreender como o cérebro transforma informações visuais brutas em percepção.

A ideia que nos ocorreu foi simples: criaríamos o concurso A Melhor Ilusão do Ano. Pedimos a comunidades científicas e artísticas que contribuíssem com novas ilusões de óptica e recebemos mais de setenta inscrições. A plateia (uma mistura de cientistas, artistas e público em geral) viu as dez melhores ilusões e escolheu as três primeiras. O concurso, que hoje está em sua sétima edição, foi um enorme sucesso. Nossa audiência na internet dobra a cada ano, e nosso site (http://illusionoftheyear.com) recebe cerca de cinco milhões de visitas anuais.

Por causa de nosso sucesso com o concurso de ilusões de óptica, a Associação para o Estudo Científico da Consciência (ASSC, na sigla em inglês) nos pediu que presidíssemos sua conferência anual em 2007. A ASSC é uma associação de neurocientistas, psicólogos e filósofos unidos pelo objetivo de compreender de que modo a experiência consciente emerge das interações de células nervosas desprovidas de pensamento e individualmente não conscientes.

---

* Ao longo de todo o livro, usamos como sinônimos os termos "consciência", "apercepção" e "apreensão consciente".

Propusemos realizar a conferência em Phoenix, nossa cidade natal, mas a diretoria da associação rejeitou prontamente essa ideia porque faz um calor infernal na cidade no meio do ano. Em vez disso, ela sugeriu... Las Vegas. Hmmm. Em junho, Las Vegas é tão escaldante quanto Phoenix, e, se levarmos em conta a *lap dance*, o jogo e as dançarinas, provavelmente tem vários graus adicionais de calor por causa do atrito. Assim, nossos colegas dos estudos sobre a consciência pareciam estar buscando um pouco de agitação de verdade, para apimentar seus experimentos.

Pois então, que fosse Las Vegas. Voamos para lá em outubro de 2005, para fazer umas sondagens. No voo, perguntamos a nós mesmos: como poderíamos aumentar para o público a visibilidade das pesquisas sobre a consciência? Não queríamos promover outro concurso. A resposta começou a germinar no momento em que nosso avião inclinou as asas para se aproximar do aeroporto de Las Vegas. Pela janela, vimos ao mesmo tempo a Estátua da Liberdade, a Torre Eiffel, um vulcão em erupção, a Agulha Espacial, a Esfinge, o reino de Camelot e a Grande Pirâmide. Pouco depois, subíamos e descíamos a Strip, verificando o espaço para conferências nos hotéis. Passamos pelo castelo de Aladim, pelo Grande Canal de Veneza e pela Ilha do Tesouro. Parecia estranho demais para ser real. E então, pimba, surgiu o tema da nossa conferência. Imagens de mágicos enfeitavam cartazes, táxis e ônibus: Penn & Teller, Criss Angel, Mac King, Lance Burton, David Copperfield. Eles nos fitavam com olhares matreiros e sorrisos sedutores. E então nos ocorreu que esses ilusionistas eram algo como cientistas do mundo da bizarrice – e que haviam superado a nós, cientistas de verdade, em sua compreensão da atenção e da consciência, e tinham aplicado de modo irreverente essa compreensão às artes do entretenimento, do furto praticado com destreza, do mentalismo e da tramoia (assim como a padrões singulares e inquietantes de pilosidade facial).

Como cientistas da visão, sabíamos que os artistas tinham feito descobertas importantes sobre o sistema visual durante centenas de anos e que a neurociência da visão havia adquirido enormes conhecimentos sobre o cérebro ao estudar as técnicas e ideias deles sobre a percepção. Foram os pintores, não os cientistas, os primeiros a elaborar as regras da perspectiva e da oclusão visuais, a fim de fazer com que pigmentos depositados em uma tela plana parecessem uma bela paisagem, rica em profundidade. Percebemos então que os mágicos eram apenas um tipo diferente de pintores: em vez da forma e da cor, manipulavam a atenção e a cognição.

Os mágicos basicamente fazem experimentos de ciência cognitiva a noite inteira para suas plateias, e é possível até que sejam mais eficientes do que nós, cientistas, no laboratório. No entanto, antes que nossas caixas de entrada se encham de mensagens inflamadas de colegas furiosos, permitam-nos explicar. Os experimentos de neurociência cognitiva são intensamente suscetíveis ao estado do observador. Quando o sujeito experimental sabe ou consegue adivinhar a que se refere o experimento, é comum os dados serem corrompidos ou se tornarem impossíveis de ser analisados. Tais experimentos são frágeis e canhestros. É preciso instaurar medidas minuciosas de controle para que os dados experimentais sejam mantidos puros.

Agora, comparemos isso com os espetáculos de ilusionismo. Os truques de mágica testam muitos dos mesmos processos cognitivos que estudamos, mas são de uma robustez incrível. Não tem a mínima importância que a plateia inteira saiba que está sendo tapeada; ela cai em todos os truques cada vez que eles são executados, um espetáculo após outro, noite após noite, geração após geração. Pensamos: "Ah, se pudéssemos ter essa habilidade e essa esperteza no laboratório! Se tivéssemos apenas metade dessa mestria para manipular a atenção e a consciência, que avanços poderíamos obter!"

A ideia ganhou forma rapidamente: reuniríamos cientistas e mágicos para que os primeiros pudessem aprender as técnicas desses últimos e dominar seus poderes.

Havia apenas um problema: não entendíamos nada de mágica. Não conhecíamos um mágico sequer. Nenhum de nós jamais tinha sequer assistido a um verdadeiro show de mágica. Por sorte, nosso colega Daniel Dennett nos arranjou uma grande oportunidade. Dennett é um companheiro cientista e filósofo que também vem a ser amigo de James, o Incr!vel Randi, um famoso mágico e cético que tem passado décadas desmascarando alegações de paranormalidade. Randi nos escreveu uma resposta em que endossou com entusiasmo a nossa ideia. Disse-nos que conhecia outros três mágicos que seriam perfeitos para nossa finalidade: Teller (da dupla de mágicos Penn & Teller), Mac King e Johnny Thompson. Todos moravam em Las Vegas e se interessavam pessoalmente pela ciência cognitiva. Apollo Robbins, o Ladrão Cortês, amigo de Teller, juntou-se ao nosso grupo alguns meses depois. Grande parte deste livro se baseia em nossas interações com esses mágicos talentosos.

Assim começou nossa jornada de descobrimento sobre os esteios neurológicos do ilusionismo. Passamos os últimos anos viajando pelo mundo, conhecendo mágicos, aprendendo truques e inventando a ciência da neuromagia. Desenvolvemos nosso próprio espetáculo de mágica e resolvemos fazer uma audição no mais prestigioso clube de ilusionismo do mundo, o Castelo Mágico, em Hollywood, na Califórnia, como autênticos mágicos. (Para saber como nos saímos, veja o Capítulo 11.)

Os truques de mágica funcionam porque os seres humanos têm um processo estruturado de atenção e consciência que pode ser invadido e alterado. Ao compreender como os mágicos enganam nosso cérebro, ficamos mais aptos a compreender como os mesmos truques cognitivos funcionam nas estratégias de propaganda, nas negociações comerciais e em toda sorte de relações interpessoais. Quando compreendermos como a mágica funciona na mente do espectador, teremos desvendado as bases neurológicas da própria consciência.*

Então pegue uma cadeira, porque *Truques da mente* é a história do maior espetáculo de ilusionismo da Terra: o que está acontecendo neste exato momento em seu cérebro.

---

* Os leitores poderão encontrar citações relevantes dos estudos originais discutidos ao longo deste livro na seção de notas de cada capítulo.

• 1 •

A mulher do vestido camaleônico: ilusões de óptica e magia

Johnny Thompson, o mágico polonês conhecido como Mago de Varsóvia, que tem um número com incontáveis piadas infames – "Como sou parte polonês, parte irlandês e parte siciliano, eu poderia ser um zelador bêbado que também faz as vezes de pistoleiro" –, irrompe palco adentro com seu smoking imaculado. Famoso como o Grande Tomsoni – "podem me chamar de O Grande" –, Johnny tem o ar afável de um mestre do ilusionismo prestes a nos fazer subir (ou seria descer?) uma escada à la M.C. Escher, toda feita de trapaças. Ele tem o queixo largo, nariz proeminente, orelhas enormes e um dos mais assombrosos penteados do *show business* para disfarçar a calvície.

Imagine por um instante que você está na plateia. As luzes esmaecem e Johnny aponta na direção de um refletor luminoso que envolve sua bela assistente, trajada com um minúsculo vestido branco. O Grande Tomsoni anuncia que transformará esse vestido branco em vermelho. A luz do refletor diminui por um brevíssimo instante e, em seguida, explode em um ofuscante brilho de luz vermelha. A mulher é subitamente inundada de vermelho.

Espere aí! Trocar a cor de um refletor comum não é exatamente uma ilusão espantosa. Johnny para na lateral do palco, parecendo satisfeito com sua piadinha. Sim, ele admite, foi um truque barato, do seu tipo favorito, explica. Mas há que se concordar em que ele de fato fez o vestido da moça ficar vermelho – junto com todo o resto. Por favor, seja gentil com ele e volte sua atenção mais uma vez para a jovem assistente deslumbrante, enquanto ele volta a acender as luzes para o truque seguinte.

Johnny bate palmas. As luzes tornam a esmaecer. Você se pergunta por que comprou ingressos para um espetáculo tão bobo de mágica e, de repente, o palco explode em uma supernova de brancura. E o que você vê? De maneira inexplicável, desta vez o vestido da mulher de fato ficou vermelho. Um vivo carmesim. Ela rodopia umas duas vezes para que você possa observar a transformação mágica.

O Grande Tomsoni chegou lá, mais uma vez.

Johnny acaba de criar uma ilusão espetacular, baseada em algumas propriedades fundamentais do sistema visual do cérebro. As ilusões de óptica – que estudamos por profissão – constituem uma demonstração particularmente palpável do giro sistemático de ilusões que acontece o tempo todo no cérebro, em todos os níveis de percepção, consciência e pensamento. Por definição, as ilusões de óptica são percepções visuais subjetivas que não correspondem à realidade do mundo que nos cerca.

Ao vivenciar uma ilusão de óptica, você pode ver algo que não existe, deixar de ver algo que existe ou ver algo diferente do que existe. Suas percepções contradizem as propriedades físicas daquilo para que você olha. Podemos reconhecer de imediato por que as ilusões de óptica são úteis para os mágicos. E, para os cientistas, elas são instrumentos indispensáveis para explicar os circuitos neurais e os cálculos mediante os quais o cérebro constrói suas experiências cotidianas.

A estranha verdade é que o cérebro constrói a realidade, tanto visual quanto de outra natureza. O que você vê, ouve, sente e pensa se baseia no que espera ver, ouvir, sentir e pensar. Por sua vez, suas expectativas estão baseadas em todas as suas experiências e lembranças anteriores. O que vemos no aqui e agora é aquilo que se revelou útil para nós no passado. Sabemos que as sombras se inclinam de certa maneira, dependendo da hora, que os rostos em geral são vistos na posição vertical e que a gravidade exerce uma influência previsível em tudo. Quando essas expectativas são violadas, o cérebro pode levar mais tempo para elaborar os dados, ou podemos concentrar a atenção na violação. Mas, quando tudo corre tranquilamente, sem surpresas, nosso sistema visual deixa escapar grande parte do que acontece à nossa volta. É por isso que você pode voltar para casa dirigindo o carro sem se lembrar do que aconteceu entre o escritório e a entrada da garagem.

Uma tese fundamental deste livro é que os mecanismos cerebrais que evocam as ilusões percebidas, as reações automáticas e até a própria consciência definem, essencialmente, quem somos. Eles evoluíram em paralelo à nossa marcha bípede e a nosso físico de macacos sem pelos. São produtos de uma trilha evolutiva que permitiu a nossos ancestrais atravessar diversos gargalos da história humana, sobreviver à era glacial e inventar a agricultura, a linguagem, a escrita e instrumentos cada vez mais sofisticados.*

Você é o resultado dessa jornada épica, e o mundo nunca viu nada que se assemelhasse a ela. Sem essas aptidões sensoriais, motoras e cognitivas inatas, você não conseguiria baixar programas no seu *smartphone*, dirigir automóveis, lidar com as relações interpessoais necessárias para se formar no ensino médio ou sequer para dar um chute em uma bola de futebol. A razão pela qual é capaz de fazer essas coisas é que, em essência, você é uma máquina de fazer previsões, e prevê sem esforço e com precisão quase todos os eventos que estão para acontecer em sua vida.

Em um nível intuitivo profundo, os mágicos compreendem que o indivíduo cria sozinho a sua experiência de realidade e, tal como Johnny, exploram o fato de nosso cérebro fazer uma quantidade estarrecedora de francas fabulações para construir a simulação mental da realidade conhecida como "consciência". Isso não quer dizer que a realidade objetiva não "exista" em um sentido muito real. Mas tudo que experimentamos é uma simulação. O fato de a consciência dar a impressão de ser uma transcrição sólida, robusta e factual da realidade é apenas uma das ilusões que

* Embora seja tentador concluir que nós, seres humanos, temos aptidões cognitivas especiais que faltam inteiramente a outras espécies, toda vez que os cientistas decidem que um desses atributos ou capacidades nos distingue do resto do reino animal, outros pesquisadores não tardam a desmenti-los. Aptidões como a linguagem, o uso de ferramentas, a moda, a cultura e até a dança não são exclusivas dos seres humanos, ainda que, em dado momento, todas tenham sido consideradas definidoras do reino humano e restritas a ele.

o cérebro cria para si mesmo. Pense bem: o mesmo equipamento neural que interpreta os dados sensoriais reais é também responsável por nossos sonhos, ilusões e lapsos de memória. O real e o imaginário compartilham uma fonte física no cérebro.

Nos próximos capítulos, afirmaremos – e esperamos convencê-lo disso – que uma proporção surpreendente de nossas percepções é fundamentalmente ilusória. Você pensa ver linhas curvas, mas, quando as mede com uma fita métrica, verifica que são retas. Pensa estar prestando atenção, mas um larápio furta habilmente seu relógio, bem diante do seu nariz. Você acredita estar ciente daquilo que o cerca, mas, seja qual for o momento considerado, bloqueia 95% de tudo o que acontece. Os mágicos usam essas várias ciladas perceptuais e processos cerebrais contra nós, em uma forma de jiu-jítsu mental. Os samurais inventaram o jiu-jítsu como uma maneira de continuarem a lutar caso suas espadas se quebrassem na batalha. Bater em um adversário protegido por uma armadura seria inútil, por isso o jiu-jítsu se baseia no princípio de usar a energia do próprio agressor contra ele, em vez de fazer oposição a essa força. Os mágicos têm um *modus operandi* similar. Suas formas de arte se baseiam no princípio de usar as propriedades intrínsecas da mente do espectador contra ele. Revelam o cérebro como o mentiroso que ele é.

No truque do vestido vermelho, Johnny joga com o nosso sistema visual. Composto de olhos e cérebro, esse sistema não deve ser comparado a uma videocâmera dispendiosa, que filme imagens do mundo com uma profusão de pixels. Ele é, antes, um emaranhado sumamente evoluído de circuitos, que se apoia em aproximações, palpites, previsões e outros atalhos para, literalmente, construir o que pode estar acontecendo no mundo em determinado momento.

E o que sabemos sobre esses circuitos? Exatamente que aspectos do cérebro dão origem às ilusões de óptica? Como podemos sondar o aparelho visual para compreender a fonte última das ilusões? Resposta completa: na maioria das vezes, não podemos. Ao longo deste livro, estabeleceremos uma distinção entre os princípios psicológicos e seus correlatos neurais. Consideremos, por exemplo, o transtorno de estresse pós-traumático (TEPT). O princípio psicológico que diz que o excesso de tensão pode levar ao TEPT é bem documentado. Mas isso não nos diz nada sobre os mecanismos cerebrais envolvidos. Para chegar aos correlatos neurais do TEPT, precisamos de um neurocientista que vasculhe o cérebro para desencavar os detalhes do que acontece, em termos físicos, no interior de seus circuitos.

Quanto às ilusões de óptica, há um princípio psicológico que se refere a uma ilusão que ocorre quando a realidade física não corresponde à percepção. Se os seus olhos veem profundidade quando você olha para uma pintura sobre uma tela, deve ser graças ao modo como as bordas e os contornos da imagem interagem na sua mente. No entanto, isso não lhe diz nada a respeito de como o cérebro produz a ilusão. Outro princípio psicológico trata o cérebro como uma caixa-preta. Essa é uma descrição "seca" das percepções e seus supostos esteios. O correlato neural é uma medida direta da atividade e da anatomia cerebrais, e nos diz quais partes do cérebro são usadas para processar o percepto, quais circuitos dessas áreas cerebrais dão origem a uma ilusão ou até revela detalhes minuciosos sobre os neurotransmissores envolvidos. É uma biologia "molhada". Sabemos mais sobre princípios psicológicos do que sobre correlatos neurais, mas essa defasagem está começando a diminuir. Pode-se dizer que os avanços mais empolgantes da ciência atual vêm ocorrendo no campo das neurociências.

Para compreender o que enfrentam os neurocientistas ao explicarem as ilusões de óptica, é preciso conhecer alguns fatos elementares sobre como funciona o sistema visual. Nossos olhos nos dizem apenas parte daquilo que podemos "ver". O resto é feito pelo cérebro, em um labirinto de etapas.

A primeira camada do aparelho visual consiste em *fotorreceptores* oculares que convertem a luz em sinais eletroquímicos. É também nessa camada que se origina um atributo cardeal do cérebro: a capacidade de detectar contrastes. Essa propriedade constitui a base de toda a cognição, inclusive da capacidade de ver, ouvir, sentir, pensar e prestar atenção. Sem ela, o mundo não teria fronteiras e o cérebro não poderia compreender a si mesmo nem compreender nada fora dele.

Naturalmente, os mágicos tropeçaram em métodos que tiram partido da detecção de contrastes, inclusive em uma espantosa ilusão chamada *teatro negro*, que descreveremos mais adiante neste capítulo.

As informações provenientes da retina são canalizadas para um feixe de fibras chamado *nervo óptico*, que transporta padrões eletroquímicos para o interior do cérebro. Tudo aquilo que percebemos penetra no cérebro sob a forma de padrões. Na realidade, não "vemos" nada; em vez disso, processamos padrões relacionados com objetos, pessoas, cenas e acontecimentos, para construir representações do mundo. Essas informações fazem uma breve parada no centro do cérebro, o *tálamo*, antes de subirem para o *córtex visual primário* – a primeira área visual do prosencéfalo e a primeira de cerca de trinta regiões corticais que, de maneira hierarquizada, extraem informações mais detalhadas acerca do mundo visual. É aí que detectamos pela primeira vez as diferentes orientações de linhas, bordas e quinas em uma cena visual.

Subindo na hierarquia, temos *neurônios* que disparam em resposta a contornos, curvas, movimentos, cores e até traços específicos, como mãos e rostos. Temos neurônios binoculares – que respondem à estimulação proveniente dos dois olhos, em contraste com a que vem de um só. Alguns disparam quando um alvo se move da esquerda para a direita, outros, só quando ele se move da direita para a esquerda. Outros reagem apenas a movimentos de cima para baixo ou de baixo para cima. Alguns respondem melhor à movimentação de bordas, ou a bordas que se movem em uma determinada orientação. É assim que passamos da detecção de pontos luminosos nos fotorreceptores para a detecção da presença de contrastes, bordas e quinas até a construção de objetos inteiros, inclusive com a percepção de sua cor, tamanho, distância e relação com outros objetos.

Nesse processo, o aparelho visual faz inferências e se vale de palpites desde o início. Percebemos um mundo tridimensional, embora uma simples imagem bidimensional incida sobre cada retina. Nossos circuitos visuais ampliam, eliminam e fazem convergir e divergir as informações visuais. Percebemos aquilo que vemos como algo diferente da realidade. Percepção significa resolução de ambiguidades. Chegamos à interpretação mais plausível das informações retinianas integrando indícios locais. Pensemos na lua cheia elevando-se no horizonte. Ela parece enorme. Horas depois, entretanto, quando está bem no alto e, na verdade, metade do diâmetro terrestre mais perto de nós, parece muito menor. O que poderia explicar

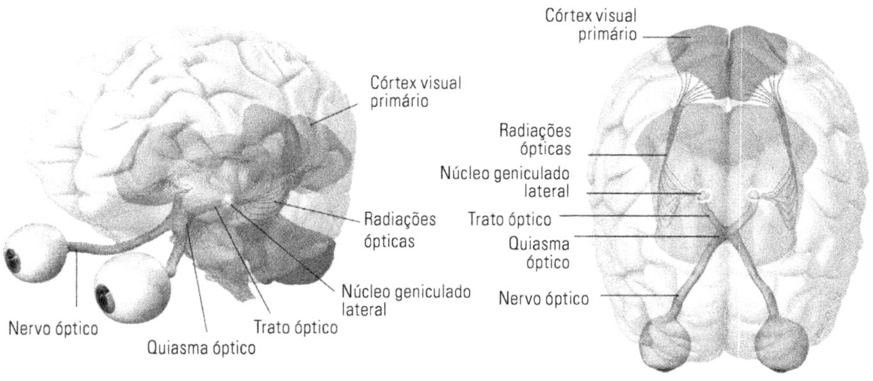

Os neurônios do sistema visual primário ficam atrás dos olhos, no núcleo geniculado lateral (centro do cérebro) e no córtex visual primário (parte de trás do cérebro). A rede que conecta essas áreas do cérebro inclui o nervo óptico, o quiasma óptico, o trato óptico e as radiações ópticas. (Cortesia do Barrow Neurological Institute)

isso? O disco que incide em nossa retina não é menor com a lua no alto do que na lua nascente. Então, por que parece menor no alto? Uma das respostas é que inferimos o tamanho maior da lua nascente pelo fato de a vermos perto de árvores, morros ou outros objetos no horizonte. Nosso cérebro a amplia, literalmente, com base no contexto. É também por isso que um pedaço de papel cinza pode parecer escuro quando é cercado de branco, ou claro, quando a mesma folha é cercada de preto.

É uma pena, mas simplesmente não se pode confiar nos próprios olhos.

Inventamos grande parte daquilo que vemos. "Completamos" as partes de cenas visuais que o cérebro não consegue processar. Temos de fazê-lo por causa da simples limitação do número de neurônios e conexões neuronais subjacentes aos processos sensoriais e mentais. Por exemplo, o nervo óptico contém todas as fibras que enviam informações visuais ao cérebro. Cada nervo óptico é composto por cerca de um milhão de fibras neurais, que ligam cada retina ao cérebro. Esses fios individuais são chamados de *axônios,* e cada um representa um "pixel" da imagem visual. Portanto, cada olho é mais ou menos equivalente a uma câmera de um megapixel. Parece muito, mas considere que, provavelmente, até a câmera do seu telefone celular tem uma resolução melhor que essa.

Então, como é possível termos uma percepção tão rica e detalhada do mundo, quando, na verdade, a resolução do nosso aparelho visual equivale à de uma câmera digital barata? A resposta curta é que a riqueza da nossa experiência visual é uma ilusão criada pelos processos cerebrais de preenchimento de lacunas.

VISIBILIDADE E LUZ

Talvez você pense que a visibilidade requer apenas que a luz incida sobre a sua retina. Porém, ela é mais complicada do que isso. Nem toda luz usada por seu cérebro é visível para você. Por exemplo, como todos os seres humanos, você não sabe calcular com exatidão o nível físico de luz do meio a seu redor. Não sabe, de maneira consciente, qual é o tamanho de sua pupila em um dado momento. Parte da razão disso é que a íris se adapta ao nível de iluminação e ajuda a fazer com que ambientes diferentemente iluminados sejam acessíveis ao processamento neural. Na luz fraca, a íris se abre para permitir a entrada de mais fótons, e na luz forte ela se fecha para impedir que a retina seja ofuscada pelo brilho. É por isso que os especialistas em níveis de luminosidade, como os fotógrafos, precisam usar um dispositivo objetivo de medição do nível de luz, chamado fotômetro, e não suas próprias estimativas subjetivas visuais do nível de luminosidade, a fim de poderem determinar a melhor distância focal a ser usada com a lente de sua câmera. Contudo, isso quase chega a parecer um raciocínio circular. Como é possível não sermos capazes de quantificar com precisão a quantidade de luz que penetra em nossos olhos, por causa das alterações de nossa íris, mas o cérebro que controla a íris ter de ser responsável por otimizar a densidade de fótons que atingem a retina? A resposta é que o controle neural da íris de fato calcula com exatidão as mudanças do nível de luz, porém o faz com circuitos que não estão ligados aos circuitos visuais que resultam na apercepção consciente. Por isso, você só tem consciência de alguns aspectos da cena, como a luminância relativa dos objetos presentes, ao passo que outras partes da informação visual, como a medida quantificada do nível global de luz, são manejadas de forma inconsciente.

Os mágicos exploram o tempo todo essas características do nosso sistema visual em seus truques. Usam ilusões de profundidade nos truques com baralhos. Usam o contexto para enganar a percepção. Contam com o fato de que você preencherá as partes faltantes de uma cena. Recorrem a neurônios detectores de bordas para nos convencer de que são capazes de vergar colheres. E podem até recorrer a propriedades específicas do aparelho visual para nos deixar momentaneamente cegos – o que nos leva de volta ao Johnny.

ALERTAS DE SPOILER

Alguns mágicos acham que os segredos por trás dos truques e ilusões nunca devem ser revelados, mas a maioria concorda que é necessária certa revelação da magia para que a arte floresça – desde que os segredos sejam revelados com cuidado, e apenas para as pessoas que precisam conhecê-los. Jack Delvin, presidente do Círculo Mágico, uma destacada associação internacional de magia e ilusionismo, enuncia a ideia da seguinte maneira: "A porta da magia fica fechada, mas não trancada." Ou seja, não existem segredos reais na mágica: estão todos aí para que qualquer um os descubra. Entretanto, é preciso querer muito buscá-los. É necessário praticar feito um condenado para obter acesso ao clube, para não vir a revelar segredos acidentalmente, em função de um desempenho precário. E seria inadmissível alguém topar por acaso com um segredo ao ler uma revista ou entreouvir uma conversa – ou ao ler um livro.

Visto que é necessário revelar alguns segredos para discutir a neurociência da mágica, assinalamos todas as seções do livro em que os revelamos. Elas vêm com a indicação "alerta de spoiler". Se você não quiser conhecer os segredos mágicos nem saber como o seu cérebro é tapeado por eles, pode pular esses trechos. Ou então pode se juntar a nós na exploração de como e por que você se deixa enganar com tanta facilidade.

ALERTA DE SPOILER! A SEÇÃO SEGUINTE DESCREVE SEGREDOS DA MÁGICA E SEUS MECANISMOS CEREBRAIS!

O truque do Grande Tomsoni com o vestido vermelho revela uma profunda compreensão intuitiva de processos neurais que ocorrem no cérebro. Vejamos como ele o faz.

Quando Johnny apresenta sua assistente, o vestido branco e justo que ela usa induz o espectador a supor que nada – ao menos não outro vestido, com certeza – poderia se esconder sob o vestido branco. É claro que essa suposição sensata está errada.

O corpo provocante e sedutor da mulher também contribui para que a atenção seja concentrada exatamente onde Johnny a quer – na moça. Quanto mais se fixa o olhar nela, menor é a probabilidade de se notar os dispositivos escondidos no piso, e mais os neurônios retinianos se adaptam à luminosidade do refletor que brilha sobre ela.

Durante toda a conversa-fiada de Johnny, depois de sua "piadinha", os olhos e o cérebro do espectador passam por uma adaptação neural. Quando o refletor se apaga, os neurônios visuais antes adaptados disparam uma resposta reativa conhecida como *pós-descarga*. Essa resposta faz com que uma imagem-fantasma do objeto perdure por um momento.

Vemos esses tipos de pós-imagens ilusórias todos os dias. Pense no *flash* das máquinas fotográficas. Ele dispara e a pessoa fica com um brilhante ponto branco temporário no campo visual, que vai esmaecendo na escuridão. Por um instante fugaz, os fotorreceptores da parte da retina que registraram o *flash* "pensam" que, de repente, o mundo inteiro ficou brilhante e branco. Adaptam-se instantaneamente a esse nível de luminosidade. Quando o *flash* é brilhante o suficiente, a retina pode levar segundos ou até minutos, às vezes, para se readaptar por completo aos níveis verdadeiros de iluminação.

A adaptação dos neurônios do movimento no cérebro também explica a ilusão da cachoeira. Se você passar um minuto ou mais olhando para uma cachoeira e em seguida deslocar o olhar para as pedras ou a vegetação próximas dela, os objetos estacionários parecerão estar fluindo para cima. A ilusão ocorre porque os neurônios cerebrais que detectam o movimento descendente se adaptam ao estímulo contínuo da água que cai, o que os torna relativamente menos ativos. Os neurônios vizinhos que detectam o movimento ascendente não se adaptam ao movimento e, apesar de terem estado em repouso, são relativamente mais ativos. Uma vez que o aparelho visual foi feito para discernir contrastes – nesse caso, neurônios adaptados ao movimento descendente *versus* neurônios não adaptados –, o cérebro chega à conclusão final de que há alguma coisa se movendo para cima. Por isso, quando você olha para as pedras imóveis, elas parecem fluir magicamente para cima por alguns segundos.

Então, percebe agora por que o truque do Johnny funciona? Os neurônios retinianos seletivos da cor vermelha adaptam-se ao vestido iluminado de vermelho, reduzindo sua atividade. Os fotorreceptores do vermelho são mais sensíveis a essa cor do que os fotorreceptores do azul ou do verde. Assim, os neurônios sensíveis ao vermelho no aparelho visual ficam mais adaptados e têm uma pós-descarga maior. Na fração de segundo depois que Johnny apaga as luzes, você percebe a explosão de vermelho como uma pós-imagem em forma de mulher. Ela persiste em seu cérebro por cerca de um décimo de segundo.

Durante essa fração de segundo, abre-se rapidamente um alçapão no palco e o vestido branco, apenas levemente preso com Velcro e ligado a cabos invisíveis que descem até debaixo do palco, é arrancado do corpo da assistente. Em seguida, as luzes retornam e revelam um autêntico vestido vermelho.

Outros dois fatores contribuem para que o truque funcione. Primeiro, a iluminação é tão forte no instante que antecede a retirada do vestido que, quando ela se atenua, o espectador fica efetivamente cego. Não consegue ver os movimentos rápidos dos cabos nem o vestido branco, quando eles desaparecem sob o palco. A mesma cegueira temporária pode nos acometer quando saímos de uma rua ensolarada e entramos em uma loja pouco iluminada. Segundo, Johnny só faz o verdadeiro truque depois que você pensa que a coisa já terminou. Isso lhe confere uma importante vantagem cognitiva: a surpresa. Você não está à procura de um truque no momento crucial, por isso relaxa ligeiramente seu exame.

As pós-imagens persistem em todos os sistemas sensoriais. Quando criança, talvez você tenha aprendido a criar uma pós-imagem da memória muscular, pressionando o dorso dos pulsos para fora contra as ombreiras de uma porta e contando até trinta, depois do que seus braços pareciam levitar. Na verdade, há uma profusão de pós-imagens sensoriais na vida cotidiana e, à medida que temos consciência delas, essas pós-imagens costumam ser apenas pequenas impressões ou chatices fugazes. Para os mágicos, no entanto, valem ouro.

FIM DO ALERTA DE SPOILER

Como cientistas da visão, admiramo-nos constantemente com a argúcia com que os mágicos manipulam os circuitos visuais do cérebro. Lembre-se do que dissemos sobre a nossa aptidão para identificar contrastes: sem ela, o mundo não teria fronteiras e o cérebro não conseguiria se compreender nem compreender nada fora dele.

Pois bem, os mágicos sabem tudo de identificação de contrastes. Esbarraram nela há mais de cem anos, com a invenção da *arte negra*, ou *teatro negro*. Não se trata do abracadabra dos antigos magos e feiticeiras, mas de um método cênico para produzir assombrosas ilusões visuais, descoberto por acaso em 1875 por um ator e diretor alemão, Max Auzinger. Segundo consta, Auzinger estava preparando uma cena de calabouço para uma peça e, no intuito de torná-la o mais assustadora possível, forrou o cômodo de veludo preto. Em um momento crucial, um mouro negro deveria aparecer em uma janela do calabouço e recitar sua fala. No entanto, quando o ator que representava o mouro pôs a cabeça na janela, ninguém conseguiu vê-lo. As únicas coisas visíveis foram duas fileiras de dentes brancos flutuando no ar, abaixo de dois globos oculares brancos.

Auzinger captou de imediato as implicações da ilusão. Manipulando lençóis pretos contra um fundo preto, conseguiu fazer objetos e pessoas aparecerem e desaparecerem no palco. E pôde criar um número de mágica que ninguém jamais tinha visto. Em pouco tempo, seu espetáculo "O armário negro", estrelado por ele como Ben Ali Bey, saiu em turnê pelo continente, recebendo críticas extasiadas.

Hoje em dia, um número de teatro negro chamado Omar Pasha é igualmente popular e, equipado com material e técnicas de iluminação modernos, sem dúvida é mais espetacular do que as apresentações de cem anos atrás. Produzido e apresentado por Michelle e Ernest Ostrowsky, juntamente com seu filho Louis-Olivier, o programa é estrelado por um personagem que aparece com adereços fluorescentes em um palco negro como azeviche, banhado por luz negra. A luz negra – aquilo que os cientistas chamam de luz ultravioleta – vibra em um comprimento de onda mais curto do que o da luz violeta visível, e é chamada "negra" por ser invisível. A fluorescência ocorre quando um comprimento de onda luminosa se converte em outro. Milhares de substâncias brilham ou fluorescem sob a influência da luz negra, porque a luz invisível se transforma em luz visível e faz as substâncias fluorescentes se iluminarem com um brilho que não parece natural. A vaselina é de um azul elétrico, a fluorita tem um intenso brilho roxo, amarelo, azul, rosa ou verde. Outros materiais reluzem em vermelho ou laranja, dependendo de suas substâncias químicas.

No verão de 2009, vimos Omar Pasha em uma apresentação ao vivo.* Ela é assim: ao subir a cortina, um homem de turbante branco decorado de brocado vermelho, túnica branca de brocado de seda, pantalonas de seda, faixa vermelha na cintura e capa vermelha, luvas brancas e sapatos vermelhos com curvinhas na ponta dos pés que lembram os duendes do Papai Noel curva-se quase até o chão. Não sorri – em momento algum. Trata-se de Omar Pasha (Ernest Ostrowsky), que é uma mistura do sedutor presidente francês Nicolas Sarkozy com o galã de filmes de capa e espada Errol Flynn. Ao fundo pulsa o *Bolero* de Ravel. O piso do palco, as paredes laterais, as cortinas, tudo o que se pode ver é negro feito piche, com exceção de Omar Pasha, banhado em luz negra.

Como primeiro truque, Omar tira do turbante uma grande caneta de feltro e, com meia dúzia de gestos largos, desenha o que parece ser uma estante de música de 1,5m de altura, com uma barra dourada no alto. O objeto

* Você pode assistir a essa apresentação em http://sleightsofmind.com/media/black-art. Não se utilizou a luz negra nesse vídeo, mas se calibrou cuidadosamente a iluminação para que a câmera não pudesse captar os objetos ocultos ao serem cobertos de preto.

parece surgir do nada. Em seguida, o mágico desenha três velas vermelhas, da barra da estante para cima. Tem-se então um candelabro – só que não é um desenho, mas um objeto real de três dimensões. Omar o levanta e faz uma ligeira mesura, em um convite aos aplausos. Em seguida, acende uma das velas e a segura com o braço estendido à direita. Segura uma segunda vela com o outro braço estendido à esquerda. Olha para a chama, fazendo-lhe um sinal. A chama então flutua sobre sua cabeça e desce sobre a outra vela, acendendo-a. Com ar satisfeito, Omar faz sinal com a cabeça para a terceira vela, que continua na estante. A chama autônoma torna a partir, descreve um arco sobre a cabeça dele e pousa na terceira vela. Depois de uma mesura, Omar aperta as três velas entre a palma das mãos e elas desaparecem. O candelabro flutua pelo palco e estaciona em uma mesa.

No segundo truque, Omar pega um lençol de seda branca amarfanhado no chão e o sacode com um floreio. Surge do nada uma cadeira. Omar se coloca atrás dela e a cobre com o lençol, mostrando o perfil da cadeira vazia. Levanta o lençol e o enfuna como se fosse uma vela balão, e quando o pano cai vê-se que agora há um rapaz de turbante sentado na cadeira. Omar põe-lhe uma venda nos olhos e apanha um sabre. Postando-se de frente para o rapaz, faz um movimento de corte em seu pescoço. Quando chega para o lado, o homem está sem cabeça. Omar segura a cabeça cortada por alguns segundos e a coloca na mão estendida do homem acéfalo. A coisa de fato parece real. Em seguida, Omar se posta na frente do homem pela segunda vez e, quando chega para o lado, a cabeça voltou para o lugar. Ah, que bom, ninguém se machucou.

Como terceiro truque, o mágico estende o braço no ar e surge em sua mão um cartaz enrolado. Ele o abre, revelando o desenho de uma bela jovem, e torna a enrolá-lo. Em seguida, pendura o cartaz no ar, desenrola-o de novo e revela a própria mulher, que sai da moldura e pisa no palco.

Omar cobre a moça e o rapaz com lençóis. Faz alguns gestos mágicos e os lençóis crescem e encolhem de maneira fantasmagórica. O lençol baixo, que cobre a moça, cresce até o tamanho do homem, e o lençol alto do homem se encolhe até o tamanho da mulher. Você já sabe o que acontece em seguida: o efeito de transporte na versão mais limpa que já vimos desse truque.

Vem então o grande final. Omar torna a cobrir o rapaz com um lençol de seda e o convida a dar alguns passos à frente. Postando-se atrás dele, balança as mãos, pega o lençol e o arranca. O rapaz desaparece. Em seguida, ele põe um bambolê no chão e pisa no interior do círculo, para mostrar que está desobstruído. A moça se coloca no centro do aro. Omar levanta o bambolê e vemos a jovem desaparecer no espaço, à medida que o aro sobe e oblitera seu corpo. Por fim, o mágico pega um lençol no chão e se cobre. Enquanto o *Bolero* segue em um crescendo até seu auge, Omar desaparece sob o lençol, que obedece a dois estalos de uma mão invisível. Está terminado o espetáculo de seis minutos.

Todos esses efeitos admiráveis têm raízes na identificação de contrastes. Nossos olhos não conseguem detectar nada sem que esteja presente algum tipo de mudança. Uma das maneiras de explicar esse fato é por uma experiência conhecida – contemplar o céu noturno repleto de estrelas. Imagine que você se deita de costas, em uma noite quente de verão, sob um céu sem lua. Todos aqueles pontos de luz se encontram tão distantes que a área ativada na retina por cada estrela é menor que a área de um único fotorreceptor. Isso significa que, do ponto de vista do cérebro, a estrela é a menor coisa que se pode ver.

Agora, imagine-se erguendo os olhos para o céu azul em um dia claro. Todas aquelas estrelas continuam lá, brilhando vivamente, mas você não consegue vê-las. Durante o dia, ficamos cegos para as estrelas. A razão tem a ver com as quantidades comparativas de luz que atingem os olhos de dia e à noite. Durante a noite, uma estrela típica produz 10% de luz a mais que a luz dispersa circundante que vem da atmosfera. Trata-se de uma quantidade ínfima, porém é o bastante para permitir que o aparelho visual distinga a estrela. Esse contraste entre figura e fundo é o sinal fundamental usado pelo cérebro para criar a imagem mental que temos da estrela. Sem esse contraste, os neurônios cerebrais não teriam nada para falar uns com os outros. Durante o dia, o céu azul é 10 milhões de vezes mais luminoso do que o mais negro céu noturno. Uma estrela perfeitamente visível à noite não pode ser detectada pelo aparelho visual, pois o céu circundante é tão claro que a diminuta contribuição do brilho da estrela não tem como ser detectada como um contraste. Nas palavras de Henry Wadsworth Longfellow, "o céu é repleto de estrelas que o dia torna invisíveis".

ALERTA DE SPOILER! A SEÇÃO SEGUINTE DESCREVE SEGREDOS DA MÁGICA E SEUS MECANISMOS CEREBRAIS!

Omar Pasha cria suas deslumbrantes ilusões cobrindo inteiramente o palco de veludo preto. Ao começar o espetáculo, vários objetos em cena – a estante de música, as velas, a cadeira – também estão envoltos em veludo preto. Sem nenhum contraste com que nosso aparelho visual possa funcionar, os objetos nos ficam invisíveis. Omar também usa a luz negra e tintas fluorescentes para reduzir ainda mais a visibilidade do fundo negro, em contraste com os objetos luminosos no palco.

O número todo transcorre em silêncio. Se Omar falasse, seus dentes brilhariam em um vampiresco tom roxo. Se ele não usasse luvas, suas unhas ficariam fluorescentes. Seus olhos têm um brilho misterioso. À medida que circula pelo palco, Omar vai retirando uma cobertura preta após outra e tornando visíveis os objetos. Quando repõe as capas, eles se tornam invisíveis. Ajudantes envoltos em veludo negro entram e saem com facilidade do palco, sem que tenhamos um só vislumbre deles. Mãos cobertas por luvas de veludo preto fazem chamas flutuarem pelo ar. A cabeça é decepada com a ajuda de um capuz de veludo preto. A mulher desaparece dentro de um bambolê preso a lençóis pretos.

Não é que o veludo preto seja invisível. Se Omar pusesse sua mão enluvada de branco atrás do castiçal, antes de ele ser revelado, veríamos a silhueta escura do castiçal contra a luva. Não, o truque está no contraste ou falta de contraste entre o tecido preto que cobre os vários objetos e o fundo preto do cenário e do palco.

Os mágicos não são os únicos a manipular contrastes para tornar as coisas invisíveis. Os animais estão sempre fazendo isso. Chama-se camuflagem.

Todo animal que já usou camuflagem em algum momento diminui seu contraste com o fundo, ganhando toda a invisibilidade possível. No caso das estrelas no céu noturno e no espetáculo de Omar Pasha, reduzir o contraste significa diminuir a quantidade de luz contra um pano de fundo negro. Entretanto, outra maneira de diminuir o contraste é assumir a mesma cor, textura ou brilho do pano de fundo – como o camaleão, o bicho-pau ou os soldados de uniforme camuflado. O contraste é a diferença entre um objeto e o meio que o cerca. Quando não há diferença de cor, luminância ou textura, não há contraste visível, por maior que seja a luz incidente.

FIM DO ALERTA DE SPOILER

Jamy Ian Swiss, com o cavanhaque bem-aparado, o cabelo penteado para trás e um diamante solitário na orelha esquerda, é o mágico dos mágicos e o rei dos truques de baralho feitos de perto. Adam Gopnik, redator da revista *New Yorker*, chama-o de Yo-Yo Ma do mentalismo. Penn e Teller o chamam de "James Bond com um baralho no lugar da pistola". Jamy se refere a si mesmo como "um mentiroso sincero". Ser mágico, diz ele, é o meio de vida mais honesto que já teve: ele promete nos tapear, e tapeia.

E como tapeia! Dispõe quatro cartas viradas para baixo, arregaça as mangas e move as mãos elegantes sobre as cartas, como se agitasse correntes mágicas. Estala os dedos e uma delas se vira de maneira inexplicável para cima – o ás de espadas. Outro estalo. Uma segunda carta se abre misteriosamente – o ás de copas. Estalo. Estalo. Mais dois ases ficam virados para cima. Nosso cérebro também dá um estalo. Como ele pode fazer isso?

Jamy pega um baralho e mostra a carta de cima – digamos, o três de ouros. "Você já viu alguém balançar a mão sobre um baralho e fazer uma carta se transformar em outra?", pergunta, enquanto executa o movimento. O três de ouros vira o valete de paus. "Basta você agitar a mão", diz, repetindo o gesto, "e ela muda" – o valete de paus transforma-se no seis de copas –, "simples assim." E continua: "Às vezes, você dá só um tapinha nas cartas...", e vai transformando uma após outra em cartas diferentes. Não é possível vê-lo fazer nada remotamente suspeito – as cartas parecem flutuar pela matéria sólida, sob o feitiço de seus dedos ágeis.

Quisemos conhecer Jamy porque ele é um dos melhores prestidigitadores que há no ramo. Muitos truques de ilusionismo envolvem o uso de material de apoio (a clássica fumaça e os espelhos), além de outros detalhes complexos de produção. Mas, para dominar os truques feitos de perto, o mágico precisa confundir o aparelho visual humano. Perguntamos a nós mesmos a que ponto um grande mágico como Jamy teria pensado nisso. Estaria intuindo a ciência? Teria curiosidade sobre o que sabemos a respeito do funcionamento interno do cérebro? Muitos dos mágicos com que falamos consideraram essas questões, embora não tivessem a mestria científica para isolar as respostas. É claro que isso não os impediu de especular e formar opiniões próprias.

Nosso primeiro encontro com Jamy ocorreu no Three Flags Café, no Marriott Hotel de Monterey, na Califórnia, a quatro quarteirões do Fisherman's Wharf e da Cannery Row. Era um final de manhã e o lugar estava quase deserto. No ar pairava um aroma de café e maré baixa.

Pedimos para ver sua desaparição da moeda com retenção da visão – um truque que envolve a manipulação de uma única moeda. Ele foi popularizado há mais de um século por Nelson Downs, um mágico do final das eras vitoriana e eduardiana conhecido como "Rei das Moedas". Downs se dizia capaz de empalmar – isto é, de esconder em uma das mãos – até sessenta moedas de uma vez.

Nosso amigo Eric Mead, o fabuloso mentalista e mágico, disseranos que Jamy fazia o melhor truque de desaparição com retenção da visão que ele já tinha visto. Jamy não nos decepcionou. Com um sorriso matreiro, abriu a mão esquerda com um floreio. A palma estava virada para cima, ligeiramente inclinada na nossa direção. Ele a apontou com o indicador direito. Em seguida, mostrou na mão direita uma brilhante moeda de cinquenta centavos, presa entre o polegar e os dois primeiros dedos. Seu olhar acompanhou a moeda quando ele a depositou na palma da mão esquerda.

Sua mão esquerda foi se fechando em torno da moeda, um dedo de cada vez, a começar pelo indicador esquerdo e se movendo em sequência até o dedo mínimo, como uma onda na praia de Pipeline, no litoral norte de Oahu, no Havaí. À medida que seus dedos se fecharam, vimos a moeda desaparecer atrás da onda. Ao mesmo tempo, a mão direita de Jamy se afastou.

E então, acabou-se. Observamos com atenção quando o mágico reabriu o punho, e a moeda – que sem a menor dúvida tínhamos visto aninhada na palma de sua mão – havia sumido. Incrível!

ALERTA DE SPOILER! A SEÇÃO SEGUINTE DESCREVE SEGREDOS DA MÁGICA E SEUS MECANISMOS CEREBRAIS!

Jamy nos contou que o efeito de retenção da visão funciona melhor com objetos brilhantes. A moeda é perfeita porque ele pode girá-la quando a deposita na mão esquerda. Isso garante que todos os espectadores vejam um lampejo de luz, refletindo as luzes do salão. Esse lampejo cria uma breve pós-imagem, não muito diferente do que faz o *flash* de uma câmera fotográfica, porém menos intenso. Literalmente, vemos a imagem da moeda desaparecer, ou desfazer-se em nada, diante de nossos olhos.

O truque de Jamy é semelhante ao de Johnny com o vestido vermelho, na medida em que os dois exploram pós-imagens. A diferença é uma questão de escala, tempo e das populações específicas de neurônios que se adaptam. Johnny faz o aparelho visual se adaptar a um alvo seletivo, o vestido vermelho. Jamy usa um clarão para fazer com que se adapte apenas a pequena porção da retina que vê a moeda. Ele fecha a mão sobre esta, assim que a pós-imagem é criada. Isso lhe dá algumas frações de segundo para retirar a moeda e escondê-la na mão direita – enquanto a plateia pensa que ela está na esquerda, obviamente. Isso se vê com uma clareza cristalina. A pós-imagem começa a desvanecer enquanto os dedos de Jamy se curvam, fechando o punho. Mas já fomos enganados.

Jamy também nos disse que não é apenas o que ele faz com as mãos que leva o truque a funcionar. Ele usa o corpo inteiro. Exagera, modificando propositadamente a postura para indicar suas intenções. Os mágicos usam a tensão e o relaxamento para manipular nosso julgamento sobre onde está ou não está o objeto oculto. (Percebemos que teríamos de aplicar esse princípio em nossa audição no Castelo Mágico.)

Jamy demonstrou como fazer uma falsa transferência. A ideia é fingir que uma moeda passa da mão direita para a esquerda. Ele faz o movimento de transferência e acentua suas consequências. A mão esquerda, que supostamente recebeu a moeda, sugere tensão. A direita, que em tese a teria largado, fica relaxada, como se não segurasse coisa alguma. Jamy usa o corpo todo nesse número. Enquanto faz a falsa transferência, desloca o peso da direita para a esquerda, como se esse lado do corpo passasse a suportar o peso da moeda. Gira a cintura, torcendo e deixando cair muito ligeiramente os ombros para a esquerda, como se transferisse o peso de uma das mãos para a outra. Vira a cabeça enquanto seus olhos acompanham a moeda de uma das mãos para a outra.

Não importa que a moeda pese menos que um gole de café. Não precisamos deslocar o corpo a cada golinho tomado da xícara. Mas Jamy exagera ligeiramente cada aspecto da falsa transferência para nos convencer de outra coisa. Ao combinar seu ato ágil com a pós-imagem da moeda e ao transferir sua atenção, ele introduz uma incrível dose de poder de sugestão nesse minúsculo evento falso. Cria um enorme sortimento de pistas cognitivas para que nossa atenção as descubra. Sua técnica é tão primorosa que, apesar de ter repetido o truque várias vezes (o que é uma prática proibida para espectadores e mágicos) a nosso pedido (isso por amor à ciência, explicou), não conseguimos deixar de ser seguidamente enganados. Mesmo tendo resolvido nos concentrar nas partes relaxadas de seu corpo, não pudemos deixar de atentar para as partes tensas. "É aí que está a ação", nosso cérebro ficou nos dizendo, embora soubéssemos que era o contrário.

FIM DO ALERTA DE SPOILER

Jamy acrescentou uma ilusão cognitiva a uma ilusão visual, estratégia usada por muitos grandes mágicos para nos convencer de que coisas impossíveis podem acontecer. As ilusões cognitivas, que examinaremos no próximo capítulo, envolvem funções cerebrais de nível superior, como a atenção e as expectativas. No entanto, antes de chegarmos a elas, discutiremos mais algumas ilusões de óptica derivadas de níveis superiores da hierarquia da visão.

•2•

O segredo das colheres que entortam: por que os mágicos tomam cuidado com os ângulos

Seis semanas após visitarmos Jamy, estávamos sentados no terraço do restaurante e enoteca Cheuvront, na Central Avenue, em Phoenix, segurando taças de haste longa. O trem ligeiro que corre pelo centro da avenida passou rangendo e tinindo, a caminho do norte, e fez uma parada a algumas centenas de metros. Uma figura solitária desceu na plataforma e caminhou em nossa direção, carregando uma sacola preta que balançava a cada passo. Era Anthony Barnhart, ou Magic Tony, para seus fãs, e vinha trazendo as ferramentas do ofício – baralhos, um saquinho de moedas, bolas de esponja vermelhas e cordas preparadas para fazer truques.

Magic Tony é o nosso mentor e professor de magia, e esse encontro era para termos outra sessão hilariante de como "ensinar os cientistas a praticar o ilusionismo, ou pelo menos a fazer alguns truques clássicos de mágica sem que passem vergonha no teste no Castelo Mágico". Tony é um sujeito grandalhão, de cabelo preto à escovinha e ar jovial. Durante a semana, faz doutorado em psicologia na Universidade Estadual do Arizona, em Tempe. Nas noites de sexta-feira, no entanto, põe sua gravata boba com a imagem de um peixe vermelho ("Só a uso por causa do halibute") e seus sapatos de estampa de leopardo ("Foi preciso usar dois leopardos para fazer estes sapatos, mas não faz mal, eram filhotes"), e sai fazendo truques de mesa em mesa no Dragonfly Café, em North Scottsdale. Os fregueses o adoram. Nós também.

Tony cresceu em Milledgeville, Illinois, onde teve um professor de natação que ensinava mágicas nas horas vagas. Junto com o nado *crawl* australiano, Tony, então com sete anos, teve aulas de ilusionismo como iniciante e se apaixonou. Também aprendeu uma lição de importância crucial: a mágica é para divertir a plateia. Os jovens mágicos não devem priorizar a metodologia em detrimento da teatralidade.

Uma loja de mágicas, a Magic Manor, ficava a uma hora de distância, em um shopping na cidade vizinha de Rockford. Como muitos garotos apaixonados pelo ilusionismo, Tony passava incontáveis tardes na loja, vasculhando as gôndolas e tendo aulas em grupos, nos quais era sempre o mais jovem (e o que aprendia mais depressa). Frequentou o Acampamento Mágico de Tannen, em Long Island, durante dois anos seguidos. Sua lembrança favorita de ter se ferrado (isto é, de ter sido vergonhosamente tapeado) ocorreu em seu dormitório no meio da madrugada. Ele dividia o quarto com dois colegas de acampamento. Por volta das duas horas da manhã, seu mentor os acordou e disse a Tony: "Pense numa carta." Ele o fez e, mais tarde, o mentor deu o nome da carta em que o menino sonolento havia pensado (era o sete de paus). "Ainda não sei direito como ele fez isso", disse Tony. "Deve ter me preparado de algum modo, mas não tenho certeza. De certa forma, gosto de não saber."

Nesse dia, Tony ia nos ensinar dois métodos usados no truque da carta ambiciosa. Esse truque famoso pode ser feito de inúmeras maneiras, mas as que íamos aprender são especialmente pertinentes ao modo como os mágicos enganam nosso aparelho visual. O mágico pede que escolhamos uma carta no baralho, qualquer uma. Nós o fazemos e colocamos a carta no meio do baralho. O mágico estala os dedos sobre o baralho e pronto: a carta aparece misteriosamente no topo. É uma carta ambiciosa – sempre passa por cima de todas as outras.

Esse número é conhecido nos anais do ilusionismo como o truque que enganou Harry Houdini. Nas primeiras décadas do século XX, Houdini era o mágico mais famoso do mundo. Embora tivesse conquistado uma confiança suprema em sua capacidade de lograr truques espetaculares de escapismo, talvez ele tenha confiado demais em suas habilidades na micromagia. Com uma empáfia ofensiva, fez um desafio a todos os mágicos: mostrem-me qualquer truque três vezes seguidas e eu lhes direi como ele é feito.

Em 1922, no Great Northern Hotel, em Chicago, um mágico talentoso, Dai Vernon, aceitou o desafio e demonstrou sua versão do truque da carta ambiciosa. Conhecido como o Professor, Vernon era mais do que páreo para Houdini. Era um dos melhores prestidigitadores de todos os tempos e, ao lado de outro mágico, Ed Marlo, talvez tenha sido o mais influente mago das cartas do século XX. Vernon foi um inventor brilhante de efeitos de micromagia com cartas, moedas, bolas e outros objetos pequenos.

Ele pediu que Houdini escolhesse uma carta e nela assinasse suas iniciais, à tinta. A carta foi para o meio do baralho. Vernon estalou os dedos. A carta de Houdini apareceu no topo.

Houdini ficou perplexo:

– Você deve ter uma carta duplicada.

– Com as suas iniciais, Harry? – perguntou Vernon.

Ele repetiu o truque três vezes, usando um método diferente a cada uma. Houdini ficou enfurecido. Não conseguiu descobrir como tinha sido feito. Vernon o executou mais quatro vezes. E ainda assim Houdini foi enganado – embora nunca o tenha admitido em público.

A prestidigitação, quando bem feita, é milagrosa de se ver. (A palavra "*sleight*"* vem do nórdico antigo e significa inteligência, perspicácia, astúcia.) Em geral, é executada a curta distância, a poucos passos do espectador. Existem centenas de truques diferentes. Alguns envolvem o desvio da atenção (chegaremos a eles no Capítulo 4). Outros exploram falhas do aparelho visual. Aliás, o papel da percepção visual na prestidigitação é fundamental para a mágica.

ALERTA DE SPOILER! A SEÇÃO SEGUINTE DESCREVE SEGREDOS DA MÁGICA E SEUS MECANISMOS CEREBRAIS!

Não é à toa que os mágicos usam baralhos para fazer truques. As cartas são notáveis, por serem duras mas muito finas. Cabem na palma da mão e podem ser escondidas com facilidade. Podem ser embaralhadas, aber-

* A expressão inglesa correspondente a "prestidigitação" é *sleight of hand*, que poderia ser traduzida de maneira literal como "destreza manual". (N.T.)

tas em leque, viradas, empalmadas, cortadas, seguradas e embolsadas. Nossa primeira lição de hoje é a *dupla levantada*,* provavelmente o passe mais básico e central do repertório dos mágicos – e um aspecto-chave dos truques da carta ambiciosa. O segredo é virar duas cartas do topo do baralho, dando a impressão de que se vira apenas uma. É simples assim. No entanto, se usado na hora certa e combinado a outros tipos de desvio da atenção, é um passe absolutamente espantoso. Dai Vernon era mestre na dupla levantada. Digamos que a sua carta seja o ás de paus. O mágico abre o baralho em leque e você introduz o ás. Ao fechar o leque, ele põe uma carta em cima do ás e marca sub-repticiamente esse local, chamado intervalo, com o dedo mindinho. Faz um corte rápido, de modo que o ás passe a ser a segunda carta a contar do topo. Vem então a levantada dupla. Ele levanta duas cartas e o ás aparece virado para cima, no topo. É a carta ambiciosa.

O mágico sorri e diz: "Sim, é a carta ambiciosa." Torna a levantar duas cartas viradas para baixo e pega a carta superior (que você pensa ser o ás, mas obviamente não é) e a coloca no meio do baralho. Estala os dedos e vira a carta do topo, que é... o ás! Com certeza, trata-se de uma carta ambiciosa, e você fica perplexo.

Os mágicos treinam por milhares de horas para levantar duas cartas sem revelar que as estão "manipulando". É necessário treinar os dedos para levantar duas cartas com destreza, convencendo o espectador de que está levantando apenas uma. Isso envolve diversas manobras, como fazer uma pequena ondulação nas duas cartas para que, quando viradas para baixo, o mágico possa senti-las como uma só. Uma vez viradas as cartas, a ondulação se desfaz e as cartas ficam planas. Para dominar esse truque, os mágicos devem ter a capacidade de executar os movimentos sem prestar atenção ao que estão fazendo. Em um livro de 1961, *Stars of Magic*, Vernon alertou para o fato de que muitos mágicos estragam a dupla levantada por terem medo de que as duas cartas se separem. "A carta", disse ele, "é um objeto leve e delicado, e não deve ser virada como um bloco de cimento."

* Esse movimento também é conhecido por "duas como uma". (N.T.)

Então, como é que a dupla levantada engana sistematicamente o espectador? Por que o aparelho visual não consegue acompanhar as cartas como deveria? Isso tem a ver com o centro da visão. Para identificar duas cartas juntadas com firmeza e se movendo como uma só, seria preciso pôr os olhos a centímetros das mãos do mágico e fitar as cartas como que sob uma lente de aumento. Ainda assim, o truque poderia passar despercebido.

A razão é que o aparelho visual tem uma resolução muito precária, exceto bem no centro do olhar. As cartas são tão finas que a visão não consegue distingui-las, sobretudo nas mãos de um hábil especialista em truques de baralho. O centro da visão é chamado de *mácula* – a região próxima ao centro da retina, abarrotada de fotorreceptores. Junto com a *fóvea* (o próprio centro da mácula e a parte com a resolução mais alta), ela é responsável pela visão de alta acuidade. Trata-se de uma parte tão especializada da anatomia que tem seu próprio conjunto de doenças, inclusive a degeneração macular ligada à velhice. A degeneração macular é a mais comum dentre as formas de cegueira nos idosos, pois a mácula vai morrendo lentamente ao longo dos anos. Sem a mácula, só se consegue enxergar com a visão periférica, que tem uma resolução baixíssima. O indivíduo circula vendo o mundo de acordo com o que aparece nas laterais da cabeça.

FIM DO ALERTA DE SPOILER

Tony mostrou-nos outra maneira de fazer o truque da carta ambiciosa, chamada ilusão de profundidade de Vernon (também conhecida como inclinação de Marlo, porque os dois mágicos a desenvolveram de modo independente). Muito depois da morte de Houdini, Vernon continuou a aperfeiçoar o truque, com um discernimento diabólico do processamento visual.

Nesse truque da mente – captado em uma filmagem rara da década de 1950 –, Vernon pede ao espectador que escolha uma carta e a assine.*

* Para um exemplo da destreza de Vernon, ver http://www.sleightsofmind.com/media/vernondepthillusion.

Pega a carta e a insere claramente no meio do baralho, de maneira lenta e deliberada, para não haver dúvida de que se trata da carta escolhida. Em seguida, vira a carta do topo do baralho e pronto! – é a sua carta assinada.

ALERTA DE SPOILER! A SEÇÃO SEGUINTE DESCREVE SEGREDOS DA MÁGICA E SEUS MECANISMOS CEREBRAIS!

Trata-se de um acontecimento incrível, espantoso, irritante. Vejamos como ele o cria.

Ao receber a carta, Vernon lhe imprime uma ligeira torção e a insere parcialmente no centro do baralho, da base para cima. A torção garante que a carta não entre no monte. Em vez disso, ela força outras a se projetarem para fora, no ponto para o qual o espectador está olhando – na frente do baralho, mais ou menos na metade da altura, de cima para baixo. Essas cartas empurradas reforçam a ideia de que Vernon de fato pretende inserir sua carta no centro do monte. Mas é um artifício. Enquanto rearruma o baralho (reintroduzindo as cartas), como que para corrigir seu erro, Vernon inclina um pouquinho para cima as costas da carta do topo. De sua perspectiva, o espectador não consegue ver a inclinação, embora haja agora um intervalo de quase um centímetro entre a carta do topo e a seguinte, vistas por trás do baralho.

Em seguida, Vernon pega a carta assinada e a insere no monte, na base do intervalo não percebido. Do ponto de vista do espectador, é como se ela entrasse no meio do baralho, mas, na verdade, agora ela é a segunda carta de cima para baixo. O observador não nota a discrepância por duas razões. Primeiro, do seu ângulo de visão, ele não consegue ver a inclinação da carta superior. Não lhe ocorre que o mágico possa estar inserindo sua carta na posição da segunda, imediatamente abaixo da carta do topo.

Em segundo lugar, seu aparelho visual o convence de que a sua carta está muito abaixo da posição da segunda. Ela parece estar no meio do baralho, mais ou menos na mesma posição de quando Vernon empurrou "acidentalmente" algumas cartas com a carta torcida. O espectador viu outras cartas serem empurradas para fora quando ela foi "inserida". Mas será que de fato a viu entrar?

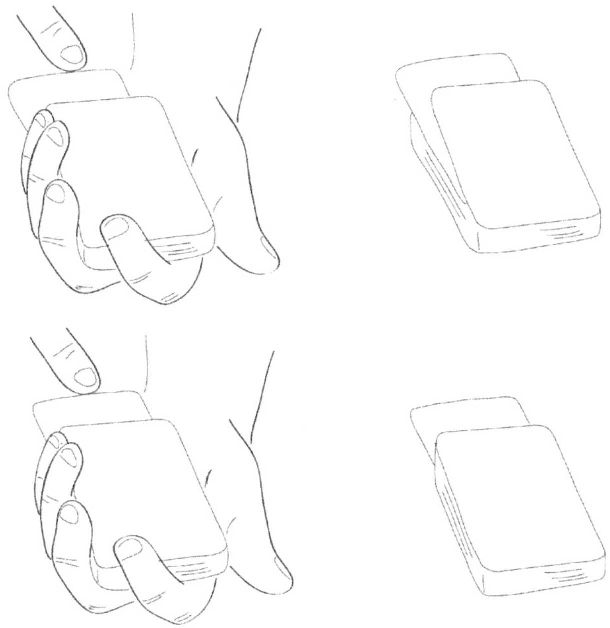

O mágico pode empurrar a carta para o meio do baralho (abaixo, à direita) ou inseri-la logo abaixo da carta superior inclinada (acima, à direita). De um modo ou de outro, a carta parece estar entrando no meio do monte, vista pelo ângulo do espectador. (Desenho de Jorge Otero-Millan)

É óbvio que não, mas seu aparelho visual também lhe diz que agora sua carta foi ocluída pela parte superior do baralho. Seu ângulo de visão lhe diz que sua carta está sendo inserida. E sua visão tridimensional lhe diz que sua carta deve estar no meio do baralho – umas vinte e cinco cartas abaixo da que está no topo.

É claro que toda essa lógica é burlada quando o verso da carta superior é inclinado, durante a segunda tentativa de inserção. Depois, um gesto muito inocente de Vernon permite que a carta inclinada caia, e o intervalo se fecha. Agora, a carta assinada se encontra em uma posição perfeita para ser revelada por uma levantada dupla. Vernon diz ao espectador que sua carta ambiciosa subiu para o topo, e lá está ela. Em seguida, acentua a sensação de perplexidade, dizendo: "Deixe-me mostrar-lhe isso de novo." Torna a virar para baixo as duas cartas superiores, com uma dupla levantada, e retira a de cima (que não é a carta assinada, embora o espectador acredite que sim), inserindo-a de fato no meio do baralho. E o resto você já sabe. A carta assinada aparece no topo.

Dois aspectos normais da percepção de profundidade – a oclusão e a perspectiva – conspiram para enganar o espectador. Esses processos são automáticos e ocorrem sem que tenhamos consciência deles, razão pela qual o truque funciona. Lembra-se que dissemos que o cérebro constrói a realidade? Pois bem, nesse caso, o aparelho visual diz ao sujeito o que é "real", mas é uma pobre vítima nas mãos de um mágico habilidoso.

A oclusão se refere ao fato de que, quando uma pessoa fica parcialmente escondida atrás de outra, é natural presumirmos que a pessoa não ocluída está mais perto de nós. O mesmo se dá com as cartas de baralho. Trata-se de uma dedução lógica produzida pelo cérebro, feita de maneira automática e quase instantânea, sem reflexão consciente.

Vernon engana mais uma vez o aparelho visual. Já que o espectador "vê" sua carta ser inserida no meio do baralho, as outras devem estar por cima dela. Estão ocluindo sua carta, que deve estar bem mais abaixo no monte.

Ninguém sabe em que lugar do cérebro a oclusão é calculada, mas supõe-se que isso aconteça em um ponto do aparelho visual suficientemente alto para que os neurônios pertinentes codifiquem formas individuais. Os neurônios que entram em atividade logo no início do trajeto visual detectam apenas pequenas características do mundo – bordas, quinas, curvas. Para montar uma forma completa e ver um objeto de interesse (uma pessoa, uma carta), precisamos de neurônios selecionadores de formas, que combinam os resultados dos detectores iniciais de características. Seguindo essa lógica, precisamos de um nível ainda posterior de cálculo, capaz de determinar que a forma favorita de um neurônio está sendo ocluída. Portanto, o aparelho visual constrói a percepção de profundidade como uma linha de montagem automobilística, uma peça de cada vez, até chegarmos a um percepto rico em profundidade.*

Além disso, Vernon manipula nosso impulso cerebral de compreender o mundo em perspectiva. A perspectiva linear se apoia no fato de que as

* Ao longo do livro, usamos como sinônimos os termos "percepção" e "percepto".

linhas paralelas, como os trilhos de um trem, parecem convergir a distância (o truque da torre inclinada do Capítulo 3 se baseia nesse fenômeno). O aparelho visual interpreta a convergência como profundidade, por presumir que as linhas paralelas se mantêm paralelas.

No truque de cartas de Vernon, entra em jogo a perspectiva do tamanho. Quando dois objetos similares parecem ter tamanhos diferentes, o aparelho visual presume que o menor esteja mais distante. Aqui, a carta assinada se afigura ligeiramente menor na retina, o que significa que deve estar mais longe. Deve estar entrando no meio do baralho, com base em todos os outros indícios que o espectador vê.

FIM DO ALERTA DE SPOILER

No começo da década de 1970, um novo superastro da mágica surgiu no cenário mundial. Seu nome era Uri Geller – um israelense alto e desengonçado, com uma cabeleira negra à moda dos Beatles, sobrancelhas escuras e olhar penetrante. Presença carismática no palco, Geller sabia entortar colheres, fazer relógios pararem ou andarem mais depressa, ler por telepatia desenhos ocultos e estarrecer as pessoas de várias outras maneiras com seus "poderes sobrenaturais".

Tratava-se de uma era de completa credulidade.

Talvez fossem as drogas. Quando o sujeito põe na língua uma tira de gelatina de LSD e vê o mundo se transformar em uma tela de Salvador Dalí, feita de cores radiantes, formas geométricas que cintilam e uma fantasmagoria mutante, enquanto seu senso de individualidade se desfaz, bem, por que não seria possível que alguém vergasse uma colher com o pensamento?

Talvez fosse a paranoia da Guerra Fria. A CIA acreditava que a KGB tinha aprendido a explorar a percepção extrassensorial ou a visão remota. Espiões inimigos poderiam desvendar nossos segredos a meio mundo de distância, usando seus poderes telepáticos. Poderiam sustar de longe os batimentos cardíacos (para uma visão divertida dessa época, ver o filme *Os homens que encaravam cabras*).

Talvez tenha sido um daqueles momentos bizarros da história em que um número incomumente grande de pessoas, afora isso racionais, é seduzido pelo pensamento mágico. Os modismos da Nova Era exaltavam as maravilhas das cartas de tarô, o I Ching, a fotografia kirliana, o poder dos cristais, a rabdomancia, a astrologia e as novas abordagens do desenvolvimento pessoal em harmonia com a evolução planetária.

Geller, na vanguarda dessa febre, era mais famoso por sua capacidade de vergar colheres. "Não é incrível?", deslumbrava-se, segurando uma colher pela parte mais estreita e esfregando-a com o indicador, em gestos delicados porém rápidos. Aos poucos, como um acrobata curvando languidamente o corpo para trás, a colher ia se dobrando, até se vergar em um ângulo acentuado. Magia das colheres.

Milhões de pessoas foram iludidas pelo número de Geller, até que um famoso "desmascarador" de alegações de paranormalidade, James Randi, conhecido como o Incr!vel Randi, resolveu jogar um balde de água fria no agito de Geller.*

Certa vez, Geller disse realizar suas proezas por meio de poderes sobrenaturais que lhe tinham sido conferidos por extraterrestres. Randi entrou em cena e disse que as proezas de Geller eram truques de salão. Repetiu-os todos, explicando como era feito cada um – entortar colheres, adivinhar pensamentos, fazer relógios pararem, praticar a rabdomancia e tudo o mais. "O pensamento mágico é uma ladeira escorregadia", disse Randi durante suas demonstrações. "Às vezes é inofensivo, em outros momentos, muito perigoso. Sou contra o embuste. Desmascaro as pessoas e suas ilusões, mostrando-as como de fato são."

Por exemplo, Randi explicou que fazia anos que os mentalistas reproduziam desenhos ocultos. Uma pessoa desenhava algo em um pedaço de papel e o escondia, e então o mágico revelava o que fora desenhado. Às vezes, o mágico virava de costas e tapava os olhos enquanto o desenho era feito. Randi se perguntou: "Por que tapar os olhos, se ele está de costas?" E fez a demonstração: um espelhinho escondido na palma da mão que cobria os olhos mostrava exatamente o que a pessoa estava desenhando.

Entretanto, apesar de seus esforços para desmascarar Geller como ilusionista, as pessoas continuaram a acreditar. Até alguns cientistas se

* Você pode ver o episódio em http://sleightsofmind.com/media/RandiGeller.

deixaram iludir. Em 1975, dois pesquisadores de psicologia paranormal do Instituto Stanford de Pesquisas, Russell Targ e Harold Puthoff, submeteram Geller a testes e concluíram que ele se saíra bem o bastante para justificar estudos mais aprofundados. Deram a isso o nome de "efeito Geller". As ondas cerebrais, afirmaram, podiam afetar os metais dúcteis.

Danny Hillis, um renomado cientista da computação e mágico amador, tem uma explicação para a razão de os cientistas serem particularmente crédulos em relação aos Gellers da vida. "Quanto melhor o cientista, mais fácil ludibriá-lo", diz ele. "Os cientistas são pessoas honestas. Não sabem a que ponto os mágicos são capazes de descer e não são treinados para enganar de maneira proposital."

Por exemplo, certa vez Hillis mostrou um truque de mágica a Richard Feynman, um físico da Caltech tido como uma das pessoas mais brilhantes que já existiram. "Eu fazia o truque e o desafiava a descobri-lo. Ele saía por um ou dois dias, pensava no assunto e voltava com a resposta correta", disse Hillis. "Então eu repetia o truque, usando um método inteiramente diferente. E isso o deixava louco. Ele nunca apreendeu o metaprincípio de que eu mudava de método. Talvez isso se deva ao modo pelo qual os cientistas são treinados para usar o método científico. O sujeito vai fazendo experimentos até encontrar a resposta. A natureza é confiável. A ideia de que alguém pudesse trocar de método simplesmente o atordoava."

ALERTA DE SPOILER! A SEÇÃO SEGUINTE DESCREVE SEGREDOS DA MÁGICA E SEUS MECANISMOS CEREBRAIS!

Vergar colheres é algo que pode ser feito de muitas maneiras. Vejamos o que Tony nos ensinou.*

Ele começa com três colheres e faz alguém escolher e examinar uma delas. Pede a essa pessoa que encoste a colher na testa (Tony fez a demonstração pondo uma colher em sua própria testa) e lhe solicita que informe quando a colher começar a se aquecer.

---

* Tony aprendeu esse método com o mentalista Alain Nu.

Ao abaixar a colher de sua pequena demonstração – enquanto todos têm a atenção voltada para o pobre bobo que segura uma colher na testa –, Tony dobra simultaneamente suas duas colheres no ponto mais estreito.

Essa é a essência da arqueação de colheres. Elas são vergadas antes que se crie a ilusão. Os mágicos dão a isso o nome de "giro da catraca". Tony dobra a primeira colher na mão direita com o polegar, segurando o cabo no punho fechado. Ao mesmo tempo, verga a segunda pressionando a concavidade contra a parte interna do pulso direito. É uma manobra muito simples e natural. A ideia é dar a impressão de que está apenas juntando as colheres na mão direita. E, de qualquer modo, todos estão prestando atenção ao sujeito que segura uma colher na testa. Enquanto isso, Tony transfere rapidamente a colher já dobrada da mão esquerda para a direita. Segura as duas entre o polegar e o indicador direitos, de tal modo que as dobras das duas colheres se toquem. A impressão é que ele está segurando duas colheres não vergadas, cruzadas na parte mais estreita do cabo.

Em seguida, Tony sacode as colheres e as "deixa murcharem". É como se elas ficassem moles e os gargalos dobrassem lentamente. Na verdade, ele deixa as colheres entortadas girarem devagar entre os dedos, para que as dobras fiquem na mesma direção e a parte côncava das colheres acabe pendendo. Enquanto as colheres se vergam, Tony faz uma pausa rápida e recupera a terceira colher do espectador, usando a mão livre. Redireciona a atenção de todos para as colheres que se dobram, dizendo-se concentrado nelas. Sua mente as está vergando. Enquanto isso, ele entorta sub-repticiamente a terceira colher contra a perna e a segura de uma forma que deixa apenas o cabo visível.

Quando as duas colheres que "murcham" ficam completamente vergadas, Tony as devolve ao espectador que o auxilia e diz: "Agora, vamos tentar de novo." Segura a terceira colher com as duas mãos, para que o cabo aponte para cima, por trás das mãos entrelaçadas. Nem a parte côncava da colher nem a dobra de noventa graus agora existente em seu cabo são visíveis. A plateia presume que a colher ainda está reta, já que o espectador acabou de examiná-la.

Tony começa a se concentrar na terceira colher e, aos poucos, de forma excruciante, sem que ele exerça qualquer pressão perceptível, o cabo da

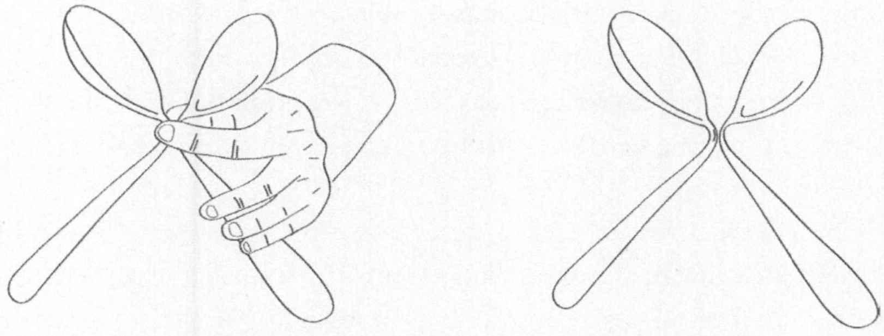

O princípio da boa continuidade contribui para que vejamos as colheres cruzadas quando o mágico as segura (à esquerda), apesar de elas estarem de fato vergadas (à direita). (Desenhos de Jorge Otero-Millan)

colher se verga, até o gargalo ficar dobrado na direção dele em um ângulo de noventa graus. Tony entrega a colher entortada ao espectador, o público aplaude e o número acaba.

Alguns conceitos psicológicos cruciais nos fazem pensar, de maneira equivocada, que as colheres devem estar retas, quando, na verdade, elas já foram entortadas. O primeiro é o que os cientistas chamam de *completamento amodal* – o processo pelo qual um objeto ocluído por um segundo objeto nos parece inteiro, apesar de estar ocluído.

Imagine-se sentado aqui em Phoenix, em uma das nossas aulas de mágica com Magic Tony. Você está no Cheuvront, saboreando um prato de queijos espanhóis manchegos e de *queso de País*, com uma taça de Rioja na mão e contemplando a vastidão do deserto de Sonora entre um truque e outro. Você nota uma lebre. Ela dá três saltos e para parcialmente atrás de um enorme cacto de quatro braços, apenas com o traseiro para fora, balançando a cauda branca e felpuda. Será que a lebre ainda tem cabeça? É claro que tem. Como é que seu cérebro lhe dá informações sobre a forma da parte oculta da lebre atrás do cacto? E se não estivéssemos falando de uma lebre, mas de uma superfície retangular vazia, projetando-se de um dos lados do cacto? Nesse caso, você não teria como saber por experiência o tamanho da parte ocluída, porque os retângulos, ao contrário das lebres, podem ter qualquer tamanho. Agora, porém, imagine que o retângulo se projeta de ambos os lados do cacto, de tal modo que você possa ver todos os seus quatro cantos, mas o meio continue ocluído. Ora, apesar da oclusão da maior parte da superfície, você teria uma impressão muito forte do tamanho do objeto e da forma assumida por ele – mesmo não podendo saber, de verdade, o que se passa com a parte da superfície que está atrás do cacto.

No caso da lebre, o cérebro já mapeou um modelo biológico tridimensional dela e dá palpites perceptuais sobre a aparência que deve ter a parte ocluída do animal. Isso é muito útil, sobretudo quando se está caçando coelhos. No caso do retângulo, o cérebro pode fazer algumas conjecturas perceptuais, mas não outras, dependendo da quantidade de informações que tenha.

Tony tirou partido do completamento amodal ao prender as duas colheres vergadas entre o polegar e o indicador. Visto que o cabo da colher número um estava alinhado com a concavidade da colher número dois, e vice-versa, ambas pareceram retas; o completamento amodal completou de maneira imprópria os dois objetos atrás dos dedos de Tony. O mágico explicou que esse processo obedece à lei da "boa continuidade", originalmente codificada pelos psicólogos alemães da Gestalt na virada do século XX.

POR QUE A BOA CONTINUIDADE É GENIAL

A boa continuidade é o processo pelo qual, com base em informações dispersas, o cérebro faz as coisas parecerem inteiras. O completamento amodal é um exemplo de boa continuidade, mas existem muitos outros. Já mencionamos o preenchimento de lacunas. O mundo é grande e complexo demais para que enxerguemos todos os seus detalhes. Quando olhamos para uma praia salpicada de seixos, ou para um tapete persa tecido de modo intricado, nosso cérebro não visualiza cada seixo nem cada ponto da trama. Não temos células suficientes na retina para isso. Vemos uma pequena parte da praia ou do tapete e completamos o resto. A boa continuidade é parte tão integrante de uma multiplicidade de mecanismos cerebrais que Tony acha que esse é o princípio mais explorado de toda a prestidigitação.

Para ver como nosso cérebro é inteligente no preenchimento de lacunas, basta experimentar a técnica do *Ganzfeld* (termo que significa "campo total" em alemão).

Primeiro, corte uma bola de pingue-pongue ao meio. Depois, sintonize o rádio em um ponto que só tenha estática. Deite-se, prenda meia bola sobre cada olho com fita adesiva e espere. Dentro de alguns minutos você vivenciará uma enxurrada de sensações bizarras. Haverá ursos-polares saltitando com elefantes. Terá uma visão de um tio morto há muito tempo. Ou qualquer outra coisa. Seu cérebro não sabe lidar com a inexistência completa de estímulos sensoriais, por isso inventa sua própria realidade.

O importante aqui é que o cérebro cria constantemente sua própria realidade, receba ou não estímulos provenientes da realidade por meio dos sentidos. As maquinações cerebrais de criação do mundo continuam funcionando mesmo na falta de estímulos sensoriais. É por isso que o confinamento solitário é considerado um castigo em nosso sistema prisional. Talvez você pense que esse confinamento seria um alívio dos perigos e incômodos da vida em um presídio. Mas ele é praticamente a pior coisa que se pode fazer com os presidiários, que dessa forma perdem o contato com a realidade. Muitos consideram essa prática uma forma de tortura, e livros inteiros sobre os efeitos psicológicos negativos do confinamento solitário já foram escritos. Os prisioneiros relatam alucinações e outras formas de reações psicóticas. Ou seja, começam a acreditar nos delírios.

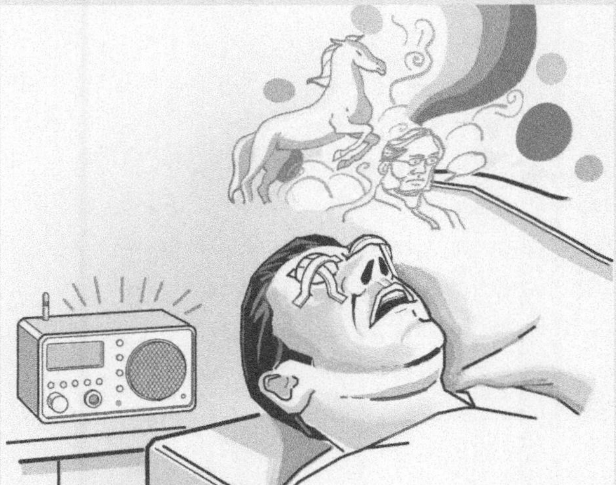

Como ficar alucinado usando bolas de pingue-pongue e um rádio.
("Hack Your Brain", reproduzido com permissão da Globe Newspaper Company, Inc., com base em uma edição de 2010 do jornal *Boston Globe* © copyright 2010)

Você já se perguntou como um mágico serra uma mulher ao meio? O truque se baseia em duas coisas: uma caixa oca e o desejo do cérebro por uma boa continuidade. Quando a mulher se deita na caixa, você vê a cabeça em uma extremidade e os pés na outra. Seu cérebro lhe diz que ela está em supinação e inteira. Na verdade, ela não está deitada. A caixa é construída de tal modo que a cabeça que se projeta em uma ponta e os pés que saem da outra pertençam a duas mulheres diferentes. A ilusão é comumente acentuada por um desenho do corpo dela, deitado, na lateral da caixa. Com que facilidade você é enganado!

Alguns mecanismos por trás da boa continuidade começam a ser bem compreendidos. Por exemplo, no aparelho visual, ela depende da orientação e da posição espacial das linhas para as quais você olha. Quando a posição e a orientação relativas de dois ou mais segmentos de linha estão alinhadas, você pode discernir um contorno. Quando duas ou mais linhas de orientação semelhante são posicionadas em estreita proximidade, com as extremidades alinhadas, você talvez note que alguns segmentos isolados ficam mais salientes em termos visuais: destacam-se contra o pano de fundo. No entanto, quando a separação entre os segmentos ou as diferenças na orientação deles são grandes demais, a boa continuidade falha e é mais difícil discernir os segmentos (a figura) do fundo.

Charles Gilbert e alguns colegas de seu laboratório, na Universidade Rockefeller, descobriram uma base física da boa continuidade no aparelho visual. Lembre-se de que os neurônios do córtex visual primário sintonizam-se com orientações específicas – preferem, digamos, segmentos de reta horizontais ou verticais. Esses neurônios especializados são encontrados em diferentes partes do córtex visual primário, para que o cérebro possa integrar informações que vão muito além das fronteiras de neurônios isolados. Ocorre que os neurônios com atributos similares são ligados por fibras horizontais que percorrem longas distâncias no córtex visual primário. Os olhos da mente conseguem "ver" a lebre atrás do cacto por causa das conexões de longo alcance entre tipos semelhantes de neurônios no córtex. Os mesmos processos desempenhariam alguma função em outros tipos cognitivos de percepção visual, que discutiremos com mais detalhes em capítulos posteriores.

Um segundo conceito por trás da mágica da colher já foi documentado. Quando as colheres são sacudidas devagarzinho, de repente parecem moles. Essa ilusão ocorre porque o aparelho visual tem dois mecanismos diferentes para enxergar linhas. Para detectar a borda de uma reta, dependemos de neurônios do córtex visual primário. Para localizar as extremidades de uma reta, porém, recorremos a *células de terminação de linha* [*endstopped*], sintonizadas para reagir aos términos de contornos longos.

Alguns neurônios de orientação e de terminação de linha reagem particularmente bem a estímulos móveis, como o cabo de uma colher sacudida. Mas seus tempos de reação são diferentes. O cérebro percebe a orientação das linhas mais depressa do que o término delas. Por isso, o cabo de uma colher, quando ela é sacudida, parece se mexer antes de as extremidades se mexerem – o que dá origem à ilusão de que a colher está se vergando.

FIM DO ALERTA DE SPOILER

Por mais romântico que seja concluir que o pensamento é capaz de entortar colheres ou fazer mesas levitarem, ou que os poderes mediúnicos, a clarividência e a força da mente sobre a matéria são fenômenos reais, as consequências dessas crenças podem ser dolorosas, ou no mínimo constrangedoras. Quando Susana tinha cerca de oito anos, encasquetou a ideia de que poderia ser capaz de atravessar barreiras pelo simples esforço mental. Os pesados portões de ferro do prédio de seus avós em Santander, na Espanha, pareceram ideais para esse experimento. Quando os adultos se deitaram para a sesta, ela saiu de fininho e desceu correndo os três lances de escada que levavam à entrada do edifício. Estava decidida e correu a toda a velocidade e de cabeça. Para sua surpresa, o ferro batido nem se mexeu, como prova a pequena cicatriz que ela tem até hoje na têmpora esquerda. Ela levou mais de uma década para confessar à família que não tinha tropeçado por acidente nesse dia.

Existe uma profusão de charlatães e trapaceiros tirando vantagem de clientes ingênuos ou desesperados, que acreditam sinceramente em habilidades mediúnicas. Esses clientes são inevitavelmente tapeados, lesados em termos financeiros ou coisa pior: às vezes, são convencidos a rejeitar tratamentos médicos comprovados, em favor de vários tipos de intervenções mediúnicas. Quando um vidente, um curandeiro, um médium ou um charlatão parecem desafiar as leis da natureza, há sempre uma ilusão envolvida. Nossa tarefa é descobrir como esses truques funcionam. E isso é parte do que motiva este livro.

• 3 •

O padre que simulou uma cúpula: ilusões de óptica na arte e na ciência

Os cientistas da visão, como é o nosso caso, procuram compreender como enxergamos, pelos pontos de vista psicológico e biológico, e nossa disciplina tem uma longa tradição de estudar artistas plásticos, como pintores e escultores. Os cientistas não inventaram a vasta maioria das ilusões de óptica – os pintores o fizeram. As artes plásticas não raro precederam os cientistas da visão na descoberta de princípios fundamentais desta, por meio da aplicação de técnicas de pesquisa metódicas – ainda que, talvez, mais intuitivas.

Do mesmo modo, os mágicos, como supremos artistas mundiais da atenção e da consciência, fizeram suas próprias descobertas. Foi isso que nos atraiu para sua ribalta, suas mesas de carteado e suas apresentações de rua. Queremos que os mágicos nos ajudem a compreender as ilusões cognitivas, tal como os artistas nos revelaram descobertas sobre as ilusões de óptica. E, na verdade, as ilusões de óptica se assemelham um pouco a truques de mágica feitos no papel. Neste capítulo, faremos uma breve turnê por nossas ilusões cognitivas favoritas.

Os artistas usam ilusões de óptica desde o século XV, quando os pintores renascentistas inventaram técnicas para enganar o cérebro, fazendo-o pensar que uma tela plana era tridimensional, ou que uma série de pinceladas em uma natureza-morta era uma travessa de frutas apetitosas. Eles descobriram a perspectiva linear – a ideia de que as linhas paralelas podem ser representadas como convergentes para dar a ilusão de profundidade e distância. (Pense mais uma vez em trilhos ferroviários rumando para o horizonte.) Perceberam que podiam manipular os efeitos atmosféricos, fazendo tons e cores esmaecerem ao se afastarem do campo visual. Usaram

Nas primeiras décadas do século XVII, os pintores holandeses criaram naturezas-mortas em pinturas de cavalete com um realismo de *trompe-l'oeil*. (*Os atributos do pintor*, de Cornelius N. Gysbrechts. Réunion des Musées Nationaux/Art Resource, NY)

a linha do horizonte ou do olhar como ponto de referência para julgar o tamanho e a distância dos objetos em relação ao observador. Empregaram o sombreamento, a oclusão e os pontos de fuga para tornar seus quadros hiper-realistas.

Trompe-l'oeil é um termo francês que significa "enganar o olho". Floresceu na Holanda do século XVII. As pinturas vívidas pareciam saltar da moldura.*

Às vezes o *trompe-l'oeil* é usado em larga escala para sugerir partes inteiras de construções que, na verdade, não existem. Orazio Grassi, o

* Um dos primeiros exemplos de *trompe-l'oeil* – um exemplo talvez apócrifo, relatado por Plínio o Velho – é a lendária competição entre dois pintores renomados da Grécia antiga, Zêuxis e Parrásio. Cada qual levou um quadro coberto para a disputa. Quando Zêuxis tirou o pano que cobria sua obra, as uvas que havia pintado eram tão realistas que desceram pássaros do céu para bicá-las. Convencido de sua vitória, Zêuxis tentou retirar o véu do quadro de Parrásio, para confirmar a superioridade de seu trabalho. Mas foi derrotado, porque a cortina que tentou abrir era a própria pintura do rival.

A "cúpula" da igreja de Santo Inácio parece real, vista por este ângulo. (Flikr.com)

arquiteto da igreja de Santo Inácio, em Roma, tinha planejado construir uma cúpula, mas morreu antes de terminar a igreja, e o dinheiro destinado ao domo foi usado em outra coisa. Trinta anos depois, em 1685, pediram ao pintor jesuíta Andrea Pozzo que pintasse uma cúpula falsa no teto, acima do altar. Pozzo já era considerado um mestre na arte da perspectiva, mas é difícil acreditar no que conseguiu fazer. Até hoje, muitos visitantes da igreja de Santo Inácio ficam admirados ao descobrir que a cúpula espetacular não é real, e sim uma ilusão.

Os arquitetos logo perceberam que também poderiam manipular a realidade, distorcendo as indicações de perspectiva e profundidade para criar estruturas ilusórias que desafiassem a percepção. Alguém precisava de um cômodo grande, porém dispondo apenas de um quarto do espaço? Não havia problema algum. Foi exatamente o que fez Francesco Borromini no Palazzo Spada, que visitamos há alguns anos em Roma. Borromini criou a ilusão de uma galeria de pátio de 37 metros de comprimento em um espaço de oito metros. Há até uma escultura em tamanho natural no fim da arcada. Bem, não exatamente. A escultura

Este corredor é muito mais curto e a escultura é muito menor do que ambos parecem. (Flickr.com)

parece ser do tamanho de uma pessoa, mas, na realidade, tem apenas sessenta centímetros de altura.

Mais perto de nós e do ilusionismo, temos o saguão do Grande Canal no Venetian Hotel and Casino, em Las Vegas. Na primeira vez que se pisa no saguão, tem-se a sensação de um súbito início de crepúsculo. Foi exatamente o que sentiu a mãe da Susana, Laura, quando a levamos a Las Vegas pela primeira vez, enquanto planejávamos nossa conferência. Descemos de nossa suíte depois do almoço fornecido pelo serviço de quarto. Ao sairmos dos elevadores e entrarmos no saguão, Laura disse:

– Ah, escureceu tanto aqui fora!

Susana perguntou o que ela queria dizer.

– O céu – respondeu Laura. – Escureceu muito cedo.

– Mas, mamãe – explicou Susana –, ainda estamos do lado de dentro. Está vendo aqueles pontos pretos no céu? São as pontas dos *sprinklers*.

Boquiaberta, Laura examinou o incrível céu ilusório, com seus cinco matizes de azul do rococó – azul-pavão, azul-claro, azul-celeste, turquesa e água-marinha – e os filamentos de cirros, cirros-estratos e cirros-cúmulos. Laura pensou no assunto por um minuto, virou-se para Susana e disse:

– Bem, por que você me contou tão depressa? Eu gostaria de tê-lo apreciado um pouco mais.

Outro grande ilusionista foi o litógrafo e xilogravurista holandês Maurits Cornelis (mais conhecido como M.C.) Escher. No início da carreira, Escher entalhou cenas realistas, baseadas em suas observações e suas viagens. Mais tarde, voltou-se para sua imaginação e produziu algumas das mais brilhantes ilusões de óptica da história da arte. Quando Steve frequentava o curso médio, um de seus cartazes favoritos era uma reprodução da escada interminável de Escher (*Subindo e descendo*, 1960), na qual um grupo de monges trajando hábitos subia ou descia perpetuamente uma escadaria impossível, situada no alto de um templo. Ela era impossível porque descrevia um círculo em torno de si mesma e não acabava nunca. Ora, como podia ter sido desenhada se era fisicamente impossível? Escher devia ter trapaceado em algum ponto da gravura e deixado de retratar a estrutura adequada de uma escada de verdade. Mas Steve não conseguiu descobrir onde, por mais que olhasse com atenção. Percebeu que deveria examinar a estrutura como um todo para ver se havia alguma pequena distorção sistemática em toda ela que permitisse a ilusão.

E foi então que constatou que não podia olhar de maneira global para a estrutura. Só conseguia realmente ver uma área da escada de cada vez. Sua visão conseguia processar os detalhes da escada quando ele centrava o olhar em uma parte específica. No entanto, no momento em que o fazia, todas as outras áreas da escada, em sua periferia visual, viravam um borrão. Ele se deu conta, então, de que foi assim que Escher deve tê-la desenhado: como só se pode ver uma área local de cada vez, os pequenos erros graduais da estrutura inteira não podem ser vistos a olho nu.

Esse efeito desafia nossa percepção, conquistada com dificuldade, de que o mundo à nossa volta segue certas normas invioláveis. Revela também que nosso cérebro constrói a sensação de percepção global costurando múltiplos perceptos locais. Desde que a relação local entre as superfícies e os objetos siga as regras da natureza, nosso cérebro não parece se importar com o fato de a percepção global ser impossível.

A apresentação formal de Susana às ilusões de óptica veio em 1997, quando ela chegou à Universidade Harvard para estudar com David Hubel e Margaret Livingstone. Na época, Harvard era a meca do estudo das ilusões, e foi lá que ela conheceu Steve. Hubel e Livingstone lideravam o campo de estudos das ilusões cerebrais, mas vários psicólogos de Harvard também vinham descobrindo um leque de fenômenos completamente novos.

Como parte de sua formação no pós-doutorado, Susana resolveu escolher uma ilusão de óptica e investigar seus efeitos. Folheando um livro de arte, descobriu o pátio de recreação perfeito para sua curiosidade: a arte óptica, um campo que explora muitos aspectos da percepção visual, como as relações entre formas geométricas, variações de figuras "impossíveis", que não podem ocorrer na realidade, e ilusões que envolvem o brilho, a cor e a percepção de formas.*

Susana escolheu o pintor e escultor de *op art* Victor Vasarely, cuja série Quadrados Aninhados exibia uma estranha ilusão: os cantos dos quadrados pareciam mais brilhantes do que seus lados retos. Mas o efeito não tinha a ver apenas com a luminosidade dos cantos, pois quando Vasarely invertia a ordem dos quadrados, passando de branco a preto (do centro para o exterior) para preto a branco, os cantos ficavam mais escuros do que os lados. Portanto, parecia ser uma ilusão referente ao contraste, não à luminosidade em si.

Susana vasculhou a bibliografia sobre a visão e constatou que só duas ou três pessoas já haviam discutido esse efeito, e ninguém investigara suas bases neurológicas. Tampouco alguém havia examinado outras formas além dos quadrados, que são um tipo especial de forma, em que todos os cantos são convexos (todos apontam para fora a partir do centro). Ninguém examinara o efeito com formas não quadradas e com cantos côncavos, ou com formas cujos cantos tivessem outros ângulos que não o de 90 graus. Susana se deu conta de que havia muitos aspectos dessa ilusão

* O movimento da *op art* (de "arte óptica") surgiu simultaneamente na Europa e nos Estados Unidos na década de 1960. Diferentemente dos artistas que os precederam, os pintores ópticos não usavam as ilusões apenas como meio para chegar a um efeito perceptual desejado, como a distância ou o volume. A meta era a ilusão em si.

Utem, de Vasarely (1981). Quadrados encaixados, de luminância crescente ou decrescente, produzem diagonais ilusórias que parecem mais claras ou mais escuras do que o restante dos quadrados. (Cortesia de Michèle Vasarely)

que ela poderia estudar de modo perceptual, fazendo em seguida uma pesquisa fisiológica do cérebro.

Após muitos anos, primeiro como estagiária em Harvard, depois como diretora de sua própria equipe de pesquisa, Susana aprendeu um dos segredos mais fundamentais do aparelho visual. O dogma anterior desse campo era que os neurônios dos primeiros estágios do sistema visual eram particularmente sensíveis às bordas das superfícies dos objetos. Os resultados de Susana mostraram, ao contrário, que os neurônios do aparelho visual são mais sensíveis às quinas, curvas e descontinuidades nas bordas das superfícies, e não às retas, como se pensava antes.

Os pintores da *op art* também se interessaram por ilusões cinéticas ou de movimento. Nesses truques visuais, estampas estáticas dão origem à percepção intensa, mas subjetiva, de uma ilusão de movimento. *Enigma*, de Isia Leviant, é um exemplo.

Essa imagem estática de padrões regulares provoca um intenso movimento ilusório na maioria de nós e tem gerado enorme interesse nas ciências da visão desde que foi criada, em 1981. Todavia, a origem da ilusão – o cérebro, o olho ou uma combinação de ambos? – continua sendo, de maneira muito apropriada, um enigma.

Em 2006, concebemos um experimento para investigar essa questão. Pedimos a alguns observadores que dissessem quando o movimento ilusório se tornava mais rápido ou mais lento enquanto eles olhavam para a

Reinterpretação de *Enigma*. (Criada e fornecida por cortesia de Jorge Otero-Millan, Laboratório Martinez-Conde, Instituto Barrow de Neurologia)

imagem. Ao mesmo tempo, gravamos seus movimentos oculares com alta precisão. Antes de eles informarem períodos de movimento "mais acelerado", aumentou seu índice de *microssacadas* – minúsculos movimentos oculares que ocorrem durante a fixação visual de uma imagem. Antes dos períodos de movimento "mais lento", ou "sem movimento", esse índice diminuiu. O experimento provou a existência de uma ligação direta entre a produção de microssacadas e a percepção do movimento ilusório em *Enigma*. A ilusão começa no olho, não no cérebro.

Outra de nossas ilusões de óptica favoritas é o sorriso da Mona Lisa. Sua expressão é comumente chamada de "enigmática" ou "esquiva", porém, como observou Margaret Livingstone, nossa mentora na Universidade Harvard, a natureza ilusória desse sorriso se explica ao considerarmos exatamente como funciona o aparelho visual. Quando olhamos diretamente para a boca da Mona Lisa, seu sorriso não se evidencia. Mas, ao desviarmos o olhar da boca, o sorriso aparece, convidativo. Olhamos para a boca e ele torna a desaparecer. Na verdade, o sorriso só pode ser visto quando olhamos para longe da boca. Isso se deve ao fato já mencionado de que cada

Mona Lisa, de Leonardo da Vinci.

olho tem duas regiões distintas para ver o mundo. A área central, a fóvea, é onde lemos as letrinhas miúdas e discernimos detalhes. A área periférica, ao redor da fóvea, é onde vemos detalhes mais grosseiros, movimento e sombra. Ao olharmos para um rosto, nossos olhos passam a maior parte do tempo focalizados nos olhos da outra pessoa. Assim, quando o centro de nosso olhar fica nos olhos da Mona Lisa, nossa visão periférica, menos precisa, fica em sua boca. E, como a visão periférica não se interessa por detalhes, ela capta prontamente as sombras das maçãs do rosto da Mona Lisa, que acentuam a curvatura de seu sorriso. No entanto, quando nossos olhos vão diretamente para a boca, a visão central não integra as sombras provenientes das maçãs do rosto com a boca. O sorriso desaparece.

O concurso A Melhor Ilusão do Ano, mencionado na Introdução, foi um enorme sucesso. Seria de se supor – após gerações de artistas plásticos e cientistas talentosos, dedicados e às vezes obsessivos se debruçarem para trabalhar em seus cavaletes, pranchetas, blocos de rascunho, câmaras escuras e programas gráficos para computador – que esse veio específico de minério estivesse esgotado. Mas não está.

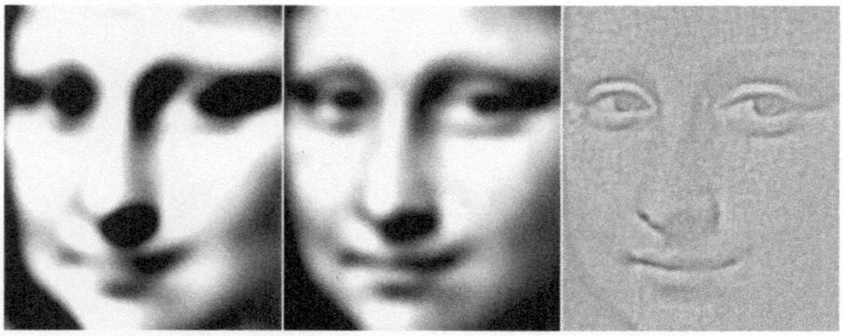

A *Mona Lisa* vista de perto. Os três painéis são simulações de como o aparelho visual vê o sorriso de Mona Lisa na periferia distante (à esquerda), na periferia próxima (no meio) e no centro do olhar (à direita). O sorriso é mais pronunciado nos painéis da esquerda e do meio. ("Blurring and deblurring", de Margaret S. Livingstone, Faculdade de Medicina de Harvard)

Consideremos a ilusão da torre inclinada, descoberta pelos cientistas Frederick Kingdom, Ali Yoonessi e Elena Gheorghiu, da Universidade McGill, que levou o primeiro prêmio em 2007.

As duas imagens da Torre de Pisa são idênticas, mas temos a impressão de que a torre da direita tem uma inclinação maior. É que nosso aparelho visual trata as duas imagens como se elas fizessem parte de uma única cena. Em geral, duas torres vizinhas se erguem para o céu em um mesmo

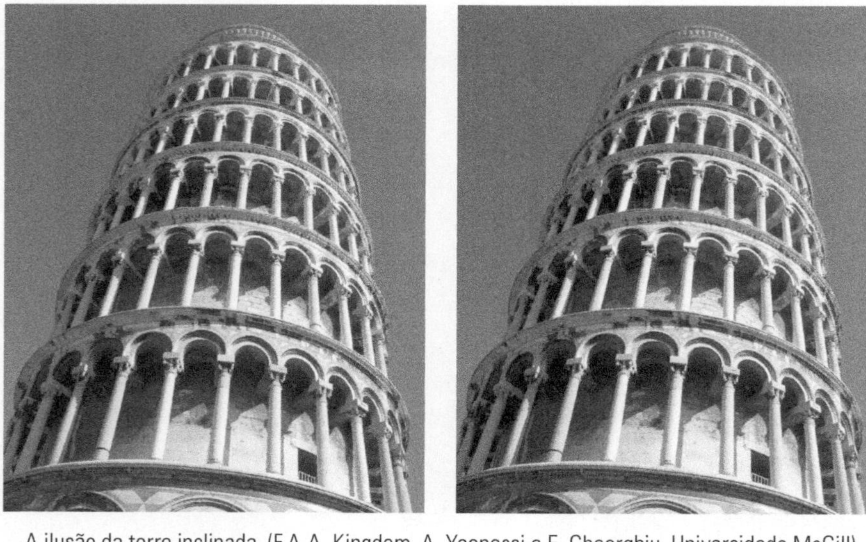

A ilusão da torre inclinada. (F.A.A. Kingdom, A. Yoonessi e E. Gheorghiu, Universidade McGill)

ângulo reto, e o resultado é que o contorno de suas imagens converge, à medida que elas se distanciam do olhar. Essa é uma das rígidas leis da perspectiva, tão invariável que o aparelho visual a leva em conta de modo automático. Uma vez que os contornos não convergem nas imagens aqui exibidas, o aparelho visual é obrigado a presumir que as duas torres lado a lado devem ser divergentes. E é isso que você "vê".

Essa ilusão de óptica é tão básica, tão simples, que é quase inacreditável que ninguém a tivesse relatado até 2007. Isso serve para mostrar que ainda existem muitos frutos pendendo de galhos baixos, apenas à espera de serem colhidos no mundo das ilusões. Cada nova ilusão de óptica acrescenta profundidade e definição à teoria perceptual e cognitiva, corroborando algumas hipóteses, enfraquecendo outras ou inspirando novas. Algumas sugerem novos experimentos. Cada qual nos aproxima um pouquinho mais de compreender a percepção e a consciência.

A única diferença entre esses dois rostos é seu grau de contraste. No entanto, um parece feminino, o outro, masculino. É que os rostos femininos tendem a ter um contraste maior do que as faces masculinas entre os olhos e a boca (pense em como a maquiagem exagera esses traços) e o restante do rosto. Richard Russell, o neurocientista da Universidade Harvard que criou essa ilusão de óptica, descobriu que aumentar o contraste de um rosto (mais maquiagem!) o torna mais feminino. Inversamente, reduzir o contraste lhe dá uma aparência mais masculina.

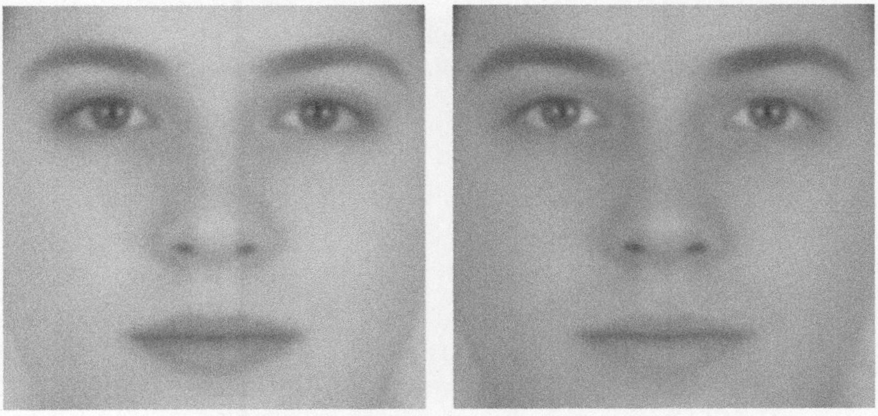

A ilusão do sexo. (Richard Russell)

A ilusão das cobras giratórias. (Akiyoshi Kitaoka)

Vejamos a seguir a ilusão das cobras giratórias, apresentada no concurso de 2005.

A percepção do movimento não precisa brotar de uma ação real no mundo. Ela ocorre quando dedicados neurônios que processam o movimento no cérebro são ativados por padrões específicos de mudanças na intensidade da luz na retina.

Alguns padrões estáticos geram a percepção ilusória de movimento. Por exemplo, nessa ilusão de óptica inventada pelo cientista Akiyoshi Kitaoka, as "cobras" parecem se contorcer. Na verdade, entretanto, não há nada em movimento a não ser os seus olhos. Se você fixar o olhar em um dos pontos pretos no centro de cada "cobra", o movimento ficará mais lento ou até cessará. Como a imobilização dos olhos detém o movimento ilusório, devem ser os movimentos oculares que fazem as cobras se mexer. Isso é corroborado pelo fato de que o efeito ilusório costuma se intensificar ao movermos os olhos pela imagem.

Por fim, temos a ilusão da onda permanente de invisibilidade, que esperamos transformar em um truque de mágica inteiramente novo e, no futuro, revelar no Castelo Mágico. Trata-se da ilusão de óptica que Steve descobriu ao trabalhar em sua tese de pós-graduação. Ele se perguntou o que era preciso para que um objeto fosse visível. Você talvez pense que a visibilidade requer apenas a incidência da luz sobre a sua retina. Contudo, a coisa pode ser mais complicada. As ilusões de invisibilidade mostram que um estímulo pode ser projetado na retina e mesmo assim ser total ou parcialmente invisível.

Um exemplo clássico é o *mascaramento visual*. Nessa ilusão, um alvo visual – por exemplo, uma barra preta contra um fundo branco – torna-se invisível quando duas barras pretas adjacentes e externas aparecem, um décimo de segundo depois do alvo. O genial é que um alvo inicialmente visto pelo cérebro possa ser apagado por uma máscara que penetra nele posteriormente.

A tese de pós-graduação de Steve mostrou como essa ilusão funciona no cérebro. O alvo provoca duas reações em nossa via visual. Uma, a *resposta inicial*, ocorre depois que o alvo é acionado. A segunda, a *pós-descarga*, ocorre após o alvo ser desligado. Outros laboratórios tinham ignorado a pós-descarga, por ela acontecer depois que o estímulo é desligado. Mas Steve mostrou que, quando a pós-descarga é inibida, o estímulo desaparece. O mesmo também ocorre quando se inibe a resposta inicial, mas não a pós-descarga. Logo, tanto a resposta inicial a um estímulo como a pós-descarga contribuem para a representação neural do estímulo. Steve percebeu que, se isso fosse verdade, deveríamos ser capazes de prever uma ilusão nova e muito poderosa, na qual um alvo cintilante seria perpetuamente tornado invisível pela inibição da resposta inicial e da pós-descarga de cada cintilação. E funcionou!*

Demos à nova ilusão o nome de onda permanente de invisibilidade, e ela une nosso interesse pelas ilusões de óptica e pela magia. É essa ilusão que planejamos transformar em um novo efeito cênico, para assombrar os mágicos com o poder na neurociência no próprio campo deles. Para fazer com que isso aconteça, precisaremos da ajuda de um estúdio de mágicas especializado em efeitos de iluminação eletricamente arquitetados. Por enquanto, o truque está em nossa lista de "coisas por fazer".

---

* Ver http://sleightsofmind.com/media/standingwave.

• 4 •

Bem-vindos ao espetáculo, mas, por favor, mantenham os olhos vendados: ilusões cognitivas

Apollo Robbins correu as mãos pelo corpo do sujeito que acabara de escolher na plateia.

– O que estou fazendo é apalpar você – informou o punguista-mor de Las Vegas à sua vítima –, só dando uma espiada para ver o que você tem nos bolsos.

Suas mãos se moviam num alvoroço de toques e tapinhas delicados pela roupa do homem. Mais de duzentos cientistas o observavam como gaviões, tentando captar um vislumbre de dedos que invadissem um bolso de maneira indevida. Mas, ao que parece, tratava-se de uma revista perfeitamente inocente e respeitosa.

– Agora tenho uma porção de informações a seu respeito – continuou Apollo. – Vocês, cientistas, carregam um monte de coisas.*

Apollo estava demonstrando suas artes cleptomaníacas a um salão cheio de neurocientistas que tinham ido a Las Vegas para o simpósio Mágica da Consciência, em 2007. A ideia por trás dessa noite era mostrar a esses cientistas que os mágicos tinham muito a lhes ensinar sobre os assuntos de suas pesquisas: a atenção, a percepção e até o santo graal – a consciência. Mágicos e neurocientistas compartilham a paixão por compreender os detalhes práticos da mente humana, mas faz gerações que temos desenvolvido nossas respectivas artes e teorias de forma mais ou menos independente. A partir dessa noite, se tudo corresse como o pla-

* http://sleightsofmind.com/media/magicsymposium/Apollo/.

nejado, nossas duas comunidades passariam a prestar rigorosa atenção às descobertas uma da outra.

Apollo havia desafiado todos os presentes no auditório a tentar flagrá-lo surrupiando os pertences desse homem no palco, bem à vista de todos. Nós dois observamos atentamente, como as outras pessoas, porém, na verdade, nenhum de nós tinha a menor chance. Esse era Apollo Robbins, o infame Ladrão Cortês, que certa vez pungueou os integrantes da guarda do Serviço Secreto do ex-presidente Jimmy Carter, batendo-lhes carteiras, relógios, insígnias, itinerários confidenciais e as chaves da limusine de Carter. Ele podia nos fazer de bobos pelo tempo que quisesse, mas ao menos sabíamos uma coisa que escapava ao seu conhecimento. Assim que vimos o homem que ele escolhera ao acaso no público, trocamos olhares. Ele não era nenhum cientista, como presumia Apollo, mas um repórter de ciências do *New York Times*, George Johnson, que estava ali para explicar ao mundo o que viesse a acontecer naquela noite. George é um homem de grande humor e inteligência, mas é muito tímido. Seu constrangimento deu grande contribuição à teatralidade.

A revista continuou, enquanto Apollo se entregava à sua arenga ligeira e sumamente aprimorada:

– Você tem tanta coisa nos bolsos que não sei ao certo por onde começar. Tome, isto era seu? – perguntou, enfiando alguma coisa na mão de George, que franziu o cenho. – Você tinha uma caneta aqui – disse Apollo, abrindo o bolso do paletó de George –, mas não era isso que eu estava procurando. O que tem naquele outro bolso?

George deu uma olhada, e Apollo prosseguiu:

– Havia um guardanapo ou um lenço de papel, talvez. Você tem tantas coisas que está me confundindo. Sabe, para ser sincero, não sei direito se algum dia já bati a carteira de um cientista. Nunca tive que fazer um índice ao vasculhar os bolsos de alguém.

Essa arenga, aliás, é uma das ferramentas mais importantes do kit dos ilusionistas para manipular a atenção. Existem apenas uma ou duas dúzias de categorias principais de efeitos mágicos (dependendo da pessoa a quem você pergunte) no repertório dos ilusionistas; a aparente grande variedade de truques está toda na apresentação e nos detalhes. A destreza manual é crucial para um punguista, é claro, mas o mesmo se dá com sua arenga – a sequência fluente e confiante de comentários, que pode ser usada para prender, orientar ou dividir a atenção. Apollo dizia uma coisa a George enquanto fazia outras duas com as mãos. Isso significava que, na melhor das hipóteses, George teria uma chance em três de notar que algo seu era surrupiado. A rigor, suas verdadeiras chances estavam muito abaixo de uma em três: no ringue psíquico do manejo da atenção, Apollo é um rematado faixa-preta. Ao apalpar George sem parar – no ombro, no pulso, no bolso do paletó, na parte externa da coxa –, ele lhe desviava a atenção para lá e para cá, tal como um ímã atrai a agulha de uma bússola. Enquanto George tentava acompanhar tudo, o punguista enfiava delicadamente a outra mão em seus bolsos, usando a fala acelerada para ajudar a manter a atenção da vítima presa a suas fintas, e longe dos bolsos que iam sendo furtados.

ALERTA DE SPOILER! A SEÇÃO SEGUINTE DESCREVE SEGREDOS DA MÁGICA E SEUS MECANISMOS CEREBRAIS!

Apollo furtou de George a caneta, as anotações, o gravador digital, alguns recibos, dinheiro trocado, a carteira e, logo de início, o relógio. Uma forma clássica de tirar o relógio de alguém é primeiro segurar seu pulso sobre a pulseira e apertar. Isso cria uma pós-imagem sensorial duradoura. Você já aprendeu um pouco sobre as pós-imagens visuais no Capítulo 1 – o vestido vermelho, a moeda que desaparece –, mas elas podem ocorrer em qualquer sistema sensorial. Apollo explorou o mesmo princípio, só que, nesse caso, a pós-imagem foi tátil. A pós-imagem tornou os neurônios do tato na pele e na medula espinhal de George menos sensíveis à retirada do relógio e criou uma percepção convenientemente duradoura da presença deste, que se manteve muito depois de ele ter sumido. George simplesmente não notou a falta do objeto porque sua pele lhe disse que ele continuava no lugar. Nós notamos o relógio ao vermos Apollo cruzar os braços nas costas e prendê-lo no próprio pulso, enquanto sua arenga conduzia George por uma nova trilha da atenção.

FIM DO ALERTA DE SPOILER

SOBRE A ADAPTAÇÃO

Em um ou outro momento da vida, você com certeza já revirou tudo à procura dos óculos – "Eles não podem ter simplesmente sumido!" – e então se deu conta de que os estava usando. Quando você os colocou, uma hora antes, os receptores táteis de seu rosto e sua cabeça lhe deram uma viva impressão sensorial da localização deles, de seu peso e do aperto que eles causavam em suas têmporas. Desde então, porém, os óculos se tornaram um estímulo ineficaz e você passou a não sentir nada.

Ou então procure tocar o elástico da sua meia sem olhar, mantendo as pernas e os pés imóveis. É provável que você erre a localização por pelo menos uns cinco centímetros. Esse mesmo elástico era muito fácil de notar na pele hoje de manhã, quando você calçou as meias. No entanto, como nada se alterou de lá para cá, ele se tornou indetectável para seus sensores táteis. Ou então ponha a mão sobre uma mesa e a mantenha completamente imóvel. No começo, você sentirá a mesa, mas, depois de um curto período, não a notará mais.

A adaptação é um processo crucial e ubíquo do sistema nervoso, não só no processamento sensorial, mas em todos os sistemas cerebrais. Ela economiza energia, reduzindo o metabolismo dos neurônios que não recebem novas informações.

Algumas vezes, durante a pilhagem, Apollo levantava bem alto algum objeto surrupiado, por trás da cabeça de George, para que a plateia o visse. Isso fazia todos rirem, menos George, que sorria e olhava em volta, sem jeito, pensando em qual seria a piada. Depois, com mais risadas, Apollo lhe devolveu todos os seus pertences, um por um:

– Se você estiver gravando, acho que teremos provas – alertou, enquanto devolvia o gravador digital.

Exibindo uma pilha de notas dobradas, comentou:

– Suponho que esse seja o seu dinheiro da gorjeta, não é?

Por fim, virou-se para George e disse:

– Todos fizemos uma vaquinha para lhe comprar um relógio, muito parecido com o que você estava usando quando chegou. – Tirou do pulso o relógio de George e o entregou. O repórter soltou uma exclamação de surpresa e revirou os olhos.

Como é que o George pôde ser tão desatento? Por que um ladrão trapaceiro pôde manipular sua atenção como um toureiro conduzindo um touro? É incrível que isso possa acontecer com um observador profissionalmente treinado, em um momento em que ele estava no palco (e portanto com a atenção mais aguçada) e tendo sido informado do que lhe aconteceria. Trata-se de algo que nos faz perguntar o que vem a ser a atenção. Será que podemos olhar diretamente para uma coisa e não a ver de forma alguma?

Os mágicos são mestres da cognição humana. Controlam processos cognitivos muito sofisticados, como a atenção, a memória e a inferência causal, com uma combinação desconcertante de manipulações visuais, auditivas, táteis e sociais. As ilusões cognitivas que eles criam, ao contrário das ilusões visuais discutidas até aqui, não são de natureza sensorial. Envolvem, antes, funções cerebrais de nível superior. Ao brincarem com nossa cognição – ainda que não saibam em que circuitos neurais estão mexendo –, os ilusionistas nos impossibilitam de acompanhar a física do que de fato acontece. Deixam-nos com a impressão de que só existe uma explicação para o que acabou de acontecer: pura mágica.

É possível que a melhor definição do que é a atenção tenha sido formulada em 1890 por William James, autor dos *Princípios de psicologia* e rei-filósofo da psicologia moderna: "Todos sabem o que é a atenção. É a apropriação pela mente, de forma clara e vívida, de um entre aqueles que parecem ser diversos objetos ou linhas de pensamento simultaneamente possíveis. A focalização e a concentração da consciência estão na essência dela. A consciência implica o afastamento de algumas coisas para lidar de maneira eficaz com outras."

James descreveu com elegância o fenômeno da atenção, mas nada disse sobre de que modo ela é gerada pelo cérebro nem como é modulada na experiência cotidiana. Na época de William James, a atenção só podia ser estudada nos termos da introspecção – do olhar reflexivo para o interior dos próprios pensamentos e sentimentos.

Nos cem anos seguintes, os pesquisadores tatearam às cegas em busca de novas e melhores maneiras de compreender a atenção. Nos estudos, os sujeitos experimentais usavam fones de ouvido que transmitiam palavras diferentes ao ouvido esquerdo e ao direito e eram solicitados a escutar apenas um dos lados, para ver se a atenção podia ser dividida. Alguns cientistas estudaram operadores de radar e pilotos de combate, a fim de verificar com que sucesso eles eram capazes de cindir a atenção. Outros examinaram o "efeito coquetel", que permite que o indivíduo em um salão de festas barulhento, repleto de pessoas alcoolizadas e espalhafatosas, ouça seu nome dito do outro lado do aposento.

Mas esses estudos eram observacionais, de modo que o cérebro ainda era uma caixa-preta. Os neurocientistas podiam examinar os mecanismos cerebrais da atenção em animais, ou em pacientes humanos submetidos a neurocirurgias por causa de doenças como a epilepsia, mas simplesmente não havia meios de sondar as engrenagens do circuito cerebral da atenção em seres humanos sadios. Isso mudou na década de 1990, com o advento de técnicas de captação de imagens cerebrais que nos permitem inspecionar a caixa-preta e procurar a localização dos correlatos neurais da atenção. Agora também podemos começar a descobrir como os mágicos mexem com nossos circuitos da atenção com tanta habilidade.

Os neurocientistas já descobriram que a atenção se refere a diversos processos cognitivos diferentes. Podemos atentar de forma voluntária para um programa de televisão, o que constitui um processo (atenção de cima para baixo), ou o choro do bebê pode nos desviar a atenção da TV, o que é um processo diferente (atenção de baixo para cima). Podemos olhar diretamente para aquilo a que prestamos atenção (atenção explícita), ou olhar para uma coisa e atentar em segredo para outra (atenção disfarçada). Podemos atrair o olhar de alguém para um objeto específico, olhando para este (atenção conjunta), ou simplesmente não prestar atenção a nada em particular. Alguns dos mecanismos cerebrais que controlam esses processos começam a ser entendidos. Por exemplo, temos um "foco de atenção", o que significa que nossa capacidade de atenção é limitada. O foco restringe a quantidade de informações que pode ser absorvida de uma região do espaço visual em determinado momento. Quando você atenta para alguma coisa, é como se a sua mente acendesse um holofote sobre ela. Você ignora de maneira ativa quase todas as outras coisas que acontecem ao redor do seu foco, o que lhe dá uma espécie de "visão em túnel". Os mágicos exploram ao máximo essa característica cerebral.

Ainda não está claro se existe ou não um único centro cerebral que controle a atenção. Em função do número de tipos de efeito de atenção existentes, é possível que múltiplos centros de controle trabalhem em conjunto. Um indício crucial é que muitos dos mesmos circuitos cerebrais que controlam os movimentos oculares estão envolvidos na mudança de localização de nossa atenção no mundo. Isso faz sentido, porque os circuitos dos movimentos oculares são responsáveis pela orientação de nossos olhos para áreas específicas do espaço visual, e parece lógico que esses mesmos circuitos possam atuar para orientar também o nosso foco de atenção. Determinar com a atenção o que há de interessante no mundo é crucial, sem dúvida, para decidir para onde devemos olhar em seguida. Os mágicos têm uma apreensão intuitiva disso e controlam nossos olhos e nossa atenção como se fossem marionetes em cordinhas.

Como já foi mencionado, os seres humanos têm uma capacidade de atenção *explícita* e *disfarçada*. Quando um goleiro vê uma bola de futebol ir em direção ao gol, ele atenta explicitamente para a bola. Mas o atacante esperto do time adversário, que está tentando chutar para o gol, pode desviar de forma intencional a atenção do goleiro, desviando os olhos do gol (como se dissesse, em uma comunicação não verbal, "Ei, olhe! Agora estou indo para lá!", quando, na verdade, sua próxima virada será no sentido inverso). Esse gesto é chamado de "drible de cabeça" nos esportes, e a ideia é enganar o goleiro, fazendo-o direcionar seus recursos de atenção para o lugar errado. O atacante pode olhar o tempo todo para a região fictícia de interesse, mas atenta disfarçadamente para o gol, a fim de planejar o chute.

O excesso de atenção também pode ser ruim. Como seres sociais, muitas vezes os humanos e outros primatas têm de processar informações visuais sem olhar de modo direto uns para os outros, o que poderia ser interpretado como uma ameaça. Por exemplo, todos sabemos intuitivamente que não devemos nos aproximar de um policial, encará-lo olho no olho e dizer: "Ei, o que é que está olhando? Está olhando para mim?" A capacidade de prestar atenção disfarçadamente provém da circunstância social de que nem sempre queremos que as pessoas para quem olhamos saibam que estamos prestando atenção a elas.

Também temos a capacidade de prestar uma *atenção conjunta*. Você pode olhar para outra pessoa e apontar, sem emitir nenhuma palavra, para um objeto, com um simples gesto (que inclui uma mudança no olhar). Ao fazê-lo, você pode induzir a pessoa a olhar explicitamente para o objeto, ou induzi-la a atentar para ele de forma disfarçada. Da mesma maneira, quando o atacante engana o goleiro, ele o faz fingindo prestar atenção a uma parte irrelevante do campo. Ele inicia a atenção conjunta. Bebês de apenas nove meses exibem a atenção conjunta, assim como os grandes símios. Os cães são ainda melhores que os macacos em algumas formas de atenção conjunta. O cachorro olha na direção para a qual você aponta. O macaco não o faz.* Apollo, o Ladrão Cortês, seria capaz de escrever um livro sobre como dominar a atenção conjunta.**

* Para investigar a atenção conjunta, os pesquisadores escondem um objeto ou um alimento em um recipiente opaco e o apontam com o dedo. Os bebês de catorze meses ou mais são capazes de localizar com facilidade o objeto oculto, mas os macacos acham essa tarefa bastante difícil. Surpreendentemente, os cães domésticos têm um desempenho esplêndido na solução do mesmo problema. Referências: B. Hare et al., "Communication of Food Location Between Human and Dog (*Canis familiaris*)", *Evolution of Communication* 2 (1998), p.137-59; A. Miklosi et al., "Use of Experimenter-Given Cues in Dogs", *Animal Cognition* 1 (1998), p.113-21.

** A atenção conjunta permeia todas as interações sociais, de maneiras sofisticadas e muitas vezes sutis. A neurocientista Sonya Babar e seus colaboradores descobriram que, quando fitamos o rosto de alguém, deslocamos o olhar entre os dois olhos do parceiro, buscando o melhor contato visual. O olho em que pousamos em dado momento tende a ser a imagem especular do olho escolhido por nosso interlocutor. Por exemplo, quando sentimos que o olhar do parceiro está focalizado em nosso olho direito, nosso reflexo é deslocar o olhar para seu olho esquerdo. Essa mudança conjunta do olhar é percebida como um contato visual adequado. Todavia, quando o interlocutor olha para nosso olho direito, ao fitarmos seu olho direito, ambos costumamos sentir uma ruptura no contato visual, ou uma falta de atenção. Referência: S. Babar et al., "Eye Dominance and the Mechanisms of Eye Contact", *Journal of AAPOS* 14 (2010), p.52-7.

UMA FALHA DA ATENÇÃO CONJUNTA

Em março de 2009, fomos ao Muhlenberg College, em Allentown, na Pensilvânia, assistir ao seminário Teoria da Arte e da Mágica. Todos os dias desse encontro foram repletos de palestras teóricas, seminários práticos e apresentações. Assistimos a uma apresentação brilhante de Roberto Giobbi, da Suíça, que também fez um seminário de um dia inteiro sobre truques de baralho, complementando sua respeitadíssima obra em cinco volumes intitulada *Card College*. (Portanto, quando dizemos que Roberto escreveu o livro sobre truques com cartas, na verdade ele escreveu cinco.)

Estávamos sentados no que claramente fora, em outros tempos, uma residência particular de luxo, agora usada pelo Muhlenberg College para pequenas conferências e encontros com doadores. Roberto foi fazendo um milagre após outro, e então apresentou sua versão do famoso truque do limão azedo. Nesse truque, o mágico pede a um espectador que escolha uma carta e a assine, e mais tarde este descobre que a carta foi transportada para o interior de uma fruta não cortada. A fruta é entregue ao espectador, junto com uma faca, e quando ele a corta, encontra uma carta enrolada. Você adivinhou – é a dele.

Roberto, um tradicionalista, de fato usa um limão. Mas seu truque acrescenta um toque especial. Em sua versão, ele põe um lenço na mão vazia e o limão aparece embaixo do lenço, como que surgido do nada. É um belo ato de prestidigitação, que enganou todas as pessoas da sala. Menos Susana.

ALERTA DE SPOILER! A SEÇÃO SEGUINTE DESCREVE SEGREDOS DA MÁGICA E SEUS MECANISMOS CEREBRAIS!

Acontece que Susana estava esperando nosso segundo filho, Brais, e sofrendo com seu enjoo matinal cotidiano durante o seminário de Giobbi. Não estava prestando atenção. Enquanto Giobbi mantinha o resto da plateia concentrado, Susana se ocupava com a tentativa de não vomitar. Até que um vislumbre de amarelo enfim lhe captou a atenção. Ela olhou para o mágico e viu, com clareza cristalina, que ele estava enfiando um limão embaixo do lenço, na palma da outra mão. Mais tarde, ela mencionou a Steve ter achado o truque atipicamente malfeito. Não entendia por que os mágicos profissionais presentes na aula tinham ficado tão admirados. Steve não entendeu o que ela estava falando. Achava que o truque do limão tinha sido impecável. Foi nesse momento que Susana se deu conta de que só tinha conseguido detectar o método por trás do truque por causa de seu déficit de atenção, induzido pelo enjoo. Roberto controla a percepção das pessoas fazendo-as concentrar a atenção em seu rosto, enquanto enfia o limão embaixo do lenço sem a menor cerimônia. É o controle da atenção conjunta em seu ápice. Mas a atenção de Susana estava focada em seu mecanismo de controle do vômito, por isso não pôde ser manipulada, nem mesmo por um mestre do ilusionismo.

FIM DO ALERTA DE SPOILER

A atenção também está ligada à memória de curto prazo e à nossa capacidade de entrar em sintonia com o que acontece a nosso redor. Às vezes, um estímulo é tão exigente, tão destacado, que não podemos deixar de prestar-lhe atenção – uma sirene de ambulância, o choro de um bebê, uma pomba que sai voando de uma cartola. Essa informação flui de baixo para cima – dos sentidos primários para níveis superiores de análise no cérebro. Isso se chama *captação sensorial*.

Em outras ocasiões, podemos deslocar a atenção de um lado para outro, a nosso critério, em um estilo de cima para baixo. Os sinais fluem do córtex pré-frontal (o diretor-geral de nossas redes de atenção) para outras regiões que ajudam a processar as informações. Esse é o foco de atenção que fica sob o nosso controle. Você não ouve a sirene nem o bebê e não vê a pomba por estar prestando atenção a alguma outra coisa, como a última página daquele mistério policial cativante que está lendo agora. As pesquisas mostram que, quanto maior a capacidade da memória de curto prazo ou de trabalho, maior a possibilidade de resistir à captação sensorial.

Os neurocientistas começaram a dissecar a natureza da atenção e a identificar seus correlatos neurais. As primeiras áreas do cérebro a processar as cenas visuais usam circuitos que dispõem o espaço visual como um mapa. Essas primeiras etapas do processamento da visão (a retina, o tálamo visual e o córtex visual primário, discutidos no Capítulo 1) se organizam de forma que os neurônios que processam parte do campo visual se posicionem diretamente ao lado dos neurônios que processam as partes adjacentes a esse campo. À medida que os olhos se movem, a retina e os estímulos visuais também se movimentam. Entretanto, não importa para onde olhemos, alguns neurônios são destinados à visão central, enquanto outros são destinados a posições periféricas específicas de estímulos provenientes da retina. As posições retinianas desses neurônios da visão nunca se alteram.

Quando você toma a decisão consciente de prestar atenção a um local específico desse espaço "retinotópico", os neurônios dos níveis superiores do sistema visual aumentam a ativação dos circuitos de nível baixo e aumentam sua sensibilidade aos estímulos sensoriais. Ao mesmo tempo, os neurônios das regiões circundantes do espaço visual são ativamente inibidos. Recentemente, trabalhamos com um grupo de colegas chefiados pelo neurocientista José-Manuel Alonso, da Universidade Estadual de Nova York, e mostramos que os neurônios do córtex visual primário não só aumentavam a atenção no centro do foco e eliminavam a atenção nas regiões circundantes, como seu grau de ativação era modulado pela quantidade de esforço usada para realizar determinada tarefa. Em outras palavras, quanto mais difícil a tarefa, mais a região central da atenção era ativada e mais a região circundante era reprimida.

Em um espetáculo de mágica, você enfrenta uma tarefa muito difícil: descascar todas as camadas de despistamento e descobrir o método secreto subjacente a cada efeito mágico. No entanto, quanto mais tentamos, mais difícil é: quanto mais a atenção é intensificada no centro do foco de atenção, mais ela é reprimida em todos os outros locais. É claro que o centro do foco de atenção fica no exato local onde o mágico o quer – onde não acontece nada de interesse especial. Os locais que cercam o foco da atenção, onde acontece a ação real, são convenientemente reprimidos pelo cérebro. Os exércitos de neurônios que eliminam a percepção nessas regiões são os confederados do mágico.

Apollo lida com suas vítimas como se soubesse desde sempre desses circuitos neuronais. Tira uma moeda de 25 centavos do bolso do paletó e pergunta: "Isto é seu?" Você sabe perfeitamente que não é (quem guarda moedas de 25 centavos no bolso do paletó?), mas não consegue evitar: examina o rosto de George Washington como se fosse encontrar as suas iniciais gravadas na testa dele. "De que ano é a moeda?", pergunta Apollo. E você tenta obedientemente discernir, mas as letras são muito miúdas e borradas, então você procura seus óculos de perto… no bolso do paletó. E eles não estão lá. "Experimente estes óculos", oferece Apollo gentilmente, entregando-lhe os que usava no rosto, que são justamente os seus, como se verifica. Enquanto você fitava atentamente a moeda, que sabia não ter saído do seu bolso, as mãos de Apollo surrupiavam os óculos, literalmente embaixo do seu nariz, no momento em que você eliminava todo o movimento visual em volta da moeda.

Se os neurocientistas tivessem sabido – como Apollo parece saber – que a atenção funciona dessa maneira, isso teria poupado um tempo enorme gasto em pesquisas. Por isso, agora estudamos os mágicos.

SOBRE O DESPISTAMENTO

Você não tem que ser mágico para ser hábil no despiste da atenção. Quando uma conversa beira um terreno incômodo, seu instinto natural é mudar de assunto. Muitas vezes, a outra pessoa entra no jogo, como se vocês não tivessem acabado de falar do seu câncer, e finge que sim, estamos realmente falando do resultado do jogo dos Red Sox ontem à noite. Nosso cérebro foi feito para ser flexível no que diz respeito àquilo a que prestamos atenção, tanto no nível sensorial quanto no cognitivo. Sem essa flexibilidade, seríamos incapazes de dirigir para casa pensando em qual será a comida do jantar e, de um instante para outro, dar uma guinada no volante, para desviar da criança que saiu correndo atrás da bola.

Após depenar George, Apollo virou-se para a plateia e perguntou:

– Agora, vocês querem ver os bastidores de como fiz isso tudo?

Os mágicos são famosos por terem horror a revelar seus segredos, mas Apollo estava em Las Vegas nessa noite para instruir, não apenas para divertir. Chamou de novo o sempre amável George para mais uma pilhagem, porém dessa vez explicou o que fazia. Diminuiu muito a velocidade de suas técnicas, de vez em quando parando e voltando atrás.

A maioria das pessoas chama de "despistamento" o que os mágicos fazem, explicou Apollo, mas isso é como dizer que os médicos levam as pessoas a melhorar usando suas habilidades de cura. É um termo tão genérico que chega a ficar quase sem sentido. Apollo prefere discutir princípios e técnicas específicos, como "enquadramentos" e "manejo da atenção". Não é verdade, diz ele, que a mão seja mais rápida do que o olho. A maioria das manipulações é executada em uma velocidade normal. O sucesso depende da habilidade do mágico em desviar nossa atenção do método e direcioná-la para o efeito mágico.

ALERTA DE SPOILER! A SEÇÃO SEGUINTE DESCREVE SEGREDOS DA MÁGICA E SEUS MECANISMOS CEREBRAIS!

Os *enquadramentos* são janelas de espaço criadas pelo mágico para focalizar nossa atenção. O enquadramento pode ter o tamanho de um cômodo inteiro ou de um tampo de mesa, ou não ser maior do que um cartão de visita. "Dentro do enquadramento, você não tem alternativa senão observar", diz Apollo. "Uso o movimento, o contexto e o tempo para criar cada enquadramento e controlar a situação." Apollo fez uma demonstração, chegando bem perto de George. Segurou-lhe a mão e fingiu pressionar uma moeda dentro dela, embora tudo o que estava de fato colocando ali fosse outra pós-imagem sensorial, feita com seu polegar. "Aperte com força", instruiu. George olhou atentamente para sua mão, agora captada dentro de um enquadramento, e apertou. "Você está com a moeda?", provocou Apollo, e George meneou a cabeça. Achava que sim. "Abra a mão", disse Apollo. A palma estava vazia. "Olhe para o seu ombro", instruiu o mágico. George o fez, e havia uma moeda pousada nele.

Apollo explicou que, quando a atenção do sujeito se localiza em um enquadramento, as manobras fora deste raras vezes são detectadas (como pôr uma moeda em um ombro). Os mágicos, disse ele, controlam totalmente a atenção, em todos os momentos. As pessoas tendem a pensar no despistamento como a arte de fazer alguém olhar para a esquerda enquanto se faz um truque à direita, mas Apollo afirmou que despistar tem mais a ver com forçar o foco de atenção a se concentrar em um lugar específico em determinado momento.

Os mágicos exploram diversos princípios psicológicos e neurais para fazer com que a pessoa concentre o foco de atenção. Lembre-se de que, quando você vê um objeto que é novo, brilhante, chamativo ou móvel – pense na pomba branca que sai voando da cartola –, sua atenção é impulsionada pelo aumento da atividade em seu sistema sensorial ascendente, o que significa que a informação que se destaca em seus sentidos flui para o cérebro. Vem da parte inferior e sobe. Você sente uma forte atração pelo objeto. Os neurocientistas dão a isso o nome de *captação sensorial*. Os psicólogos chamam de *captação exógena da atenção*. Para os mágicos, o nome disso é *despistamento passivo*.

No despistamento passivo, você presta atenção ao pássaro esvoaçante, enquanto o mágico consegue alguns instantes despercebidos para executar uma manobra furtiva. O despiste é passivo porque o mágico nos deixa fazer todo o trabalho. Ele apenas cria a situação. Na versão com copos e bolas de Penn & Teller, Penn usa suas habilidades de malabarista para atrair sua atenção, enquanto Teller faz um movimento oculto. Na verdade, Penn lhe diz o que está fazendo. "Isto não é malabarismo", declara, enquanto as três bolinhas de papel-alumínio giram diante do rosto dele – "isto é um despiste." Você, é claro, não consegue deixar de observar atentamente o espetáculo de malabarismo, até o momento em que Penn lhe informa que você foi tapeado.

Se há mais de um movimento visível – a pomba que voa descreve um arco no alto, enquanto o mágico põe a mão em uma caixa para preparar o truque seguinte –, você acompanha naturalmente o movimento maior, mais destacado. Acompanha o pássaro, não a mão. Daí o axioma dos ilusionistas: "O movimento grande encobre o movimento pequeno." De fato, um estímulo grande ou veloz, como a pomba voando, pode literalmente diminuir o destaque perceptível de um estímulo menor, ou que se mova mais devagar, como a mão do mágico na caixa, de modo que a atenção é atraída pelo pássaro, não pela mão. A razão você já conhece: quando prestamos atenção a certa localização no espaço, os neurônios responsáveis pelo processamento das informações nas regiões circundantes são inibidos.

Quando duas ações de destaque idêntico se iniciam simultaneamente, a que você nota primeiro capta a sua atenção. Torna-se mais destacada e a outra ação é inibida, ficando menos saliente. Além disso, as coisas inéditas (a pomba inesperada) produzem reações mais fortes em partes do cérebro que são cruciais para a alocação da atenção (a saber, o córtex inferotemporal, o hipocampo, o colículo superior, o córtex pré-frontal e a área intraparietal lateral; essas áreas recebem os sinais sensoriais de baixo para cima e acionam circuitos que intensificam o objeto ao qual se presta atenção, ao mesmo tempo que eliminam outros objetos do campo visual). O destaque de um objeto também aumenta quando o mágico dirige ativamente a nossa atenção para ele. Por exemplo, Apollo pode pedir a você que folheie as páginas de um livro enquanto põe no bolso a carteira que lhe surrupiou. Você fica absorto na tarefa de virar as páginas. Esse é o *despistamento ativo*. (Os psicólogos o chamam de *captação endógena da atenção*.) Seu controle da atenção de cima para baixo se concentra no livro e você ignora a mão. As ações do mágico intensificam a ativação dos neurônios envolvidos na atenção que você presta para virar as páginas do livro, enquanto os neurônios que poderiam atentar para as mãos dele são inibidos.

Apollo também nos confunde a cabeça de outras maneiras. Sua arenga visa gerar um diálogo interno na mente do espectador – uma conversa dele consigo mesmo sobre o que está acontecendo. Isso, diz o mágico, resulta em uma enorme confusão. Torna mais lento o tempo de reação do espectador e o leva a se criticar.

Muitos mágicos usam a comicidade e o riso para reduzir a concentração de nossa atenção em pontos cruciais de seus truques. Lembra-se do Grande Tomsoni e de suas piadas batidas? Ele tira proveito da atenção diminuída naqueles momentos incomuns em que você relaxa depois de uma piada. E o Magic Tony e seus sapatos de leopardo? A lenga-lenga de Tony nas mágicas se concentra nos trocadilhos e em uma retórica de natureza caseira. Ele criou um personagem que encarna plenamente um dos estereótipos primários dos mágicos: o tio piadista fora de moda. Tony diz que o objetivo de sua conversa é ser "tão careta que chegue a ser maneira". Não pudemos deixar de nos perguntar por que ele havia escolhido uma persona tão, bem... chata. Tony diz que os canastrões acidentais criam um clima em que o espectador pode rir de suas piadas, mas por achar que tem de ser gentil, não por elas serem engraçadas. Sem o riso falso, o espetáculo seria constrangedor para todos, e por isso a pessoa ri. Mas Tony percebeu que um amante incorrigível de trocadilhos, exagerado e intencionalmente canastrão, é capaz de fazer do espectador um carrasco voluntário de seu humor. E isso pode ser muito útil como veículo de despistamento. Uma reação sincera de resmungo diante de um trocadilho prende mais a atenção do que uma risada falsa, diz Tony. É difícil o sujeito ficar concentrado no método de um truque quando está ocupado em se contrair de horror ou em revirar os olhos.

Em muitos truques de ilusionismo, a ação secreta ocorre quando o espectador pensa que o truque ainda não começou ou já acabou. Os mágicos dão a isso o nome de *despistamento temporal*. Eles também podem introduzir demoras entre o método por trás de um truque e seu efeito, impedindo que se estabeleça uma ligação causal entre os dois. Arturo de Ascanio, grande teórico da mágica e pai dos truques espanhóis de baralho, refere-se a esse tipo específico de despistamento temporal como o "parêntese do esquecimento". Em essência, isso significa que o mágico deve separar o método do efeito mágico. Essa separação confunde o processo de reconstituição dos espectadores.

Imagine que um mágico finja que transfere uma moeda da mão esquerda para a direita e depois abra a mão direita e revele que está vazia. Como não há separação entre o truque (a falsa transferência) e o efeito mágico (o sumiço da moeda), você pode facilmente concluir que a moeda nunca foi transferida de fato, mas permaneceu escondida na mão esquerda do mágico. Um profissional mais talentoso introduzirá uma separação – um parêntese de esquecimento – entre o método e o efeito. Por exemplo, após a falsa transferência da moeda e antes de revelar a mão direita vazia, ele poderá pôr a mão no bolso, com a finalidade explícita de pegar uma varinha mágica, mas, na verdade, estará também deixando cair no bolso a moeda empalmada. Depois, tocando na mão direita com a varinha da esquerda, ele mostrará que a moeda desapareceu. Ao repassar a cena em sua mente, você terá mais dificuldade para descobrir onde pode estar escondida a moeda que sumiu.

Um dos truques de Magic Tony envolve o despistamento baseado no que os psicólogos chamam de *paradigma da habituação-desabituação*. Isso significa que ele procura promover a apatia do espectador (isto é, deixá-lo entediado, com preguiça ou desatento ao que o mágico faz), dando a impressão de repetir a mesma ação várias vezes, induzindo-o a um falso sentimento de segurança. Isso é a habituação. E aí, *bum!*, ele modifica o método e o conduz ao efeito espetacular resultante.

Eric Kandel, ganhador do Prêmio Nobel, e nosso amigo Tom Carew mostraram que um dos correlatos neurais da habituação-desabituação é uma mudança na força das ligações entre os neurônios do cérebro. Quando ocorre a habituação, os neurônios enviam menos substâncias químicas sinalizadoras (neurotransmissores) aos neurônios a que estão ligados, diminuindo com isso a resposta descendente. Quando a mesma conexão se desabitua, o neurônio sinalizador torna a enviar uma porção de neurotransmissores, o que restabelece a reação maior no neurônio mais abaixo. Tony, com toda a elegância, faz os neurônios da plateia passarem da habituação para a desabituação. Suas repetições iniciais embalam o cérebro dos espectadores, levando-o a uma habituação que embota a mente, e em seguida eles são bruscamente despertados (desabituados) pelo susto do efeito mágico que ele enfim alcança.

FIM DO ALERTA DE SPOILER

Outro conceito importante, disse Apollo aos cientistas reunidos em Las Vegas, é que os truques se inserem em atos naturais. Ele demonstrou essa ideia fazendo uma caneta desaparecer. Balançou-a diante da plateia com uma das mãos. Quando passou a outra mão pela orelha, como se estivesse se coçando, ninguém notou. Foi um movimento natural, rápido, sem maior destaque. De repente, todos viram que a caneta tinha desaparecido. Apollo virou a cabeça e a mostrou presa atrás da orelha.

Teller, a metade mais baixa da dupla Penn & Teller, despiu-se de sua persona calada para descrever o mesmo conceito. Ex-professor de latim do curso médio, ele está longe de ser mudo fora do palco. Tem grande amor pelas palavras, e suas explicações são não apenas cultas, mas inesperadamente eloquentes. "Ação é movimento com um propósito", diz. Nas interações sociais normais, buscamos o tempo inteiro o propósito que motiva os atos alheios. Um ato sem um propósito óbvio é anômalo. Chama a atenção. Entretanto, quando o propósito parece ter uma clareza cristalina, não investigamos mais nada. Teller explica que levantaria suspeita se erguesse a mão sem uma razão aparente, mas não ao executar um ato aparentemente natural ou espontâneo, como ajeitar os óculos, coçar a cabeça, pôr o paletó no encosto de uma cadeira, ou meter a mão no bolso para pegar uma varinha mágica. Ele dá a isso o nome de "impregnar o movimento", e diz: "Os mágicos habilidosos impregnam todas as manobras necessárias com uma intenção convincente."

Agora os neurocientistas têm uma boa ideia de por que esses atos que servem de isca são tão bons para nos enganar. Isso provém de um tipo notável de célula cerebral, chamada *neurônio especular.* Você já se familiarizou com a ideia da "visão mental": mais ou menos a seu critério, você pode evocar uma experiência quase visual de praticamente qualquer coisa que possa ser vista ou retratada em imagens. Você também tem seu "ouvido mental", com o qual pode reproduzir melodias, ruídos e vozes com que tenha familiaridade. De modo similar, existe o seu "corpo mental" – a representação virtual que o cérebro tem do eu físico. Quando planeja o que preparará para o jantar de hoje, quando devaneia que é um herói de um filme de ação ou toda vez que revive a lembrança dolorosa de uma humilhação sofrida na aula de educação física, você faz uma simulação virtual dessas ações em seu corpo mental. É um instrumento psíquico de valor inestimável para o planejamento e a execução de ações, para a aprendizagem de habilidades motoras e a recordação delas.

Os neurônios especulares são uma parte importante do corpo mental, pois nos ajudam a compreender os atos e as intenções de outras pessoas. Fazem isso imitando automaticamente as ações de terceiros e presumindo as intenções deles, com o uso do nosso próprio corpo mental. Por essa razão, ao vermos Teller pegar um copo d'água, fazemos instantaneamente a mesma coisa em nosso corpo mental. Também lhe atribuímos uma motivação simples e natural – ele está com sede e levará o copo à boca para tomar um gole. No nosso corpo mental, nós também o fazemos. Muitos dos mesmos neurônios que entram em ação ao bebermos alguma coisa entram em ação quando achamos que alguém para quem olhamos está prestes a beber algo. O cérebro faz uma previsão e executa uma simulação, de maneira automática e, em geral, subconsciente.

Os neurônios especulares são um componente importante da inteligência social humana. Fazem parte de como somos capazes de compreender uns aos outros, de imitar, aprender, ensinar e ter empatia. Mas também podem nos induzir ao erro. Um bom mágico é capaz de disfarçar um ato como se fosse outro, ou de fingir convincentemente um ato que não está de fato praticando e levar nossos neurônios especulares a nos apresentar inferências falsas sobre o que ele realmente faz ou deixa de fazer. Você vê Teller levar o copo à boca e transmitir a impressão de beber algo, e sua previsão automática parece se confirmar. Mas será que ele bebeu mesmo alguma coisa? Talvez tenha transferido algo da mão para a boca, ou da boca para a mão.

SOBRE O AUTISMO

A atenção conjunta é o mecanismo pelo qual podemos compartilhar a experiência de outra pessoa, acompanhando a direção de seu olhar e dos gestos com que ela aponta. Um sintoma comum e clinicamente estabelecido de muitos pacientes autistas é um déficit da atenção conjunta, que pode ser medido ao acompanharmos seus movimentos oculares. Por exemplo, os pacientes autistas tendem a não olhar para o rosto dos outros, nem mesmo os de atores em filmes ou de pessoas fotografadas.*

Os mágicos utilizam a atenção conjunta como uma forma de despistamento social, para desviar a atenção do espectador do método por trás do truque e em direção ao efeito pretendido na percepção. Se o ilusionista quer os seus olhos concentrados no rosto dele, olha diretamente para você. Se, ao contrário, quer que você desvie o olhar para determinado objeto, ele mesmo vira o corpo, a cabeça e os olhos em direção a tal objeto, e a sua cabeça e os seus olhos o acompanham prontamente. É o mágico manipulando a sua atenção conjunta. Em um trabalho em dupla, como o espetáculo de Penn & Teller, as oportunidades de fazer uso da atenção conjunta dobram. Quando Penn Jillette faz um número, o corpo, a cabeça e o olhar de Teller

* Ver "Eyes: A New Window on Mental Disorders", *Scientific American*, fevereiro de 2009.

se orientam atentamente para o local de atenção que a dupla quer impor à plateia (as mãos ou o rosto de Penn, um objeto no palco) e vice-versa. Tivemos o cuidado de empregar esse mesmo princípio ao apresentar nosso número no Castelo Mágico. A atenção conjunta é crucial para a aquisição da linguagem e para o desenvolvimento cognitivo e social. Mas também nos torna suscetíveis a truques de mágica, que exploram nosso impulso natural de prestar atenção aos mesmos lugares e objetos para os quais atentam as pessoas que nos cercam.

Ao contrário das pessoas autistas, a maioria de nós volta o olhar e a atenção para os rostos das pessoas nas fotografias. Entretanto, nossa focalização intensa nos rostos se dá à custa de outras informações potencialmente interessantes. Você notou alguma coisa estranha nesta foto? Olhe com mais atenção e perceberá que a menina tem um dedo a mais na mão direita. Os observadores autistas podem notar detalhes desse tipo com mais rapidez, porque sua atenção não se concentra nos rostos. (Fotocomposição de Smitha Alampur e Thomas Polen/iStockphoto)

Nossa hipótese é de que os pacientes autistas, que sofrem de problemas de atenção conjunta, devem reagir de forma anormal aos truques de mágica que dependem da atenção conjunta. Não se deixarão tapear pelo despistamento social e por isso deverão ser mais propensos a "pegar" a ação secreta dos mágicos do que os observadores normais. Portanto, não ser enganado por truques de mágica que dependem do despistamento social seria uma indicação de prejuízo da atenção conjunta, o que poderia contribuir para o diagnóstico de distúrbios do espectro do autismo. Também ajudaria a avaliar o sucesso das terapias orientadas para a melhora da atenção conjunta: à medida que melhorasse a atenção conjunta dos pacientes, eles ficariam cada vez mais suscetíveis ao despistamento social e, por conseguinte, mais propensos a "cair" nos truques de ilusionismo que dependem de pistas da atenção conjunta. Pleiteamos uma verba de financiamento para um estudo destinado a determinar se nossa hipótese está correta.

O despistamento social no palco, tal como usado pelos mágicos, é apenas um tipo mais refinado do despistamento social usado por nossos primos primatas para assegurarem melhor acesso ao alimento e a outros recursos. Estudos etológicos mostram que o macaco evita olhar para um reservatório escondido de alimento, a fim de manter afastados os concorrentes potenciais. Estudiosos da consciência dizem que esses macacos têm uma *teoria da mente*. Em outras palavras, sabem interpretar a orientação do olhar, da cabeça e do corpo de seus pares como indicadores do local de atenção e interesse deles. Também sabem ajustar ou redirecionar o próprio corpo e olhar para fingir interesse em um objeto indesejado, a fim de desviar os concorrentes do objeto do desejo. Nesse sentido, os primatas e os seres humanos são leitores competentes do pensamento. Mas os mágicos são melhores. E Apollo, como você verá no próximo capítulo, tem ainda mais truques escondidos na manga proverbial.

• 5 •

O gorila entre nós: mais ilusões cognitivas

Apollo Robbins estava se divertindo bastante furtando objetos de George no simpósio A Mágica da Consciência. Virou-se de frente para ele, para mais uma demonstração de seus truques.

– Quando me aproximo de alguém – disse –, constato que, quando faço um movimento direto, entro em seu espaço pessoal. É como se fosse uma bolha cercando o corpo da pessoa. A distância é diferente nas diversas culturas e de uma pessoa para outra, mas todas têm uma sensação do espaço e tentam protegê-lo. – Apollo então virou o corpo, para ficar ombro a ombro com George, e continuou: – Mas se eu me puser de lado, assim, a lacuna é muito menor. A pessoa não se sente invadida. Quando entro no seu espaço pessoal, preciso romper o contato visual, para que você não mantenha os olhos em mim.

O mágico olhou para baixo. George também baixou os olhos. Apollo apareceu junto ao ombro de George. Estava seguramente instalado dentro da bolha dele. Podia realizar qualquer truque de mágica com conforto.

A observação de Apollo foi fascinante. O que ele chama de *espaço pessoal* é o que os neurocientistas conhecem como *espaço peripessoal*. (Os cientistas não conseguem resistir a um joguinho de "Ponha um prefixo greco-latino junto a uma palavra simples".) As pessoas sempre tiveram um forte senso intuitivo desse espaço, e recentemente a neurociência começou a decodificar sua base neural no cérebro. Trata-se de mais do que uma simples metáfora, porém é menor do que uma aura real tangível. É um construto que o cérebro cria de forma ativa, como parte do corpo mental. No que diz respeito ao cérebro, o espaço imediatamente à nossa volta é, literalmente, parte do nosso corpo. É por isso que podemos fazer cócegas em uma criança balançando os dedos no ar acima das costelas dela, e é por isso que somos sensíveis em termos emocionais quando alguém "fura" nossa bolha sem ser chamado.

Por fim, Apollo revelou um princípio da arte do punguista que nos encanta particularmente, como neurocientistas:

– Após muitos anos apresentando espetáculos, notei que o olho sente mais atração pelos arcos do que por linhas retas – disse, e recomeçou a bater nos bolsos de George, que ficou observando com interesse. – Se eu quiser tirar algo do bolso dele, posso manter seus olhos ocupados com a minha mão livre, se a movimentar em arco. Mas, se eu a mover em linha reta, a atenção dele voltará para minha outra mão, como se fosse um elástico – explicou.

Tínhamos ouvido Apollo descrever esse princípio pela primeira vez em uma ida a Las Vegas, alguns meses antes do simpósio, em uma das reuniões que fizemos com ilusionistas para dividir conhecimentos e ideias, refletir e conversar sobre a conferência que estava por vir. (Não nos importamos em dizer que, depois de cada encontro com Apollo, verificávamos os cartões de crédito em nossas carteiras para ver se não tinham sido trocados por cartões falsos. Jamais duvide do talento dele.) Teller havia marcado esse encontro específico em seu escritório, para podermos apresentar aos mágicos nossas pesquisas científicas sobre as ilusões de óptica e a percepção visual. O objetivo inicial de nossa cooperação com eles era usar a mágica no laboratório, mas era óbvio que também seria útil aos ilusionistas saber o que vinha a ser a pesquisa cognitiva. Depois de lhes mostrarmos alguns de nossos trabalhos acerca das ilusões de óptica, Susana expôs o que sabemos sobre a neurociência dos movimentos oculares. Existem dois tipos principais, que servem a propósitos diferentes e que provavelmente são controlados por subsistemas distintos no sistema oculomotor.

No primeiro tipo de movimento ocular, chamado de *sacádico*, os olhos saltam quase instantaneamente de um ponto para outro. Os momentos fugazes entre as sacadas, quando os olhos ficam quase imóveis, são chamados de *fixações*. As sacadas são cruciais para a visão, porque os olhos só conseguem discernir detalhes delicados em um círculo do tamanho de um buraco de fechadura, bem no centro do olhar, que cobre cerca de um décimo de 1% da retina; a vasta maior parte do campo visual circundante tem uma qualidade chocantemente precária.

Você pode comprovar isso com um baralho comum. Separe as cartas de figuras e as embaralhe. Fixe o olhar em um ponto exatamente do outro lado do cômodo e não deixe seus olhos se mexerem. Pegue ao acaso uma carta de figura e segure-a com o braço esticado, bem na extremidade de sua visão periférica, depois vá trazendo devagar o braço para a frente, levando a carta em direção ao centro do seu olhar fixado à frente. Supondo que você consiga resistir à ânsia de deixar os olhos correrem para dar uma espiada rápida, descobrirá que a carta tem que chegar bem perto do centro da sua visão para que você consiga identificá-la.

A razão de não *parecer* que a nossa visão é 99,9% lixo são os movimentos sacádicos. Nossos olhos correm o tempo todo pelo mundo, feito beija-flores dopados com metadona. O cérebro elimina os borrões de movimento e integra as partículas de informação recebidas de cada fixação, a fim de apresentar à nossa percepção visual um retrato pormenorizado e aparentemente estável da cena visual diante de nós.

Os movimentos sacádicos também estão relacionados com a adaptação. Lembre-se de que os neurônios do aparelho visual foram feitos para detectar mudanças. Mas, quando as condições permanecem estáticas, os neurônios se adaptam, tornando mais lentos seus disparos. Param de fornecer informações confiáveis e nossas percepções ficam limitadas. É como se os neurônios ignorassem ativamente os estímulos constantes a fim de poupar energia para sinalizar melhor a mudança de estímulos. A cena visual ameaça desaparecer.

Para superar a adaptação, fazemos movimentos oculares microscópicos durante cada fixação entre os movimentos oculares amplos. Os movimentos oculares de fixação são essenciais para a visão. Na verdade, sem esses minúsculos volteios oculares, ficaríamos cegos ao fixar o olhar. Nossos estudos indicam que, quando o olhar se detém em um objeto e não se move, a atividade de nossos neurônios visuais é suprimida. O objeto desaparece!

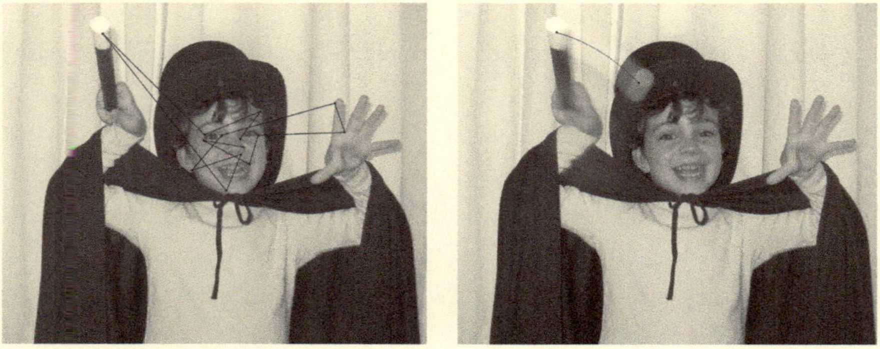

Movimento ocular sacádico *versus* perseguição suave: a imagem da esquerda mostra a trilha em zigue-zague que os olhos do observador podem seguir ao olhar para um mágico. A foto da direita mostra a trilha ininterrupta da perseguição suave, quando os olhos acompanham a ponta da varinha mágica que se eleva em um arco delicado. (Fotografia de Matt Blakeslee)

No segundo tipo de movimento ocular, chamado *perseguição suave*, os olhos se movem em uma trilha contínua e ininterrupta, sem pausas ou trepidações no trajeto. A perseguição suave ocorre apenas quando seguimos um objeto em movimento. Não se pode falseá-la. Essa é uma das razões por que algumas cenas de filmes não dão certo: quando um ator finge acompanhar um objeto que na verdade não existe e é acrescentado na pós-produção, é inevitável que os movimentos oculares pareçam canhestros na tela. Os movimentos oculares de busca ou perseguição permitem que acompanhemos objetos em movimento, ao passo que os movimentos sacádicos buscam e colhem de maneira sistemática informações da cena visual.

Você pode observar a diferença entre esses dois tipos de movimento ocular elevando os polegares à sua frente, com uns trinta centímetros de separação. Em seguida, mantendo suas mãos imóveis, peça a um amigo que desloque os olhos o mais suavemente que puder de um polegar para outro. Observe que os olhos dele dão pequenos saltos no trajeto. Esses pequenos saltos são as sacadas. Por mais que ele se esforce, não consegue fazer os globos oculares deslizarem de modo suave entre os polegares. Depois, tente de novo, mas dessa vez peça-lhe que fite seu polegar esquerdo, enquanto você o move lentamente até tocar o direito e em seguida volta para a primeira posição. Agora você notará que os olhos dele acompanham o movimento com perfeita suavidade.

Todos os mágicos ficaram fascinados com esses dados. Para Apollo, no entanto, desencadearam um momento de descoberta. Ele tinha dito que, como punguista, distingue os movimentos retos dos movimentos curvos da mão ao controlar a atenção de suas vítimas. Nesse momento, ele percebeu que a razão estaria na diferença entre os movimentos oculares sacádicos e os de perseguição.

Ao vermos a mão de alguém se mover com rapidez em linha reta, nossos olhos – e nossa atenção – saltam automaticamente para o ponto final. Assim, o punguista faz um gesto linear rápido quando quer minimizar nossa capacidade de prestar atenção ao trajeto em si. Porém, a mão que se desloca em arco aciona um mecanismo diferente de acompanhamento. Não sabemos prever para onde a mão se dirige e por isso fitamos e seguimos a mão em si, sem notar que a outra mão de Apollo, enquanto isso, é introduzida em nossos bolsos.

Os punguistas têm todo um arsenal de técnicas de despistamento. Já estamos familiarizados com algumas. É comum esses larápios exercerem seu ofício em espaços públicos lotados e confiarem muito no despistamento de base social – contato visual, contato corporal e penetração furtiva, à maneira dos ninjas, no espaço pessoal da vítima. Entretanto, a observação de Apollo foi nova para nós e de imediato gerou novas ideias para experimentos.

É bem sabido que a percepção visual é eliminada durante as sacadas, o que explicaria o modo como os punguistas se valem de movimentos lineares rápidos. E a atenção? Será que ela também é eliminada durante os movimentos oculares? Os cientistas ainda não têm uma resposta, mas a sugestão de Apollo foi tão intrigante que quisemos levá-la ao laboratório. Essa conversa marcou uma transformação radical em nosso relacionamento com os ilusionistas. Nossa intenção original era simplesmente surrupiar suas melhores técnicas, a fim de podermos conceber experimentos melhores, mas nesse momento percebemos que, na verdade, os mágicos talvez soubessem coisas sobre a mente e o comportamento que os neurocientistas desconheciam.

Você já sabe da nossa capacidade de atenção "explícita" e "disfarçada". A *atenção explícita* é quando dirigimos propositadamente os olhos para um objeto, prestando atenção a ele. A *atenção disfarçada* é o ato de olhar para uma coisa enquanto se presta atenção a outra. Os mágicos, diabólicos como sempre, exploram essas propriedades do cérebro ao inventarem alguns de seus truques favoritos. Para descrever esses métodos, cunhamos as expressões *despistamento explícito* e *despistamento disfarçado*.

No despistamento explícito, o mágico afasta o olhar do observador do método que está por trás do truque. Ele o atrai para alguma coisa de falso interesse enquanto executa um ato secreto em outro lugar. É nisso que pensa a maioria das pessoas ao ouvir a palavra "despistamento". Uma explosão ilumina o palco e uma nuvem miniatura em forma de cogumelo domina a cena por um momento. Opa! De onde veio aquele coelho do outro lado do palco? Quando você estava olhando para a explosão, o mágico usou qualquer um de uma dúzia de métodos para fazer o coelho aparecer enquanto você estava distraído. Esse é o despistamento explícito, é o que o Steve fazia quando surrupiava doces do Dia das Bruxas na infância. "Ei, Jimbo! Aquele é o balão da Goodrich?", e lá se ia o doce. E, quando o furto era descoberto, metade dele já fora comido. Sim, Jimbo é o irmão caçula do Steve, e essa é uma lembrança carinhosa de gostosuras roubadas, cheias de nozes e chocolate.

O despistamento disfarçado é mais sutil. O mágico desvia do método o nosso foco de atenção – e de desconfiança –, sem redirecionar nosso olhar. Você pode estar olhando diretamente para o método por trás do truque, mas não tem a menor consciência disso, pois sua atenção está concentrada em outro lugar. Você olha, mas não vê.

Os neurocientistas cognitivos entendem muito de despistamento disfarçado, que é um elemento crucial da cegueira por desatenção. Nesse tipo de cegueira, você deixa de notar um objeto plenamente visível, por ter tido a atenção orientada para outro lugar. Ela é própria da maneira como o cérebro vê e processa as informações. Também estudamos um fenômeno estreitamente relacionado a esse, a *cegueira para a mudança*. Nessa forma de cegueira, você não nota uma mudança na cena. Ela tem a ver com a maneira como sua mente deixa de recordar o que acabou de ver.

VOCÊ CONSEGUE NOS IMPEDIR DE ADIVINHAR SEUS PENSAMENTOS?

Você é capaz de explicar os resultados espantosos dos seguintes experimentos de leitura de pensamento montados por Clifford Pickover, um prolífico autor de livros populares sobre ciência e matemática? Os editores da revista *Scientific American* prepararam a simulação de um teste de Pickover que você pode fazer aqui ou experimentar na versão *on-line*, ainda mais intrigante, no endereço http://sprott.physics.wisc.edu/pickover/esp.html.* Usando a percepção extrassensorial, acreditamos poder prever o resultado de sua escolha com 98% de exatidão. Para começar, escolha uma das seis cartas abaixo e memorize-a. Diga o nome dela em voz alta várias vezes, para não esquecer qual é. Quando tiver certeza de se lembrar da carta, circunde um dos olhos na fileira abaixo. Depois, vá para a página 93 e veja se você acertou.

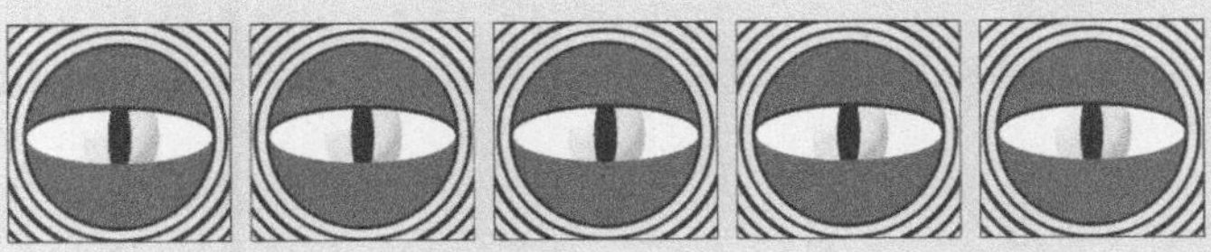

Embora muitos ilusionistas se empenhem em explorar a cegueira por desatenção ou a cegueira para a mudança em seus truques, o grande mestre dessas ilusões é o mágico espanhol Juan Tamariz. Na hierarquia dos ilusionistas, ele é Yoda. Dai Vernon, o lendário mágico que enganou Houdini (Capítulo 2), costumava dizer que, em seus oitenta e tantos anos de carreira, ninguém conseguira enganá-lo como Tamariz. Olhando para ele, no entanto, ninguém diria. Já falamos sobre alguns mágicos de aparên-

* O teste de Pickover se baseia em um truque inventado por Henry Hardin por volta de 1905. Originalmente, Hardin o comercializou como o truque da carta do príncipe. Com o tempo, porém, passou a ser conhecido como o truque da carta da princesa, nome que perdura até hoje.

cia estranha. Mas, ainda assim, ao evocar mentalmente a imagem de um ilusionista de fama mundial, é provável que você pense em alguém chique: bem-vestido, penteado, de modos elegantes. Você pensa em Copperfield, Henning ou até em Penn & Teller com seus ternos combinando.

Mas um espanhol desleixado, de cabelo desgrenhado e dentes tortos, óculos enormes, colete cafona e cartola roxa? No auge de um truque, o sujeito costuma assumir a postura de um Gollum e apontar para os espectadores, gritando "*Tchan, tchan, tchan, tchan!*" Ninguém imaginaria que esse personagem cômico, que lembra o Gato do dr. Seuss, é um ilusionista de primeira – o que constitui uma das razões fundamentais para ele nos tapear com tamanha eficácia.

Tamariz foi um dos fundadores do que se conhece como Escola de Mágica de Madri (Escuela Mágica de Madrid). Trata-se de um centro de estudos e pesquisas formado por ilusionistas provenientes do mundo inteiro e interessados em aprimorar as artes mágicas por meio da aplicação da psicologia humana. Os integrantes examinam todos os aspectos da arte da mágica, desde o pequeno problema de qual é a melhor forma de se mostrar uma carta (deve-se virá-la de cabeça para cima ou de cabeça para baixo?)* até a importante questão de saber com exatidão o momento de introduzir ou não o humor durante uma mágica.** Sua meta é compreender os métodos do ilusionismo e a mente humana em um grau tão elevado que os truques nos deem a sensação de que acabou de acontecer um milagre.

Tamariz usa a cegueira por desatenção para criar muitos pequenos milagres. Ele calcula que, provavelmente, você não saiba que é cego para as coisas que estão fora do seu foco de atenção. Assim, quando faz um truque bem diante de seus olhos – e você não o percebe –, isso provoca uma surpresa incrível; a única explicação é a magia. Em um desses métodos, chamado de olhar cruzado, Tamariz faz uma moeda desaparecer de uma das mãos enquanto as mantém claramente visíveis.

---

* Foi Dai Vernon quem originou os estudos sobre a melhor maneira de virar uma carta para revelá-la ao final de um truque.

** Juan Tamariz escreveu e lecionou profusamente sobre como combinar a mágica e o humor e a dificuldade de atingir um equilíbrio entre os dois.

NÓS LEMOS O SEU PENSAMENTO...

Retiramos a sua carta! Teremos adivinhado a que você escolheu na p.91? Se assim for, será que o sistema de percepção extrassensorial de Pickover explica a nossa resposta correta, ou haverá uma explicação mais simples? Não prossiga a leitura se não quiser saber a resposta.* Desistiu? Olhe mais uma vez para as seis cartas da p.91, depois compare-as com as cinco retratadas na p.93. Notou alguma diferença? Se o ato de circundar um olho o(a) distraiu e fez você cair no truque (a maioria das pessoas cai), você foi vítima do que os psicólogos chamam de cegueira para a mudança. Uma mudança, mesmo que seja grande e óbvia, pode ser praticamente invisível até você dar uma segunda olhada.

ALERTA DE SPOILER! A SEÇÃO SEGUINTE DESCREVE SEGREDOS DA MÁGICA E SEUS MECANISMOS CEREBRAIS!

Vejamos como é o truque. Tamariz para com o lado direito do corpo voltado para você. Sua mão esquerda fica estendida, com a palma para cima e vazia. A mão direita aponta para essa palma aberta. Tamariz olha para você, atraindo seu olhar diretamente para os olhos dele. Retém sua plena atenção. Em seguida, baixa os olhos para a palma da mão vazia. Você

---

* O site de Clifford Pickover na internet oferece algumas explicações hilárias de pessoas que experimentaram fazer o teste em seus computadores. Eis a nossa favorita, proveniente de Petri Kotro, da Universidade da Lapônia, na Finlândia: "Caro Cliff, seu programa retirou várias vezes a carta que escolhi, apesar de eu ter falado finlandês ao dizer o nome dela. Não são muitas as pessoas do mundo anglo-saxão capazes de ler com essa facilidade os pensamentos de uma mente fino-ugriana (ou que saibam finlandês). Ou será que você é celta?"

acompanha esse olhar e fita a palma da mão dele. Durante a fração de segundo em que você mexe os olhos, Tamariz levanta a mão direita na sua direção, em um gesto natural que diz: "Espere, não fique impaciente." E ali, no meio da palma da mão direita, está uma moeda clara e reluzente. Ela fica completamente visível. Mas você não a vê, porque Tamariz guiou poderosamente sua atenção para a palma da mão vazia. Você se concentra tanto que deixa de enxergar um objeto que reflete fótons diretamente na sua retina.

FIM DO ALERTA DE SPOILER

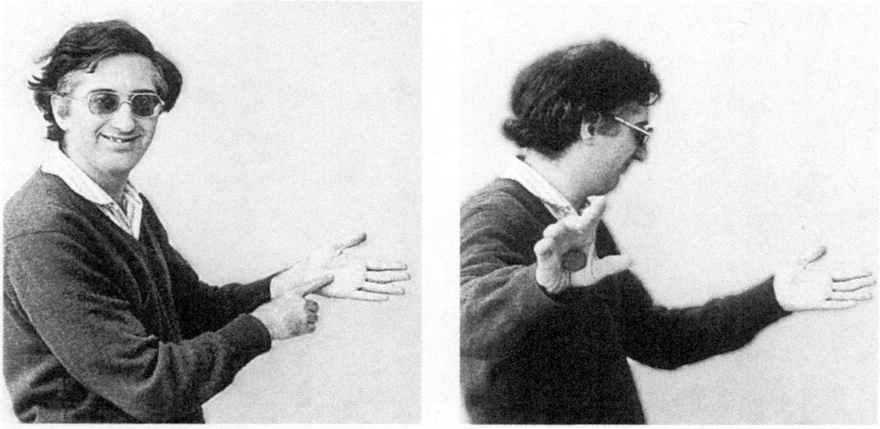

A técnica do olhar cruzado de Tamariz (na qual o movimento do olhar deve cruzar o movimento da mão, para que as duas trajetórias se equivalham mas tenham sentidos opostos) teve inspiração no mágico ítalo-argentino Tony Slydini, um dos mestres de Tamariz. (Cortesia de Juan Tamariz)

Então, qual é o objetivo dessa manobra? Se você nem mesmo sabia que a moeda estava lá, então por que ele se dá ao trabalho de desviar sua atenção? Um bom mágico pode tirar proveito dessa situação de inúmeras maneiras. Por exemplo, agora Tamariz pode fazer alguma outra coisa com a mão direita, para exibir a moeda. Mas você "sabe" que as duas mãos estavam vazias, porque as "viu" assim. É esse tipo de prova convincente, embora enganosa, que leva a posterior aparição da moeda a dar a impressão de ser um milagre.

Os neurocientistas ficam igualmente encantados com as possibilidades suscitadas pela cegueira por desatenção. Anos atrás, dois colegas nossos, Daniel Simons e Christopher Chabris, conceberam um experimento brilhante, que nunca deixa de assustar e encantar as pessoas que com ele se deparam pela primeira vez. As instruções são simples. Pedem que você assista a um vídeo curtinho de pessoas circulando uma bola de basquete entre si. Um time usa camisetas brancas, o outro, pretas. Sua tarefa é contar o número de passes feitos por um time, ou contar os passes quicados e os passes por cima da cabeça. Depois de três ou quatro minutos, o vídeo termina e lhe perguntam se você viu algo inusitado.*

Não? Olhe de novo. Dessa vez, o cientista para o vídeo na metade. E ali, de repente, sem qualquer explicação, você a vê – uma pessoa vestida de gorila, parada bem no meio dos jogadores de basquete, batendo no peito cabeludo e olhando diretamente para você. Retroceda a fita e você verá tudo. O gorila caminha até os jogadores, vira-se para a plateia, dá socos no peito, gira e sai andando devagar. Metade das pessoas que assistem ao vídeo não o percebe.

Por quê? Como é possível deixar de notar um símio monstruoso em meio a estudantes universitários jogando bola? É que você fica tão profundamente empenhado em contar o número de passes que um gorila não basta para desviar sua atenção da bola. Você olha direto para o bicho peludo e não o vê.

Nós mesmos exibimos esse vídeo em dezenas de palestras. É comum perguntarmos às pessoas que veem o gorila: "Quantos passes você contou?" A resposta em geral está errada, ou então elas admitem não ter contado passe algum. Ironicamente, quanto melhor o indivíduo se sai na tarefa de contagem, menor é a probabilidade de notar o gorila que passeia. Em outras palavras, a atenção concentrada garante o desempenho ótimo em determinada tarefa, mas nos cega para dados que parecem irrelevantes e que talvez sejam mais cruciais do que a tarefa em si. Nossas pesquisas mostram que o cérebro elimina os distratores com mais intensidade durante as tarefas difíceis (quando tentamos

* Você pode assistir a esse vídeo em www.theinvisiblegorilla.com/videos.html.

nos concentrar com grande afinco) do que nas que não exigem esforço (quando levamos a coisa na flauta). Na vida cotidiana, isso significa que, mesmo quando a pessoa se concentra em realizar um trabalho crucial, ela ainda precisa se lembrar de dar uma olhadela em volta de vez em quando para não correr o risco de deixar passar fatos importantes e oportunidades potenciais.

O experimento do gorila levanta uma questão interessante. Para onde olham os olhos? Será que a bola é a única coisa que incide sobre a retina? Ou será que a imagem do gorila também atinge os olhos mas não é registrada pelo cérebro? Alguns dispositivos de rastreamento ocular podem nos ajudar a encontrar uma resposta. Um aparelho de rastreamento ocular pode medir a posição dos olhos em condições experimentais e naturais. Por exemplo, com uma câmera de vídeo apontada para os olhos, um programa de computador consegue encontrar as pupilas na imagem da câmera e detectar quanto elas giram de um instante para outro. Isso permite que os cientistas saibam para onde o olhar está voltado.

Em 2006, usando gravações do rastreamento ocular, Daniel Memmert mostrou que muitas pessoas não notam o gorila nem mesmo quando o fitam diretamente. As que o deixam passar despercebido gastam tanto tempo (cerca de um segundo) olhando para ele quanto as que o veem. Esse resultado foi incrivelmente surpreendente. Muitos neurocientistas haviam suposto que o gorila era invisível porque o jogo de basquete atraía os olhos dos observadores para diversos pontos da imagem, mas para longe do gorila, em qualquer momento considerado, como no despistamento explícito. Os resultados obtidos por Memmert mostraram que eles estavam enganados; na verdade, tratava-se de um despistamento disfarçado. O gorila era invisível, mesmo quando diretamente fitado, porque a tarefa de contar os passes desviava a atenção para longe dele. Esse estudo indicou que a percepção visual é mais do que uma questão de fótons penetrando nos olhos e ativando o cérebro. Para ver de verdade, é preciso prestar atenção.

O rastreamento ocular também foi usado para estudar a atenção e o ilusionismo. Em 2005, no primeiro estudo a correlacionar a percepção da magia com uma medição fisiológica, Gustav Kuhn e Benjamin Tatler empregaram um rastreador para acompanhar os movimentos oculares de pessoas que assistiam a um truque em que o mágico faz um cigarro "desaparecer" ao deixá-lo cair no colo. Os pesquisadores se perguntaram: será que o truque nos escapa porque não olhamos na hora certa, ou será que não prestamos atenção, independentemente de onde incida o olhar? Descobriram que a incapacidade de notar a queda do cigarro não podia ser explicada no nível da retina. Os índices de detecção não foram influenciados pelo piscar dos olhos nem pelos movimentos oculares sacádicos ou pela distância entre o cigarro e o centro da visão dos observadores no instante da queda. O mágico manipula a atenção do espectador, não seu olhar.

A cegueira por desatenção pode nos criar problemas na vida cotidiana. Quantas vezes você conversa ao telefone celular e de repente esbarra em outro pedestre? Em 2009, alguns psicólogos da Western Washington University observaram quatro categorias de estudantes universitários que atravessavam uma praça central do campus. Uma delas simplesmente andava, cuidando de sua vida. Uma segunda categoria caminhava em pares, conversando. Um terceiro grupo ouvia música em seus iPods enquanto andava. E o quarto tagarelava em telefones celulares. Em todos os casos, um palhaço de roupa escandalosa, montado em um monociclo, pedalou até os estudantes, circundou-os com cômica desinibição e foi embora.

Os alunos que caminhavam aos pares foram os que mais tenderam a ver o palhaço. Os que usavam iPods ou andavam sozinhos mostraram-se apenas um pouco menos atentos. Mas metade dos estudantes que falavam ao celular deixou escapar por completo o palhaço no monociclo. Esses alunos também andavam mais devagar, deslocando-se de maneira mais sinuosa pela praça. Os pesquisadores concluíram que conversar pelo celular leva à cegueira por desatenção e perturba a atenção. Perturba até o andar.

SOBRE AS MULTITAREFAS

Você acha que pode digitar uma mensagem de texto enquanto dirige? Que pode ouvir música ao mesmo tempo que paga suas contas, manda recados pelo Twitter e monitora um jogo de futebol na televisão? Que pode redigir um e-mail, jogar paciência e verificar as cotações das ações enquanto tem uma discussão com seu cônjuge?

Pois está enganado. Uma década de pesquisas mostra que o dom das multitarefas – a capacidade de fazer várias coisas simultaneamente, com eficiência e bem-feitas – é um mito. O cérebro não foi projetado para atentar para duas ou três coisas simultâneas. Ele é configurado para reagir a uma coisa de cada vez.

As pesquisas mostram que não se pode dar completa atenção à tarefa visual de dirigir e à tarefa auditiva de escutar, mesmo que se utilize um aparelho viva-voz. Na verdade, as pessoas que conversam pelo celular enquanto dirigem têm o mesmo foco de atenção das que estão bêbadas, segundo os padrões legais.* Quando presta atenção à conversa telefônica, o indivíduo "diminui o volume" das partes visuais do cérebro, e vice-versa.

Os estudos também mostram que as pessoas que são bombardeadas por vários fluxos de informações eletrônicas não prestam atenção, não controlam a memória nem passam de um assunto para outro tão bem quanto as que concluem uma tarefa de cada vez. Os adeptos crônicos das multitarefas "são tarados pela irrelevância", diz Clifford Nass, professor de comunicação na Universidade Stanford. "Tudo os distrai." Eles não conseguem ignorar as coisas, não conseguem lembrar-se delas tão bem e têm menos autocontrole.

Outro colega nosso, Russ Poldrack, da Ucla, mostrou que as pessoas usam o *corpo estriado*, uma região do cérebro envolvida na aprendizagem de novas habilidades, quando estão distraídas, e usam o *hipocampo*, uma área envolvida na armazenagem e recuperação das informações, quando não estão distraídas. "Temos de estar cientes de que há um preço a pagar pela maneira como nossa sociedade vem se modificando, de que os seres humanos não foram feitos para funcionar dessa maneira", diz Poldrack.

---

* O mesmo problema não ocorre quando se conversa com um passageiro dentro do carro porque ele e o motorista reduzem a conversa ou param de falar quando o trânsito fica mais movimentado, começa a chover ou é preciso trocar rapidamente de faixa. O passageiro vê o que o motorista vê, ao passo que a pessoa do outro lado da linha não.

"Fomos realmente estruturados para nos concentrar. E, quando nos forçamos a exercer uma multiplicidade de tarefas, talvez estejamos contribuindo para que percamos eficiência a longo prazo, ainda que às vezes pareçamos estar sendo mais eficientes."

Os mágicos sabem que o dom das multitarefas é uma lenda urbana. Por isso, utilizam uma abordagem do tipo "dividir para conquistar": cindem a atenção do espectador para que ele não possa se concentrar por inteiro em nenhuma parte do palco em determinado momento. Quando uma lista de tarefas tem páginas de comprimento, você pode sentir a tentação de fazer duas ou mais coisas de cada vez – por exemplo, responder a e-mails em seu iPhone enquanto participa de uma reunião de equipe. O provável é que você não execute bem nenhuma das duas tarefas. Para ter um desempenho melhor, faça uma coisa de cada vez.

Eric Mead, o mentalista cujo conhecimento da natureza humana não cansa de nos surpreender, encontrou-se conosco no restaurante Monterey Fish House, na Califórnia, onde nos munimos de nossos guardanapos e sorvemos tigelas gigantescas de *cioppino*,* bebendo taças de Chianti. Susana perguntou se em algum momento Eric usava sua formação de mágico na vida cotidiana. Sem pestanejar, ele fechou os olhos e descreveu em detalhes os clientes sentados à nossa volta – quantos havia em cada mesa, o sexo e a idade aproximada, o que estavam comendo e até suas conversas e seu aparente temperamento.

O casal à esquerda comemorava um aniversário. A família ao fundo estivera em um enterro mais cedo naquele dia. A cerimônia deve ter sido para alguém que não pertencia à família imediata (já que eles estavam jantando ali), mas próximo o bastante para levar o clã inteiro a comparecer ao funeral. As pessoas atrás de Susana viviam um casamento infeliz. À direita de Steve, um grupo de colegas de trabalho comemorava um feito de alguém, Eric ainda não sabia ao certo qual. O homem mais adiante estava se divertindo. Uma mulher do outro lado do restaurante estava de mau humor. O casal aniversariante trocava olhares sensuais e não queria ser perturbado.

* Ensopado de peixe e frutos do mar semelhante à *bouillabaisse*, típico de San Francisco e outras cidades californianas. (N.T.)

Eric disse que precisa desse tipo de informação quando escolhe pessoas em suas apresentações de mentalismo, e contou que as colhe praticando a *consciência situacional* – a percepção deliberada de tudo o que acontece no espaço e tempo imediatos, a compreensão de seu significado e a previsão do que poderá acontecer em seguida. Enquanto entramos no restaurante, sentamos à mesa, escolhemos nossos pratos no cardápio e começamos a jantar, Eric voltou despreocupadamente seu foco de atenção para todas as pessoas que nos cercavam, por hábito.

Ele nunca para de avaliar o ambiente. Nunca se sabe quando se precisará de informações para uma demonstração improvisada de magia, disse-nos. Deslocando seu foco de atenção como um farol no céu noturno, Eric aprendeu a não se deixar absorver em demasia por nenhum aspecto isolado do que acontece ao redor, e diz que por isso já não vivencia a mágica do mesmo modo que a maioria das pessoas. Ele não é insensível ao despistamento, mas resiste a usá-lo. Também não é nada bom em exercer tarefas múltiplas, segundo sua própria admissão. A habilidade que ele descreve envolve a atenção sequencial.

Ficamos pensando em qual seria a dificuldade de aprender técnicas de consciência situacional. Para tanto, assistimos a um curso de treinamento no Centro de Treinamento de Sobrevivência em Aviação do Corpo de Fuzileiros Navais, em Miramar, na Califórnia. A Marinha ensina seus aviadores a usar a consciência situacional – a otimizar a percepção e a cognição em condições difíceis, tanto ambientais como de carga mental de trabalho. Quer você esteja escolhendo um prato num cardápio enquanto mantém uma conversa, quer esteja se recuperando de uma descida em parafuso chato em um jato de asas fixas, um padrão ótimo de varredura da atenção maximizará o seu sucesso, não importa o que você tente fazer.

Experimentamos pessoalmente esse desafio ao prendermos os cintos de segurança e, em um simulador de milhões de dólares, pilotar um dos maiores helicópteros do arsenal militar dos Estados Unidos, o CH-53 Super Stallion. Sentados na cabine, procuramos distribuir nossos sistemas de atenção e examinar os instrumentos enquanto pilotávamos aquela fera enorme. Nosso instrutor, o capitão Vincent Bertucci, um piloto naval conhecido como "Fredo", explicou que a capacidade de vasculhar o meio circundante se desarticula quando a atenção fica presa a uma rotina. O mundo fora do para-brisa nos chama enquanto os sentidos nos dão informações erradas. Surgem problemas com os motores, com o navio em que o piloto vai pousar, com a carga que ele tenta levantar com o helicóptero, com os sistemas de comunicação dentro e fora da aeronave. Todos esses eventos requerem atenção, às vezes por tempo demais, se o piloto não tiver cuidado. Enquanto sua atenção se concentra em determinado problema, sem vasculhar os outros problemas potenciais – por exemplo, ele fixa os olhos em um único medidor –, o piloto, sem querer, pode mergulhar o helicóptero na água.

Os ilusionistas usam o despistamento explícito e o disfarçado para produzir efeitos semelhantes a essas condições de voo. Dividem a atenção do espectador e o levam a um desastre cognitivo. Se pudermos fazer uma engenharia reversa do modo como eles fazem isso e aplicar tais princípios ao desenvolvimento de métodos que se contraponham aos deslizes da atenção, poderemos reduzir as falhas de atenção que ocorrem em condições de sobrecarga mental de trabalho.

Dois anos após o simpósio A Mágica da Consciência em Las Vegas, estávamos no antigo vilarejo pirenaico de Benasque, na Espanha, participando de uma conferência internacional sobre arte e ciência. Era um grupo eclético de especialistas que vêm explorando os limites da percepção humana. Havia mestres-cucas junto com cientistas que estudavam o sentido do olfato, arquitetos trabalhando com especialistas na percepção espacial humana, pintores ligados a neurocientistas da visão, e nós dois nos juntamos a um dos maiores jovens talentos do ilusionismo na Espanha.

Enquanto lidávamos com os aspectos mais acadêmicos dos despistamentos explícito e disfarçado e sua relação com os mecanismos cerebrais da atenção, Miguel Ángel Gea foi direto ao ponto, fazendo truques que deslumbraram os doutos ali reunidos, provando como era frágil a apreensão que tinham da realidade.

Miguel Ángel é um rapaz grandalhão, com uma longa cabeleira castanha presa em um rabo de cavalo. Com calças utilitárias e uma camisa de tecido transparente, ele exalava um bom humor descontraído, o que não é de admirar, uma vez que foi formado pelo próprio Juan Tamariz. Ele é um espírito que ama tanto as diversões que, embora sua intenção original fosse passar menos de 24 horas conosco em Benasque, acabou ficando quatro dias – tudo graças à acolhida calorosa que recebeu dos participantes da conferência e da população local. Nossa apresentação conjunta na conferência começou às 21 horas e, a pedidos, prosseguiu até a meia-noite, depois do que Miguel Ángel correu os bares e os restaurantes do vilarejo, regalando os habitantes (que o conhecem da televisão espanhola) com mais truques até altas horas da madrugada. Fez isso todas as noites e só terminou a festa quando anunciou estar completamente esgotado e não ter mais forças para segurar uma moeda ou um baralho.

Seu amor à vida é profundo. Igualmente profunda é sua compreensão do comportamento humano. Ele usa a bibliografia mais recente da ciência cognitiva como uma luz para orientar o desenvolvimento de novos truques. Por exemplo, nosso colega Dan Simons, famoso pelos "gorilas entre nós", concebeu outro experimento engenhoso que ilustra a cegueira para a mudança. Em uma versão do experimento, observa-se um professor proverbialmente distraído atravessar um pátio do campus. Um aluno se aproxima dele e diz: "Com licença, o senhor pode me dizer onde fica o ginásio?" Puxa um mapa do campus e completa: "Não sei andar por aqui."

O professor, satisfeito por ajudar, olha para o mapa, em atenção conjunta com o aluno, e começa a apontar o caminho. Mas, nesse exato momento, dois operários que carregam um grande objeto retangular – ora uma porta, ora um quadro grande – aproximam-se e forçam a passagem. "Com licença. Por favor, nos deem licença", dizem, enquanto carregam o objeto por entre o professor e o aluno. Passam-se apenas uns dois segundos, durante os quais vem a guinada súbita: o aluno – de *jeans*, camiseta vermelha e cabelo preto – abaixa-se atrás do objeto e se retira. Um segundo estudante, que vinha andando agachado atrás do objeto – louro e vários centímetros mais baixo, usando calças e camisa social –, levanta-se no lugar do primeiro. Está segurando o mapa quando torna a se aproximar do professor, que, espantosamente, não percebe a mudança. Talvez os estudantes sejam "unidades homogêneas" na cabeça dele, mas ainda assim é inevitável nos maravilharmos com essa cegueira para a mudança. O experimento foi repetido muitas vezes, trocando toda sorte de características, como a altura, o sotaque e as roupas.

A CEGUEIRA PARA A MUDANÇA EM AÇÃO

Quando nos mudamos para nosso instituto atual, Susana precisou de outro laboratório em que pudesse conduzir experimentos sobre a percepção. O chefe de seu departamento ofereceu-lhe a sala de desenho, desde que ela não se incomodasse em dividir o espaço com uma porção de peças volumosas – uma mesa inclinada, um armário enorme com gavetas rasas para guardar desenhos grandes, guilhotinas imensas e coisas similares. Susana agradeceu e se mudou para lá. Depois, procurou cada um dos chefes de laboratórios e lhes perguntou se não se importariam em retirar os desenhos que tivessem guardado no armário, já que o móvel simplesmente ocupava espaço demais. Muito gentis, todos concordaram em ajudar, e Susana se livrou do armário. Depois, em um andar diferente do edifício de pesquisas, ela achou outra sala com equipamentos em comum, onde havia algum espaço disponível em uma bancada. Retirou as guilhotinas e vários outros apetrechos de seu novo laboratório e os deslocou para lá. No correr de algumas semanas, a sala de desenho tornou-se sala de desenho apenas no nome, já que fora completamente transformada no laboratório de Susana. Assim, ela ligou para o pessoal que cuidava das instalações e pediu que a placa da porta fosse trocada, passando de "Sala de Desenho da Neurobiologia" para "Laboratório de Susana Martinez-Conde".

Aos poucos, porém de forma segura, Susana havia transformado seu laboratório de testes de percepção, fazendo-o passar de um simples canto de uma sala de desenho compartilhada para seu espaço laboratorial completo e não dividido, e tudo empregando apenas os princípios da cegueira para a mudança. O chefe do departamento ainda abana a cabeça quando se lembra disso, mas nunca pediu a sala de volta, porque o espaço do laboratório é muito produtivo e seus projetos obtiveram verbas de financiamento para apoiar as pesquisas feitas ali.

Miguel Ángel calcula que, se alguém deixa de notar uma troca de lugar entre duas pessoas muito diferentes, pode deixar escapar quase qualquer coisa. Pode confundir uma carta com outra. Uma tarde, na conferência, ele demonstrou de que maneira. Vestindo sua roupa informal de praxe, chamou um voluntário na plateia. Quando a moça chegou ao palco, ele lhe pediu que escolhesse uma carta em um baralho. Era o oito de paus, que ele reintroduziu no baralho.

– Gosto de tirar a sua carta do meu bolso – disse, enquanto puxava magicamente o oito de paus do bolso direito da calça. Aplausos.

Miguel Ángel olhou para a voluntária:

– Gostou desse truque? É? Há truques de que eu não gosto – comentou. Levantou a mão vazia em direção a ela, colocou-a no cabelo da moça e, ao retirá-la, o oito de paus tinha voltado à palma da sua mão. – Outros mágicos gostam de tirar cartas do cabelo das pessoas, mas, quanto a mim, não gosto desse truque. – Vieram risinhos da plateia.

Em seguida, Miguel Ángel reintroduziu o oito de paus no baralho e o pôs na mesa, segurando algumas cartas fora do monte. Esfregou essas cartas entre o polegar e as pontas dos dedos da mão direita.

– Outros mágicos preferem fazer moedas aparecerem – disse, enquanto uma moeda grande deslizava por entre as cartas esfregadas e caía na palma de sua mão esquerda. O público reagiu com "ohs" e "ahs".

A voluntária abanou a cabeça, incrédula. O mágico a fitou, enquanto depositava as cartas restantes na mesa – onde agora havia um baralho completo, que, é claro, incluía o oito de paus –, e ficou apenas com a moeda na mão esquerda. Passou-a então para a palma da mão direita.

– Mas eu não gosto de truques em que se tiram cartas do cabelo, ou mesmo de truques com moedas – disse, enquanto tornava a jogar a moeda. – Só que dessa vez ela desapareceu.

– Não, eu prefiro truques só com uma carta no bolso – prosseguiu. Enfiou a mão direita no bolso e tirou uma carta com o verso voltado para a plateia. – E esta única carta é a sua – disse, virando-a para o público e revelando, milagrosamente, o oito de paus. Aplausos delirantes.*

---

* O número de Miguel Ángel Gea é uma versão ampliada de um truque de Francis Carlyle. A técnica da troca de cartas já era usada por Johann Nepomuk Hofzinser, um gênio vienense da mágica de meados do século XIX.

ALERTA DE SPOILER! A SEÇÃO SEGUINTE DESCREVE SEGREDOS DA MÁGICA E SEUS MECANISMOS CEREBRAIS!

Miguel Ángel tinha um sorriso matreiro no rosto. Virou-se para a plateia e perguntou:

– Vocês querem saber como foi feito esse truque?

Gritamos um sonoro "Sim". Ele ficou parado por um instante, como se considerasse seu passo seguinte. Pareceu subitamente sem graça.

– É meio difícil para um mágico revelar um truque – disse, com ar tímido. O público riu com simpatia, e Miguel Ángel chegou a uma decisão. Levantando os dois braços, proferiu: – Pela ciência! – e se lançou em uma explicação que fascinou igualmente cientistas e artistas. Revelou que o truque começa antes do espetáculo, quando ele escolhe duas cartas parecidas – nesse caso, o oito de paus e o oito de espadas. Põe o oito de paus sobre o de espadas e coloca o baralho no bolso, para guardá-lo até a hora do show.

Quando pede a um voluntário que escolha uma carta, ele usa uma *forçação* [*force*] para que a pessoa escolha o oito de paus sem perceber que o faz. *Forçar* refere-se a diversos métodos usados pelos mágicos para nos fazer pensar que estamos escolhendo livremente uma carta, enquanto eles sabem de antemão exatamente que carta tiraremos. Falaremos disso de forma mais detalhada no próximo capítulo.

Quando o voluntário repõe o oito de paus no baralho, a carta não é inserida ao acaso. Miguel Ángel o obriga, mais uma vez, a colocá-la onde a quer – imediatamente acima do oito de espadas. Seus gestos seguintes são movimentos típicos de prestidigitação. Ele "embaralha" as cartas de maneira a fazer os dois oitos pretos ficarem no topo. Empalma-os e os põe em seu bolso. Quando diz "Gosto de tirar a sua carta do meu bolso", ele pega o oito de paus e deixa o de espadas. (Provavelmente, você já sabe aonde isso vai chegar.) Em seguida, gesticula de modo a "puxar" o oito de paus do cabelo do voluntário e usa o número da moeda como uma distração de sua meta principal, que é a cegueira para a mudança.

Quando todas as cartas estão na mesa, o espectador presume que o oito de paus esteja em algum lugar do monte, em segurança. É nesse momento que Miguel Ángel põe a mão no bolso e tira o oito de espadas.

Termina o número dizendo "Por mim, prefiro truques só com uma carta no bolso", e vira o oito de espadas para exibi-lo. Mas você e as outras pessoas estão revirando tanto os olhos de admiração, tão completamente fascinados pelo fato de ele ter logrado o impossível, ao tirar o oito de paus do bolso, quando a carta deveria estar na mesa, que não percebem que não se trata, em absoluto, do oito de paus. É o de espadas. Na conferência, até a voluntária, a menos de um metro de distância, olhou para o naipe de espadas e não viu que era a carta errada. Miguel Ángel conseguiu enganar uma centena de cientistas e artistas ilustres com um exemplo clássico da cegueira para a mudança.*

FIM DO ALERTA DE SPOILER

Os estudos sobre a cegueira para a mudança mostram que não notamos alterações drásticas em uma cena visual quando elas ocorrem durante uma interrupção transitória – como um mágico passando a mão atrás da orelha de um espectador, ou dois operários carregando uma porta entre um indivíduo e a pessoa com quem ele conversa –, mesmo quando olhamos diretamente para as mudanças. A cegueira para a mudança também é comum durante os cortes ou as tomadas panorâmicas nos filmes. Uma taça de vinho pode estar vazia em uma cena e cheia na seguinte. A maior probabilidade é de que você não perceba.

As mudanças lentas ou graduais também são muito difíceis de ver, sobretudo quando não se está com a atenção concentrada no objeto que se modifica. Isso recebeu uma demonstração convincente de Simons: prédios inteiros, barcos, pessoas e outros objetos de enorme destaque podem aparecer e desaparecer sem que sejam notados, bem diante de nossos olhos, se o processo for conduzido com lentidão suficiente. É tentador especular sobre quantas coisas em nossa vida podem mudar lentamente, sem que tenhamos consciência disso. Os pequenos mal-estares, dores e debilidades que vão colonizando nosso corpo ao envelhecermos seriam intoleráveis

* Para mais informações sobre Miguel Ángel, ver www.miguelangelgea.com e www.sleightsofmind/media/miguelangelgea.

se impostos de maneira repentina a uma pessoa saudável de vinte anos, mas, como envelhecemos pouco a pouco, essas mudanças se infiltram, em sua maioria, sem serem detectadas. Outros aspectos da vida, do trabalho e dos relacionamentos podem sofrer mudanças similares, que os pioram ou melhoram de modo muito gradativo e por isso passam despercebidas.

O filósofo grego Epicuro sabia que tendemos a nos adaptar e, com isso, a ignorar as melhoras gradativas em nossa vida. "Não estragues o que possuis desejando o que não tens; lembra-te de que aquilo que possuis agora esteve um dia entre as coisas por que só podias esperar," escreveu ele. É um conselho sábio, desde que não nos batam a carteira enquanto nos distraímos com nossa gratidão.

• 6 •

O segredo do ventríloquo: ilusões multissensoriais

A primeira coisa que notamos ao chegar ao 24º Campeonato Mundial de Mágica, em Pequim, foi que o prédio monumental onde ele era realizado – o Centro Nacional de Convenções da China – era todo fumaça e vidros. Não é que houvesse algo errado com o sistema de ventilação, tampouco algum mágico tinha usado uma quantidade excessiva de gelo seco em seu número. O edifício fora construído com janelas de vidro espelhado que, no enorme calor de julho de 2009, aprisionavam um imenso manto de *smog* urbano. Do lado de fora era pior. Toda a cidade de Pequim estava coberta por um *smog* tão denso que era como se tudo e todos ao redor fossem aparições emergindo de trás da máquina de fumaça de um mágico.

Muitos fóruns premiam os mágicos por suas habilidades, mas o Campeonato Mundial de Mágica é o evento internacional de maior destaque. Realizada a cada três anos num país diferente pela Fédération Internationale des Sociétés Magiques (FISM), a competição é informalmente conhecida como Olimpíada da Mágica. O concurso tem uma semana de duração e revela as principais estrelas do ilusionismo. Receber um grande prêmio nele é como ganhar um Oscar – é uma garantia de trabalho permanente por anos a fio. Muitos jovens mágicos de talento, como Lance Burton, passaram da obscuridade para a fama mundial na Olimpíada da Mágica. Estávamos ali para ver com nossos próprios olhos esse acontecimento, e era uma cena e tanto. Dois mil e quinhentos mágicos amadores e profissionais, fornecedores da parafernália do ilusionismo e observadores curiosos de 66 países circulavam pelo saguão principal e pelos corredores, a caminho dos imensos salões decorados em que se realizavam as cerimônias e competições. Os trajes iam desde a roupa comum do dia a dia até mantos de magos, assim como tudo que existe entre uma coisa e outra.

Algumas pessoas assistiam a palestras de mágicos famosos sobre temas como "Do caos à ordem: métodos diferentes de dispor secretamente as cartas em uma ordem especial", "O estilo japonês de estudar a magia", "Como apresentar o mesmo truque de três maneiras diferentes" e "Ousadia e ilusionismo, ou a arte da verdadeira coragem". Outras perambulavam entre estandes que vendiam truques com cordas e baralhos, toda sorte de acessórios falsos, livros sobre truques de mágica, baralhos feitos sob encomenda, engenhocas para uso no palco... tudo o que um mágico poderia cobiçar.

Uma centena de artistas competia pelo grande prêmio em duas categorias principais: mágica de palco e mágica de perto. As apresentações no palco eram julgadas pelos quesitos manipulação, mágica geral, ilusões cênicas, mágica mental e mágica cômica. Os ilusionistas que fazem mágica de perto eram avaliados em mágica com baralho, mágica de salão e micromagia (truques feitos em escala pequeníssima, como os truques com moedas ou palitos).

Dois dias depois de iniciado o evento, ficamos emocionados ao avistar Max Maven, um dos maiores mentalistas vivos do mundo, sentado diante do telão montado no salão principal, fora das salas de competição. Maven é lendário por sua capacidade de ler pensamentos. No palco, assume uma aparência sinistra, *à la* Svengali: espessas sobrancelhas negras, arqueadas com um ar de desdém, um bigode colado à Fu Manchu e um bico de viúva meticulosamente aparado. Tem a testa bastante larga, em forma de coração, orelhas pontudas, voz grave de barítono e cabelos grisalhos, presos com um nó apertado do qual pende uma longa trança em suas costas. Para completar o visual, Maven usa um terno preto com paletó traspassado, camisa preta e pulseiras e anéis de prata.

Nesse dia, porém, ele usava sua roupa corriqueira – camiseta preta, calças pretas e botas. Seu cabelo de samurai estava preso em uma trança frouxa e descia quase até o chão. Era fim de tarde, e os raios de sol brilhavam nos corredores do centro de convenções como pilastras de ouro em uma catedral. Na parede pendia um grande cartaz – SALA 319, RESTAURANTE E SALÃO MÁGICO.

Maven estava descansando e observando uma tela de cinema de seis metros de altura, na qual um jovem mágico da Suécia exibia carta após carta, todas saindo de sua mão vazia e estendida. Nosso filho Iago tinha adormecido em seu carrinho, e assim nos aproximamos de Maven. Tínhamos uma pergunta pronta: será que ele conhecia algum truque multissensorial? Em outras palavras, poderia nos falar de truques que dependem de interações entre os diferentes sentidos, como visão, audição e tato? Maven gostou da pergunta e respondeu contando-nos uma piada clássica, usada por gerações de mágicos para divertir amigos e familiares. Trata-se do truque do pãozinho.

Eis a descrição feita por ele: para começar, o mágico senta-se a uma mesa de jantar coberta por uma toalha. Certifica-se de que o espectador fique de frente para ele, sem poder ver seus movimentos atrás e abaixo da toalha. Diz alguma coisa batida, do tipo "você sabe que é falta de educação brincar com a comida, mas eu me pergunto se esse pãozinho macio pode quicar". Então segura o pãozinho e o joga no chão. O espectador ouve-o quicar com um baque alto e, em seguida, elevar-se no ar, onde o mágico o apanha.

ALERTA DE SPOILER! A SEÇÃO SEGUINTE DESCREVE SEGREDOS DA MÁGICA E SEUS MECANISMOS CEREBRAIS!

O segredo por trás dessa ilusão muito convincente é simples. O mágico senta-se à mesa em frente a você, desviado da posição normal em que se come. A mão dele faz o movimento de atirar o pãozinho no chão. Tão logo a mão e a parte inferior do braço ficam fora do campo visual de quem olha, ele vira a palma da mão para cima. Usando os dedos e o pulso, joga o pãozinho para o alto, tomando o cuidado de não mover as partes superior e inferior do braço. Toda a ação se dá nos dedos e no pulso – e no pé dele. Antes que o pãozinho ressurja no ar, o mágico bate com o pé. Você ouve o baque no mesmo instante em que o pãozinho teria batido no chão.

Mas o que torna o truque do pãozinho realmente interessante é um toque a mais, executado pelo mágico Jay Marshall. Ele introduziu uma demora extra entre o som do pãozinho atingindo o chão e seu quique de volta. É como se o pão caísse *abaixo* do piso, antes de bater nele, e então quicasse para o alto. Essa manobra acentua a ilusão, e ninguém nota a discrepância.

FIM DO ALERTA DE SPOILER

No cinema, técnicos chamados de sonoplastas exageram artificialmente sons do cotidiano para torná-los mais realistas. Por exemplo, podem recriar o som de uma caminhada na lama, apertando ritmicamente um jornal molhado em sincronia com os passos do ator visto na tela. Um estudo recente mostrou que, em mais de 70% dos casos, os ouvintes consideram esses sons modificados mais realistas do que as gravações do evento real. Susana testemunhou isso quando entrou em uma academia para aprender *tae kwon do* (uma arte marcial coreana), aos quinze anos de idade. No primeiro dia, ela se surpreendeu ao constatar que, ao contrário dos socos dos filmes de ação, um soco na vida real não fazia muito barulho.

Outro truque multissensorial popular entre os mágicos da mesa de jantar envolve um saleiro que desaparece. Também sentado à mesa em frente ao espectador, o mágico põe uma moeda sobre ela e diz: "Você quer ver eu fazer esta moeda atravessar a mesa?" É claro que sim. Ele então explica que precisará de alguma ajuda para mover a moeda. Pega o saleiro, enrola-o bem apertado em um guardanapo e bate na moeda. *Toc toc*. Aproxima do corpo o saleiro envolto no guardanapo. Nada acontece. A moeda continua ali. Ele repete o *toc toc* e o movimento do saleiro. A moeda não se mexe. Ele repete a ação pela terceira vez, dizendo "Puxa vida, isso é difícil", e deixa o saleiro em cima da moeda. Em seguida, levanta a mão e, *pou*, achata o saleiro, direto através da mesa. Pelo menos, isso é o que parece. O saleiro sumiu. O guardanapo fica arriado e a moeda ainda permanece na mesa.

ALERTA DE SPOILER! A SEÇÃO SEGUINTE DESCREVE SEGREDOS DA MÁGICA E SEUS MECANISMOS CEREBRAIS!

Esse truque também é simples. Na segunda vez que o mágico puxa o saleiro para perto do corpo, ele o leva até a beirada da mesa e, com muita destreza, deixa-o cair em seu colo. Como o guardanapo conserva a forma do saleiro, o observador presume que ele continua na mão do mágico, dentro do envoltório de guardanapo. Enquanto isso, o mágico usa a mão livre para deslocar o verdadeiro saleiro por baixo da mesa, até a posição diretamente abaixo da moeda. Faz um terceiro movimento de *toc toc* com o guardanapo, mas, dessa vez, na verdade o som vem de baixo. Quando o mágico achata o guardanapo vazio em forma de saleiro, os sentidos da visão e da audição do espectador criam juntos a percepção de que o saleiro atravessou a mesa. Trata-se de uma combinação profundamente convincente.

FIM DO ALERTA DE SPOILER

Esses dois truques revelam uma propriedade fundamental do cérebro: a propensão do indivíduo, ao interagir com o mundo, para integrar informações provenientes de múltiplos sentidos. Quando vemos uma luz intensa e ao mesmo tempo ouvimos um som alto, o cérebro depreende que eles estão relacionados. Lembre-se de que as ilusões ocorrem quando a realidade física não corresponde à percepção. Se você vê os pratos de um címbalo baterem um no outro e ouve o barulho resultante, isso não é uma ilusão. Porém, se você está em Boston para a comemoração do 4 de Julho, vê os címbalos da orquestra Boston Pops baterem e ouve apenas os disparos dos canhões durante o crescendo de Sousa,* isso é uma ilusão.

O fato de que nosso cérebro combina visões e sons em percepções singulares parece flagrantemente óbvio, mas, para os neurocientistas, o

* John Philip Sousa é o autor da marcha patriótica "The Stars and Stripes Forever", considerada sua obra-prima. (N.T.)

fenômeno é muito complicado. Desde Aristóteles, os pesquisadores tendem a estudar os sentidos de maneira isolada – visão, audição, tato, olfato, paladar, equilíbrio, movimento voluntário e sensações do corpo. Os mágicos, contudo, aprendem a manipular a percepção, por compreenderem quando e onde os sentidos não se misturam com precisão.

Os sentidos são de fato separados? Ao nos depararmos com o mundo, não temos dele uma experiência desarticulada. Quando percebemos um cachorro latindo, não temos a impressão de vê-lo com um canal do cérebro e ouvi-lo com outro. Em geral, quando as combinações de sons, cheiros, sabores, luzes e sensações táteis ocorrem simultaneamente, percebemos um mundo multissensorial coerente.

Os sentidos não apenas interagem, como intensificam uns aos outros. Por exemplo, o som de um alimento pode determinar seu sabor. A batata frita é mais saborosa quando faz barulho no momento em que a mordemos. O sorvete de bacon com ovos (desculpe, os experimentadores são britânicos) tem mais gosto de bacon quando ouvimos o som deste chiando em uma frigideira, ou mais gosto de ovo quando ouvimos galinhas cacarejando em um terreiro. As ostras têm mais sabor quando ouvimos gaivotas e ondas do mar quebrando.

O mesmo se aplica à pele e ao som. Ao dizer uma palavra iniciada pelas letras *p*, *t* ou *k*, você produz um sopro de ar que é sentido pelos mecanorreceptores da pele humana. O sopro de ar ajuda você e os outros a perceber os sons corretamente. Esse incrível fato foi revelado em uma série recente de experimentos. Se você fosse um participante, sentaria em uma cadeira enquanto os pesquisadores lançariam pequenos sopros de ar em seu tornozelo e tocariam os sons *pa* e *ta*. Você ouviria *pa* e *ta*. No entanto, quando eles tocassem o *pa* e o *ta* sem o sopro de ar, você mais provavelmente ouviria *ba* e *da*.*

* Na verdade, ouvimos mal as pessoas. Deduzimos o sentido pelo contexto. Podemos ouvir "charco" [*bog*] em vez de "cachorro" [*dog*], mas a frase "o menino fez carinho no charco" não faz sentido – por isso você pensa em cachorro. Além disso, embora possamos ouvir sons na ausência de fluxos de ar, os sopros de ar talvez facilitem a distinção entre duas palavras como "alto" [*tall*] e "boneca" [*doll*], quando há muito ruído no ambiente.

Os olhos podem enganar os ouvidos. Consideremos o efeito McGurk.* Nessa ilusão audiovisual, vemos um videoclipe de um homem que diz "da da da". No entanto, se fecharmos os olhos, nós o ouviremos dizer "ba ba ba". Depois, se tirarmos o som e apenas observarmos os lábios, veremos com clareza que ele diz "ga ga ga". O efeito é incrível. Ele ocorre porque o cérebro dá o melhor de si para, sempre que possível, conciliar informações descasadas. Às vezes, o melhor dele não é bom o bastante para ser exato. Mas, afinal, é muito improvável que algum dia você veja "ga ga ga" e ouça simultaneamente "ba ba ba" na natureza. A razão pela qual esses efeitos funcionam é que o cérebro usa atalhos para fazer com que as interpretações prováveis das percepções ocorram mais depressa. Assim, embora a percepção resultante possa não ser exata (trata-se de uma ilusão, pois a percepção não corresponde à realidade física), a ilusão é *exata o bastante* e tem ajudado os seres humanos a sobreviver, economizando tempo e esforço de processamento cerebrais, como quando, por exemplo, nossos ancestrais procuravam ouvir leopardos à espreita nas moitas vizinhas.

Os ouvidos também podem enganar os olhos. Se você olhar para um único clarão de luz enquanto escuta diversos bipes, é possível que veja múltiplos clarões. Do mesmo modo, aquilo que ouvimos influencia o que sentimos. Na ilusão da pele de pergaminho, a pessoa esfrega as palmas das mãos uma na outra enquanto ouve sons diferentes. As frequências mais altas trazem a sensação de que as mãos são ásperas. As mais baixas dão a impressão de que são macias, embora nada nelas tenha se alterado.

A maneira de sentir o mundo pode efetivamente modificar a maneira de vê-lo, e vice-versa. Lembra-se da ilusão da cachoeira, do Capítulo 1? Se você passar algum tempo fitando o movimento descendente de uma cachoeira, os objetos imóveis adjacentes, como pedras, parecerão estar correndo para cima. Entretanto, se você sentir uma guinada ascendente ou descendente na ponta dos dedos enquanto observa a cachoeira, a direção percebida do fluxo da água se modificará. O tato altera a visão.

---

* Ver http://sleightsofmind.com/media/McGurk. Esse fenômeno é às vezes chamado de efeito McGurk-MacDonald. Foi descrito pela primeira vez em 1976 por Harry McGurk e John MacDonald, no artigo "Hearing Lips and Seeing Voices", *Nature* 264, p.746-8.

E há também a ilusão da mão de borracha, que você pode experimentar em casa. Primeiro, compre uma daquelas mãos de borracha horripilantes em uma loja de fantasias. Vamos supor que se trate de uma mão direita. Sente-se diante de uma mesa e coloque-a sobre ela, num ponto em que possa vê-la, ao mesmo tempo pondo a sua própria mão direita no colo, fora do campo visual. Peça a um amigo que pegue dois pincéis macios e os passe simultaneamente, e no mesmo ritmo, na sua mão de verdade e na mão de borracha. Se você for como a maioria das pessoas, logo terá a sensação de que a mão postiça é sua. Se o seu amigo acertar a mão de borracha com um martelo, é possível que você grite *Ai*.* Com o equipamento apropriado, inclusive fones de ouvido de realidade virtual, você poderá até induzir toda uma experiência extracorpórea com base nessa ilusão.**

Por causa da maneira como o cérebro é estruturado, um número surpreendente de pessoas experimenta percepções multissensoriais inusitadas. Uma sensação, como a música, desencadeia outro tipo de sensação, como o paladar. Os sentidos têm uma ativação cruzada. Por exemplo, algumas pessoas percebem as letras ou números como dotados de cor. Para uma, o *A* é sempre vermelho, o *B* é sempre turquesa. Para outra, o 7 é sempre amarelo, o 4 é sempre laranja. Os dias da semana podem possuir personalidade: a terça-feira é triste, a quarta é alegre. Essas associações são idiossincráticas e automáticas, e duram a vida inteira. Esse fenômeno é chamado de *sinestesia*.

Os neurocientistas identificaram pelo menos 54 variedades de sinestesia, inclusive algumas que são bastante comuns. As pessoas com sinestesia auditiva ouvem sons de batidas leves, bipes ou zumbidos ao ver coisas se moverem ou faiscarem. Esse traço foi descoberto por acaso, quando um estudante que participava de um estudo sobre o movimento visual relatou ter ouvido sons ao observar uma cena semelhante à abertura de *Guerra nas estrelas*, em que as estrelas vêm voando em direção aos espectadores, só que, nesse caso, não havia trilha sonora. Os pesquisadores não tardaram a identificar muitos outros alunos com as mesmas percepções

* Ver http://sleightsofmind.com/media/rubberhand.
** Ver http://sleightsofmind.com/media/out-of-body.

trans-sensoriais. Parece que algumas pessoas têm uma trilha sonora acentuada na vida, o que faz sentido, ao considerarmos que, no mundo natural, muitas coisas móveis (digamos, as abelhas) fazem sons ao se deslocarem (zumbem).

Na sinestesia temporoespacial, pode-se desencadear uma experiência visual ao pensar no tempo. Como os tralfamadorianos de Kurt Vonnegut em *Matadouro 5*, existem pessoas que têm a capacidade de, literalmente, ver o tempo. Por exemplo, algumas dizem ver a duração de um ano como uma pista circular em cujo centro elas se encontram. Essas pessoas conseguem ver dias e meses se desenrolando ao mesmo tempo.

Na sinestesia tátil especular, que é rara, as pessoas experimentam sensações de toque no próprio corpo ao verem outras pessoas serem tocadas. Sentem um tapinha no ombro ao verem um amigo levar um tapinha no ombro. O mesmo se aplica a um beijo.

A sinestesia é um traço familiar, o que sugere uma origem genética do fenômeno. É comum os integrantes de uma mesma família experimentarem tipos diferentes de sinestesia, assim como é comum essa característica saltar gerações. As pesquisas mostram que a sinestesia é causada por um aumento da comunicação cruzada entre várias regiões do cérebro e pela ligação delas por vias conectivas extras.

Quanto ao restante de nós, a sinestesia proporciona esclarecimentos sobre nossas percepções cotidianas. Todos temos, até certo ponto, nossas ligações sensoriais cruzadas, nem que seja para processar as informações multissensoriais que nos chegam. Olhe para as duas formas da página seguinte. Qual delas você chamaria de *bouba* e qual chamaria de *kiki*? Se você se parecer com a vasta maioria das pessoas testadas em uma grande variedade de grupos linguísticos, identificará a forma arredondada como *bouba*, talvez pelo fato de a boca desenhar uma forma mais arredondada para produzir esse som. Quando se articula *kiki*, a boca fica mais angulosa, em razão do som mais áspero do *k*. Esses mapeamentos que parecem sinestésicos talvez sejam a base neurológica de como os sons são mapeados nos objetos e nas ações do mundo.

Os mágicos sabem, intuitivamente, que nossos sentidos interagem. Sabem que podem nos enganar com o som do pãozinho batendo no chão

O efeito *bouba kiki* foi descrito pela primeira vez em 1929 por Wolfgang Köhler. A ampla maioria das pessoas identifica *kiki* com a figura angulosa e *bouba* com a arredondada.

e a visão dele quicando para o alto. Quando o mágico finge jogá-lo no chão, ouvimos um baque e percebemos o ato como algo que aconteceu. O cérebro integra a visão e o som do pãozinho em uma única percepção: ele bateu e quicou. Essa é uma ilusão multissensorial. Ao acrescentar um retardo, os mágicos descobriram como transformar o pãozinho no que os cientistas chamam de *superestímulo*. São sonoplastas trabalhando ao vivo. De maneira similar, quando vemos o guardanapo em forma de saleiro bater na mesa e ouvimos o som da batida, nosso cérebro integra a visão e o som, levando a uma ilusão audiovisual.

O superestímulo é um objeto ou evento supersaliente que evoca uma resposta neural e comportamental mais forte do que o estímulo normal para o qual essa resposta evoluiu, inicialmente. É o caso das batatas fritas tamanho gigante quando você está com fome ou de uma caneca gelada de cerveja quando está com sede. São os seios extremamente curvilíneos e anormalmente grandes da Vênus pré-histórica de Willendorf. São o rímel e o brilho labial em um rosto sensual feminino (lembre-se, como vimos no Capítulo 3, que acentuar o contraste dos olhos e dos lábios produz a ilusão de fazer um rosto parecer mais feminino). Os superestímulos atraem o foco da atenção. Jay Marshall percebeu que o momento da batida do pãozinho no piso era a chave da ilusão. Ao aumentar a demora, o bastante para despertar interesse, mas não o suficiente para gerar uma incongruência, ele fez o quique do pãozinho parecer mais mágico.

A Vênus de Willendorf é um superestímulo feminino de mais de vinte mil anos atrás.

A integração multissensorial é uma propriedade contínua e dinâmica do cérebro que ocorre fora da apercepção consciente. Então, em que lugar do cérebro se une essa cacofonia de informações sensoriais? Nossos sentidos são separados, uma vez que os olhos, os ouvidos, o nariz, a pele e a língua se situam em partes diferentes do corpo. Mas nossa experiência é coerente, integrada e, em geral, inequívoca.

Parte da resposta está no fato de possuirmos neurônios multissensoriais. Assim como temos neurônios especializados na visão, na audição ou no tato, temos neurônios que disparam em resposta à ocorrência simultânea de visão e som, tato e som, tato e visão etc., em todos os aspectos do processamento sensorial (inclusive equilíbrio e dor e a localização do corpo no espaço).

Os neurônios multissensoriais se espalham por todo o córtex, até mesmo em áreas tidas como especializadas em um único sentido. Por exemplo, diversas regiões do cérebro que eram tradicionalmente tidas como áreas da visão têm neurônios multissensoriais, que disparam em resposta aos sons e/ou ao tato. E uma região central do cérebro, chamada de *colículo superior*, é densamente povoada de neurônios multissensoriais que mapeiam as reações do cérebro a todos esses sentidos. Os neurônios do colículo superior extraem deixas de múltiplas fontes, inclusive de neurônios multissensoriais do córtex superior, e nos ajudam a orientar a cabeça e o corpo para aquilo que é importante no mundo em determinado momento.

Você já endoidou um gato com uma ponteira laser? O gato persegue o pontinho vermelho subindo as paredes, embaixo do tapete, atrás do sofá ou em qualquer lugar para o qual você o aponte. É uma grande diversão para felinos e humanos. Recentemente, alguns pesquisadores tomaram emprestada essa brincadeira para conduzir um experimento multissensorial. Os gatos foram treinados a olhar diretamente para a frente e a se aproximar de uma luz de baixíssima intensidade, o que era uma tarefa muito difícil. Mas, quando os cientistas acrescentaram uma breve emissão de som de baixa intensidade, proveniente da mesma localização da luz, os gatos exibiram um desempenho brilhante. Quando os pesquisadores acrescentaram um ruído baixo vindo de outro local, o desempenho dos gatos foi um fiasco total.

Agora, imagine um gato perseguindo ratos no escuro. Os roedores fazem ruídos suaves enquanto os bigodes sensoriais do gato vasculham o ambiente. Para o gato, os bigodes são melhores do que os olhos. Ao combinar o som com o movimento dos bigodes, o gato triunfa. Lição para os ratos: fiquem em silêncio.

Contudo, uma questão mais profunda persiste. Embora os neurônios multissensoriais possam combinar estímulos provenientes dos diferentes sentidos, eles continuam localizados em todo o cérebro. Não é plausível que todos os neurônios multissensoriais estejam diretamente ligados uns com os outros. Então, como eles disparam em conjunto? Os objetos têm características distintas, como cor, forma, som ou cheiro. De que modo o cérebro descobre quais desses traços pertencem a um mesmo objeto? Como se ligam no cérebro as experiências conscientes unificadas? De que maneira o cérebro liga a visão e o som do pãozinho de Marshall?

Chamada de *problema da ligação*, essa questão tem muitas soluções propostas, mas até hoje não tem uma resposta definitiva. As pessoas poderiam ter um único neurônio para cada combinação possível de traços, mas isso é improvável, em razão do número de combinações. Uma das soluções, chamada de *teoria da integração de traços*, postula que a ligação se dá por um ato de atenção seletiva. Ela ocorre dentro do foco de atenção, quando os circuitos cerebrais combinam tipos diferentes de traços de um objeto, como cor e brilho ou cor e som. A integração de dois ou mais traços acelera o processo de detecção e nos ajuda a ajustar a atenção com rapidez, para concentrá-la na tarefa em andamento. Enquanto os neurocientistas ainda não se definiram por uma solução para o problema da ligação, os mágicos exploram alegremente o fato de que as informações que prendem a atenção, a partir de um sistema sensorial, levam à acentuação da atenção em outro. Assim, a arenga acelerada do mágico serve para aumentar a atenção com que fitamos as ações para as quais ele quer que olhemos. A batida no saleiro sob o tampo da mesa, logo antes de ele parecer afundar, obriga o cérebro a prestar atenção e a visualizar o falso acontecimento.

Da próxima vez que entrar na internet, vá ao YouTube e digite "Terry Fator". Você não se decepcionará. Fator foi o primeiro colocado na competição do programa *America's Got Talent* de 2007, com seu número de ventriloquia. Seus bonecos imitam cantores famosos – Roy Orbison, Elvis Presley, Marvin Gaye e muitos outros –, enquanto os lábios de Fator não parecem se mover em momento algum. Os jurados foram ao delírio. A plateia gritou, encantada. O Mirage Hotel, em Las Vegas, viu naquilo uma boa oportunidade. Agora, Fator tem um contrato de cinco anos, por muitos milhões de dólares, além de um teatro próprio para onde trazer a ventriloquia, uma arte ultrapassada, para o século XXI.

A ventriloquia é a proeza de deslocar o som para um alvo visual. É uma ilusão multissensorial clássica, com profundas raízes históricas. Em muitas sociedades pré-agrícolas, os xamãs usavam a ventriloquia para falar com o mundo espiritual. Os inuítes desciam a profundezas repletas de vozes rosnadoras e pareciam usar um arpão na batalha. "Emergiam" cobertos de sangue (graças a uma bexiga de sangue escondida embaixo da parca) para revelar a verdade e a sabedoria. Na Grécia, no templo de Apolo em Delfos, os "oradores do ventre" – "ventriloquia" significa "falar pelo estômago" – davam voz a revelações divinas e a profecias que emanavam dos mortos. Se pensarmos no mundo anterior à invenção das gravações sonoras, poderemos avaliar o assombro provocado pelos ventríloquos. Hoje em dia, estamos acostumados com sons que nos chegam de todas as direções, em elevadores, shoppings, restaurantes e assim por diante. Todavia, antes das vitrolas e, muito mais tarde, dos iPods, uma voz vinda do teto ou do piso (um dos truques favoritos dos ventríloquos) podia ser apavorante. Era magia negra.

Durante o Iluminismo, a ventriloquia perdeu sua reputação de magia negra quando os mágicos se ofereceram para demonstrar a arte de "atirar a voz" e basicamente a desmistificaram. Descreveram-na como era: uma ilusão multissensorial que exigia muita prática para se tornar convincente.

Experimente dizer "amor verdadeiro" sem mover os lábios. Ou "mamãe e papai". Ao olhar para a boca de Fator, notamos que seus lábios mal se movem. A garganta se mexe, mas ele a esconde embaixo de um cavanhaque e um microfone. Como todos os ventríloquos, Fator utiliza um conjunto de aproximações acústicas e truques de articulação. Os sons produzidos com os lábios – *p*, *b* e *m* – são acusticamente similares aos produzidos pela língua no palato mole – *k*, *g* e *ng* [*nh*]. O ventríloquo pode substituir os primeiros por esses últimos. Ao forçar o ar pela boca ligeiramente entreaberta, Fator pode produzir os sons de *f* e *v* sem usar os lábios. Todos os demais sons da língua inglesa podem ser produzidos com duplicações no interior da boca.

No início do século XX, ventríloquos como Edgar Bergen (e o boneco que era seu parceiro, Charlie McCarthy) gozaram de imensa popularidade. Bergen dançava com os bonecos, fazia piadas tolas e dava vida a personagens convincentes, como Mortimer Snerd. Mas, quando surgiu uma outra fonte de ilusões multissensoriais – o cinema falado –, números de ventriloquia como os de Bergen se viram fadados ao fracasso, substituídos pela tela. Em matéria de puro entretenimento, não havia como competir.

Da próxima vez que você for a um cinema, considere o fato de que os filmes são uma forma de ventriloquia, uma vez que a fala não sai da boca dos atores. O som é canalizado por alto-falantes muito distantes dos atos deles. O cérebro cria a ilusão de que os atores falam entre si, graças ao cérebro multissensorial. Além disso, as imagens parecem ser estáveis, quando na verdade piscam. A aparência estável de uma fonte luminosa faiscante – como uma lâmpada fluorescente, uma tela de monitor ou outros aparelhos, uma projeção de cinema ou um televisor – é conhecida como *fusão da cintilação*. Ela ocorre quando a velocidade de cintilação ultrapassa um limiar crítico, que no cinema é de 24 fotogramas por segundo.

Acredita-se que a fusão da cintilação ocorra graças a um processo chamado de *persistência da visão*. Esse conceito foi originalmente apresentado à Royal Society de Londres, em 1824, por Peter Mark Roget (criador do famoso tesauro), que o descreveu como a capacidade retiniana de reter a imagem de um objeto por um período que varia de 1/20 a 1/5 de segundo depois de ele ser retirado do campo visual. Johnny Thompson explorou esse fato em seu truque do vestido vermelho.

Max Wertheimer, fundador da famosa escola de psicologia da Gestalt mencionada no Capítulo 2, e Hugo Munsterberg descobriram um segundo princípio – o *fenômeno fi*, ou efeito estroboscópico, que tem estreita relação com a fusão da cintilação. É possível eliminar perceptualmente o hiato temporal entre duas exposições consecutivas, de tal modo que se perceba uma série de imagens estáticas em movimento contínuo. Somando-se a essa ilusão visual uma fonte sonora próxima, o cérebro faz o resto: você é transportado de maneira ininterrupta para maravilhosos mundos ficcionais (a menos, é claro, que esteja assistindo a um filme estrangeiro mal dublado!). A interligação entre nossos sentidos também desempenha um papel importante nos truques de prestidigitação que envolvem a memória, que será o tema do próximo capítulo. Considere a história a seguir.

Quando era repórter na União Soviética, na década de 1920, Solomon Sherashevsky era capaz de recordar nomes, datas, instruções, fontes e outros dados essenciais para um jornalista sem jamais anotar nada. Nas reuniões de equipe, seu editor achava que ele estava sendo preguiçoso, já que não anotava seus compromissos, e um dia pediu ao repórter que repetisse cada palavra do que acabara de ser dito na reunião daquela manhã. Sherashevsky assim fez, de maneira impecável – meio admirado, segundo consta, com o fato de seu talento ser considerado incomum. Perplexo, o editor mandou o repórter para o laboratório do psicólogo russo Aleksandr Romanovich

Luria "para que se façam uns estudos sobre a sua memória". Nos anos seguintes, Luria estudou "o homem de vasta memória", assinalando que o talento dele provinha de uma forma de sinestesia. Sherashevsky via imagens vívidas – como respingos de cor ou sopros de fumaça – a cada palavra, número ou sílaba que chegavam até ele. Quando queria se lembrar de números, sílabas, palavras ou eventos, evocava as combinações de imagens que via mentalmente. Com isso, conseguia se lembrar de quase tudo com que se deparava. Os mágicos, como vimos, mesmo que não apresentem sinestesia, sabem utilizar a mistura dos sentidos.

•7•

O truque indiano da corda: ilusões mnêmicas

A década de 1890 é lembrada como uma época de invenções exuberantes, em que os engenheiros das máquinas a vapor desenvolveram os primeiros precursores do avião, do automóvel e do cinema. Wilhelm Roentgen identificou os raios X, Marie e Pierre Curie descobriram a radioatividade e William James descreveu os princípios da psicologia. Os leitores se extasiaram com Sherlock Holmes, Drácula e *O livro da selva*, de Rudyard Kipling. Entretanto, para milhões de pessoas imersas no espiritualismo da época – repleto de sessões mediúnicas, luzes psíquicas, vozes dos mortos e obscuros segredos do Oriente –, a melhor novidade talvez tenha sido um fenômeno mágico de tirar o fôlego, chamado truque indiano da corda.

Em 8 de agosto de 1890, o *Chicago Tribune* publicou o primeiro relato oficialmente registrado do truque. Dois pós-graduados de Yale, um pintor e um fotógrafo, viajavam pela Índia quando viram um faquir de rua puxar de baixo dos joelhos um rolo de corda cinzenta, segurar a ponta solta com os dentes e jogar o rolo para o alto. A corda se desenrolou até a outra ponta desaparecer do campo visual. Em seguida, um garotinho "de mais ou menos seis anos" subiu pela corda. Quando estava a uns dez, doze metros de altura, sumiu. *Puf!* Isso aconteceu ao ar livre, em plena luz do dia; seria impossível ocultar da visão qualquer arame escondido ou outras engenhocas de apoio. O pintor fez um esboço do evento. O fotógrafo registrou com sua câmera. No entanto, quando as fotos foram reveladas, não mostraram nem corda nem menino. Havia apenas o faquir, sentado no chão. O autor anônimo da reportagem proferiu uma explicação: o faquir havia hipnotizado todos os espectadores, mas não tinha conseguido hipnotizar a máquina fotográfica.

De acordo com Teller, que escreveu sobre esse truque anos atrás, a genialidade da reportagem foi que ela permitiu a muitos leitores se regalarem com os mistérios orientais ao mesmo tempo que mantinham a pose de modernidade. O hipnotismo era para os vitorianos o que é a energia para a Nova Era: uma explicação genérica para toda sorte de crenças excêntricas. Ao descrever um milagre eletrizante que desafiava a gravidade e, em seguida, desacreditá-lo como resultado do hipnotismo – algo igualmente enigmático mas com um toque científico ocidental –, o *Tribune* permitiu que os leitores tivessem seu mistério e o desmascarassem, tudo no mesmo instante.

Quatro meses após a publicação do artigo, o editor de um semanário britânico escreveu ao *Tribune*, pedindo para falar com um dos pós-graduados de Yale. Recebeu um bilhete em tom escusatório do autor da matéria: "Sou levado a crer que essa historinha despertou mais atenção do que eu sonhara ser possível, e que muitos a aceitaram como perfeitamente verídica. Lamento que alguém tenha sido iludido."

Em outras palavras, era um embuste. O truque é impossível. Não existe nem nunca existiu. Os historiadores do ilusionismo consideram apropriado que o autor da reportagem tenha sido John Elbert Wilke, um mentiroso de talento que, tempos depois, se tornou o primeiro diretor do Serviço Secreto dos Estados Unidos, famoso por sua velhacaria e seus estratagemas maquiavélicos. Ele escrevera a matéria apenas para aumentar a circulação do jornal. Depois, Wilke publicou uma retratação, assinalando que a história fora "escrita com o objetivo de expor uma teoria de forma divertida". Quem assinou a retratação foi um certo Fred S. Ellmore (um trocadilho com a expressão *"sell more"* ["vende mais"]).

No entanto, a retratação de Wilke chegou tarde demais. A história já se transformara em um vírus. Muito antes de a internet tornar a disseminação de informações instantânea, a notícia do truque indiano da corda disparou mundo afora – só que o fez em meses, em vez de minutos. A história foi retomada por jornais de todo o território norte-americano e da Europa, traduzida para quase todas as línguas europeias, e chegou também à Índia, onde foi recebida com surpresa. Que truque da corda?

Durante os cinquenta anos seguintes, muitas centenas, se não milhares de pessoas, deram testemunhos oculares do truque indiano da corda. Em 1904, um jovem aristocrata britânico, tido como digno de crédito, em virtude de sua formação de alto nível, disse à Sociedade de Pesquisas Psíquicas ter visto o truque alguns anos antes. Após um questionamento prolongado, a Sociedade descartou seu depoimento como algo que ilustrava, "mais uma vez, a falta de fidedignidade da memória". Mas os relatos continuaram a pipocar, e com retoques adicionais: depois que o menino desapareceu no ar, o faquir o chamou, para que ele voltasse. Não ouvindo resposta, ele pegou uma faca, subiu a corda e também desapareceu. Ouviram-se gritos. Em seguida, pedaços do menino – pernas, braços, tronco, cabeça – caíram no chão. O faquir desceu e pôs os pedaços do menino em um cesto; depois de ele proferir um encantamento, o garoto pulou do cesto, íntegro e risonho. O faquir ficou coberto de sangue.

À medida que crescia a lenda do truque da corda, o mesmo se deu com sua genealogia. Historiadores levantaram sua origem no mundo antigo, com antecedentes na Austrália, na Sibéria, na Alemanha e na China. Estudiosos indianos se referiram a metáforas sobre a escalada de cordas que datavam do século VIII. Afirmou-se que Marco Polo teria se deparado com esse truque.

Diferentes mágicos se propuseram a desmascarar a ilusão, que sabiam ser impossível, e ofereceram recompensas a qualquer um que fosse de fato capaz de executá-la. No entanto, toda vez que conseguiam desacreditar um testemunho visual – por exemplo, provando que a "corda" em questão era na verdade um poste –, vinha mais uma enxurrada de relatos em primeira pessoa. Tal como o monstro do lago Ness, o Pé Grande ou os óvnis, o truque indiano da corda conservou sua credibilidade, apesar de toda a maluquice que envolvia.

Se você nunca ouviu falar nessa lenda, é porque a popularidade dela atingiu o auge nos anos imediatamente anteriores à Segunda Guerra Mundial. Vez por outra, mágicos modernos tentam montar uma versão do truque, mas sempre fracassam. Ele só foi revelado como um embuste, de maneira firme e decisiva, em 2005, quando Peter Lamont, um pesquisador da Universidade de Edimburgo, publicou a história completa em seu livro *The Rise and Fall of the Indian Rope Trick* ["Ascensão e queda do truque indiano da corda"]. Lamont explicou que o truque é um exemplo clássico de como as ilusões mnêmicas se enraízam na mente humana.

Estariam as testemunhas oculares mentindo? Uma fraqueza humana duradoura, diz Lamont, é que as pessoas se dispõem a crer na veracidade de imposturas e boatos, a despeito de todas as provas em contrário, inclusive da negação por parte de quem os originou, se as afirmações de veracidade forem repetidas com frequência suficiente. Nesse aspecto, o truque indiano da corda contracena com algumas "controvérsias" políticas modernas, como a afirmação de que o Iraque possuía armas de destruição em massa, de que Barack Obama não nasceu nos Estados Unidos ou de que os astronautas nunca puseram os pés na Lua. Outra fraqueza humana persistente é o efeito do exagero. Segundo Lamont, quanto maior é o intervalo entre o momento em que o truque é visto e o momento em que é relatado, mais impressionante é seu relato. Em outras palavras, com o tempo, as pessoas tendem a fazer fabulações. As mágicas indianas de rua incluem números em que há crianças trepando em postes, escondendo-se em cestos e parecendo mutiladas – fontes potenciais de confusão na formação das lembranças. O verdadeiro segredo, concluiu Lamont, está na maneira como a maleável memória humana combina eventos vistos com lendas apenas ouvidas. Reconfiguramos nossas recordações cada vez que elas são relatadas, o que significa que, junto com a nossa disposição de nos deixarmos levar pelo caminho errado, nossa memória é um alvo fácil a ser explorado pelos mágicos em um sem-número de truques.

Johnny Thompson – o Grande Tomsoni do truque do vestido vermelho – demonstrou com prazer como manipula a memória. Tinha a plateia perfeita: os cerca de cem cientistas reunidos no simpósio A Mágica da Consciência. Eram observadores treinados. Será que ele conseguiria enganá-los?

Johnny perguntou aos cientistas se eles acreditavam em leitura de pensamento ou em aptidões mediúnicas ou paranormais. Chamou um voluntário, cujo nome era Dan, e tornou a perguntar:

– Você acredita em leitura de pensamentos?

– Não.

– Nem eu. Sou um embusteiro, um impostor, um mentiroso e um trapaceiro.

Mas, afinal, "ninguém é perfeito", concluiu Johnny. Só que ele *é* perfeito – na simulação. O truque, disse-nos, baseava-se na psicologia, nos padrões de comportamento e em "fechar todas as portas" para qualquer explicação racional daquilo que estávamos prestes a ver.

Johnny pegou sua carteira e tirou dela uma nota de cem dólares. Também pegou um pequeno envelope e pediu que Dan o examinasse, mas sem abri-lo. O envelope, segundo disse, continha uma predição. O dinheiro e o envelope voltaram para a carteira, que então foi colocada no bolso do paletó de Dan.*

Em seguida, Johnny sacou um "baralho perfeitamente comum", embaralhou as cartas e pediu a Dan que o cortasse. Do ângulo em que estávamos, sentados atrás do mágico, não parecia haver nenhuma trapaça acontecendo. Pelo que sabíamos, ele não tinha posto nada nos bolsos nem tirado coisa alguma deles. Johnny explicou então o desafio: havia 52 cartas no baralho e apenas uma correspondia à carta fechada no envelope. Tudo que Dan precisava fazer para ganhar era escolher uma das 52 cartas que *não* correspondessem a ela. Se escolhesse a carta correspondente, ele perderia.

Cortadas as cartas, Johnny pediu a Dan que as virasse devagar, uma de cada vez, e parar quando "sentisse" que a carta escolhida por ele não correspondia à do envelope no bolso do seu paletó. Dan parou no nove de paus. Johnny brincou com ele: tinha certeza de sua escolha? Não queria mais uma carta? Dan disse que não, que estava satisfeito com o nove de paus. E eis que, quando eles abriram o envelope, lá dentro estava um nove de paus. Também gravados em uma placa na carteira, em letras douradas, estavam os dizeres: VOCÊ VAI ESCOLHER O NOVE DE PAUS. Johnny confiscou a carteira e o dinheiro.

Quando cessaram os aplausos, Johnny ajudou a "fechar todas as portas" desse truque, revendo as aparentes escolhas feitas por Dan e o acesso que o mágico tivera a informações sobre as decisões dele.

---

* Ver http://sleightsofmind.com/media/magicsymposium/JohnnyThompson.

– Bem, se você entrasse aqui neste momento, poderia achar que este foi o truque de cartas ou de prestidigitação mais inteligente que já viu – disse Johnny. – Mas não foi um truque de baralho. As cartas foram embaralhadas?

– Foram – respondeu Dan.

– Você as cortou?

– Sim.

– Você as virou para cima e viu que todas as cartas eram diferentes?

– Sim.

– Parou na carta em que quis parar?

– Por puro impulso – disse Dan.

– E eu vi que você parou na única carta perdedora – confirmou Johnny. – Não lhe ofereci cem dólares? Pedi, implorei, cheguei até a lhe *dizer* para avançar mais uma carta. Se você tivesse mudado de ideia, a carteira ainda estaria nas suas mãos, certo?

– Sim – riu Dan.

ALERTA DE SPOILER! A SEÇÃO SEGUINTE DESCREVE SEGREDOS DA MÁGICA E SEUS MECANISMOS CEREBRAIS!

Como você talvez tenha desconfiado, a narrativa do processo feita por Johnny foi, na verdade, uma forma hábil de reescrever a história, uma forma destinada a encobrir ardilosamente seus atos suspeitos. Não sabemos com exatidão como Johnny fez esse truque, pois ele optou por guardar segredo do método. Mas podemos fazer uma extrapolação dos nossos conhecimentos do ilusionismo para explicar como ele pode tê-lo executado.

Primeiro, foi Johnny que "embaralhou" as cartas, não Dan. Um truque de prestidigitação comum é dar a impressão de que o baralho foi embaralhado. As cartas de fato foram misturadas? É provável que não.

Segundo, Dan pode ter cortado o baralho, mas Johnny certificou-se de que ele o cortasse mais ou menos a partir do meio. É claro que omitiu esse detalhe ao descrever o processo.

Terceiro, depois de cortado o baralho, Johnny deu uma olhadela furtiva na carta do fundo do baralho. Isso lhe disse a ordem exata de todas as cartas. Como? É que ele havia preparado o baralho. *Baralho preparado* é aquele em que o mágico põe cuidadosamente cada carta em uma ordem predeterminada e decora essa ordem. Quando o baralho é cortado, modifica-se apenas a posição de duas cartas; o restante da ordem é preservado.

Quarto, Dan contou as cartas de uma em uma, começando pelo topo do baralho, e parou na carta que quis, certo? Não foi bem assim. Dan estava diante de uma multidão de centenas de seus pares. A possibilidade de que contasse 51 cartas, da maneira mais entediante que se poderia imaginar, era bastante improvável. Em vez disso, contou sete cartas antes de escolher uma – que, por acaso, foi o nove de paus. Você pode ter certeza de que Johnny sabia que Dan não escolheria a primeira carta nem contaria muitas outras até escolher. Contar mais do que cerca de dez seria enervante. Lembre-se: Johnny sabia a ordem exata das cartas, inclusive das dez do alto. Isso quer dizer que praticamente sabia qual carta seria escolhida, com uma diferença de mais ou menos cinco. Observe também que, mesmo que Dan tivesse exibido uma atitude radical e contado dezenas de cartas, Johnny poderia simplesmente tornar a cortar o baralho, ou usar um dos muitos outros métodos possíveis, para obrigar Dan a fazer a escolha necessária de outra maneira. Como a plateia não conhecia o truque, ela não teria como saber se os métodos adicionais eram estranhos ou desnecessários. Johnny poderia garantir que a carta escolhida por Dan fosse a que o mágico tinha no bolso.

Por último, Johnny só pegou a carteira com a carta que combinava e a placa gravada *depois* de Dan ter feito sua escolha definitiva e tê-la exibido em público. Também isso ficou fora do relato que repassou o truque.

O fato é que Johnny poderia saber de antemão, antes mesmo de chegar ao evento em seu Cadillac, a estreita faixa das cerca de dez cartas que tenderiam a ser escolhidas. Também poderia forçar Dan a escolher uma das dez de maneira aparentemente mágica. Se Johnny tivesse dez carteiras guardadas no terno, todas com cartas e mensagens gravadas diferentes, correspondendo às dez escolhas mais prováveis de Dan, e organizadas de tal modo que Johnny pudesse pegar a carteira certa de modo natural, depois de Dan fazer sua escolha, a impressão seria de que o mágico era dotado de precognição. E, de certo modo, ele fez isso. Sabia exatamente como

Dan se portaria, porque é um mestre na observação humana. Em seguida, ao descrever o truque inteiro, de maneira ligeiramente inexata, deixando de fora as partes suspeitas e distorcendo alguns detalhes, ele criou falsas lembranças na plateia. A criação dessas falsas lembranças é conhecida nas ciências cognitivas como *efeito da desinformação* – ou seja, a tendência de que as informações enganosas apresentadas depois da ocorrência de um evento reduzam a exatidão da lembrança do evento original. No caso de Johnny, um relato apresentado em tom confiante e que parece coerente é muito mais fácil de lembrar do que uma rápida sucessão de movimentos sutis e impressões visuais. Com isso, Johnny efetivamente eliminou a possibilidade de que a plateia, ou mesmo o próprio Dan, conseguisse reconstituir o truque e elaborá-lo *a posteriori*.

FIM DO ALERTA DE SPOILER

Johnny nos disse: "Quando veem um número maravilhoso de mágica, as pessoas tentam descobrir como ele é feito. Elas têm vias de pensamento e de lógica. O mágico, pouco antes do desfecho ou da conclusão, deve fechar todas essas portas. A única solução é a mágica."

Em 2007, Hillary Clinton, então candidata à Presidência, virou notícia ao narrar um episódio em um voo para uma base militar dos Estados Unidos na Bósnia em 1996. "Lembro-me de ter aterrissado sob o fogo de franco-atiradores", disse ela. "Era para haver uma espécie de cerimônia de recepção no aeroporto, mas, em vez disso, simplesmente corremos de cabeça baixa para entrar nos veículos e seguir para nossa base." A CBS então exibiu um vídeo da viagem. Não houve fogo de franco-atiradores. Não houve cerimônia de recepção. A primeira-dama e sua filha Chelsea foram vistas caminhando, trocando apertos de mãos, conversando e sorrindo. Muita gente deu boas risadas à custa dela, mas Hillary não estava mentindo. Sua lembrança dessa viagem específica à Bósnia tinha sido revisada, transformada e reconsolidada com outras lembranças da Bósnia nos circuitos normais do cérebro da primeira-dama.

Os mágicos sabem que a memória é falha e que, quanto mais tempo passa, pior ela fica. Eles contam com o fato de que a memória precária do espectador não o deixará reconstituir com precisão o que aconteceu no palco. Saiba que isso também acontece com você, portanto faça registros das informações e conversas importantes *imediatamente* após sua ocorrência.

As falsas lembranças podem ser devastadoras. Elizabeth Loftus, psicóloga da Universidade da Califórnia em Irvine e autoridade na maleabilidade da memória, ficou famosa por mostrar, na década de 1990, que alguns psiquiatras e outros profissionais de saúde mental implantavam as chamadas lembranças recalcadas (e depois recuperadas) na mente de seus pacientes. Por exemplo, uma mulher, sob efeito da hipnose, convenceu-se de possuir recordações de ter participado de um culto satânico, comido bebês, sido estuprada, praticado sexo com animais e sido forçada a assistir ao assassinato de sua amiga de oito anos. Posteriormente, depois de conversar com outros terapeutas e se dar conta de que o médico havia manipulado sua memória, ela o processou por conduta antiética e recebeu uma grande indenização.

Para a maioria de nós, entretanto, as falsas lembranças são prosaicas e, em sua maioria, inofensivas. A pessoa se recorda de ter votado em eleições nas quais não votou. Lembra-se de ter feito mais doações a obras de caridade do que realmente fez. Lembra-se de que seus filhos andaram e falaram mais cedo do que de fato aconteceu. Lembra-se de ter trocado um aperto de mão com o Pernalonga (personagem da Warner Bros.) na Disneylândia.

Os estudos de Loftus também exploraram os efeitos da desinformação. Em um dos exemplos, os participantes assistiram à simulação de um acidente de automóvel em um cruzamento em que havia uma placa de sinalização de parada obrigatória. Depois de exibido o filme, metade das pessoas recebeu a sugestão de que a placa de sinalização era a de dar a preferência. Mais tarde, quando se perguntou que tipo de placa os sujeitos experimentais se lembravam de ter visto no cruzamento, os que haviam recebido a sugestão tenderam a dizer que tinha sido a de dar a preferência. Os que não receberam a informação falsa foram muito mais precisos em sua recordação da placa de trânsito.

Em outro experimento clássico, Elizabeth Loftus e seu colega John Palmer pediram a observadores, depois de assistirem a uma gravação em vídeo de um acidente, que calculassem a velocidade de um carro que batera em outro. Os observadores a quem se perguntou qual era a velocidade do carro quando ele *bateu* no outro veículo fizeram estimativas mais baixas da velocidade do que aqueles a quem se perguntou qual era a velocidade do carro quando ele *arrebentou* o outro. A escolha de palavras dos mágicos, ao recontarem as experiências dos espectadores, tem um impacto similarmente profundo nas lembranças que estes guardam dos eventos originais.

A desinformação pode alterar as recordações de maneiras previsíveis e às vezes muito intensas. O indivíduo constrói uma falsa lembrança ao combinar uma lembrança real com o conteúdo de sugestões recebidas de terceiros. Durante esse processo, ele esquece a fonte das informações. Esse é um exemplo clássico de *confusão da fonte* – coisa que os mágicos constatam ser muito útil.

TIPOS DE MEMÓRIA

A memória dá a impressão de ser um recurso único, mas isso é uma ilusão. Ela se compõe de subsistemas que funcionam em conjunto para nos dar a sensação de que somos inteiros e dominamos nossa vida passada.

- A *memória procedural* ou *implícita*, às vezes conhecida como memória muscular, é a das habilidades físicas: esquiar, andar de bicicleta, embaralhar cartas.
- A *memória declarativa* lida com fatos e se subdivide em memória semântica e memória episódica.
- A *memória semântica* codifica significados, definições e conceitos – fatos que sabemos não terem raízes no tempo nem no espaço: "O cavalo tem quatro pernas", "A capital da Inglaterra é Londres".
- A *memória episódica* ou *autobiográfica* codifica experiências do nosso passado pessoal e singular. É isso que lhe permite saber e se lembrar do que aconteceu na sua vida: a ocasião em que você descobriu que alguém tinha roubado seu laptop. A ida ao hospital quando seu filho teve uma reação alérgica a nozes. O primeiro espetáculo de mágica a que assistiu.

Em um nível biológico mais profundo, todos os nossos tipos de memória são falíveis. O ato de recordar um acontecimento do passado não é como reproduzir um videoteipe mental no cinema doméstico da mente. É mais parecido com contar uma história sem pé nem cabeça que um dia se ouviu. Você se lembra de algumas frases e situações principais, junto com o tema geral da história, mas não se recorda da ordem exata das palavras. Ao repetir a "mesma" história para outra pessoa, você a reconstrói à sua própria maneira. Adorna e preenche livremente as lacunas para fazê-la fluir com facilidade. Ainda que você repita de maneira literal alguns trechos centrais da narrativa original, a maior parte das escolhas vocabulares é sua.

De modo similar, quando o cérebro grava uma nova lembrança, o que ele de fato codifica é uma constelação dispersa de detalhes pessoais e momentos significativos. Mais tarde, ao recuperar a lembrança, o cérebro usa essa constelação como um andaime para reconstruir a experiência original. À medida que a recordação se desenrola em sua mente, você pode ter a forte impressão de que ela é um registro de alta-fidelidade, mas apenas alguns elementos do conteúdo são realmente exatos. O resto é uma porção de acessórios cênicos, cortinas de fundo, figurantes e gravações de arquivo que a mente fornece às pressas, em um processo conhecido como *fabulação*.

E a coisa fica ainda mais estranha. Às vezes, um aspecto que foi fabulado em um ato de rememoração é relembrado no ato seguinte. Nesse processo, a fabulação pode se transformar em um aspecto permanente da lembrança. Torna-se indistinguível do original.

A memória não é um esboço parcial do passado, mas um esboço do esboço do esboço do esboço do esboço do esboço... e, a cada vez que a recordação ressurge, mais erros podem ser introduzidos. Nosso colega Joseph LeDoux, neurocientista da Universidade de Nova York que estuda a memória e as emoções, diz que, antigamente, achava que uma lembrança era algo armazenado no cérebro e ao qual se obtinha acesso quando necessário. Mas uma pesquisadora de seu laboratório, Karim Nader, convenceu-o de que não é assim. Nader demonstrou que, toda vez que se usa uma lembrança, ela tem de ser rearmazenada como se fosse nova, para que se possa acessá-la depois. A antiga desaparece ou se torna inacessível. Portanto, a lembrança que você tem de alguma coisa só é tão boa quanto a sua última recordação dela. É por isso que as pessoas que testemunham crimes depõem sobre o que leram nos jornais, e não sobre aquilo que viram.

Ser especialista na maleabilidade da memória não impediu Karim Nader de experimentar uma confusão quanto à fonte da lembrança que é compartilhada por milhões de outras pessoas. Nader, que agora dirige um laboratório na Universidade McGill, em Montreal, lembrou-se de ter visto, no dia 11 de setembro de 2001, a filmagem feita pela televisão do choque do primeiro avião com a torre norte do World Trade Center. Entretanto, o filme da primeira colisão foi ao ar pela primeira vez no *dia seguinte* aos ataques. Um estudo de 2003 constatou que uma estarrecedora parcela de 73% dos estudantes universitários submetidos a um teste similar recordou o evento de maneira errônea. As "lembranças em lampejo" – isto é, nossas recordações de eventos traumáticos ou acontecimentos biográficos definidores sob a forma do que parecem ser instantâneos vívidos de alta definição – são repetidamente reevocadas. A pesquisa de Nader indicou que o próprio ato de rememorar essas lembranças em lampejo pode alterá-las de modo fundamental.

MEMÓRIA E MEIOS DE COMUNICAÇÃO

No dia 23 de fevereiro de 1981, duzentos oficiais armados da Guarda Civil, comandados pelo tenente-coronel Antonio Tejero, irromperam na Câmara dos Deputados do Congresso espanhol, durante o processo de eleição do novo primeiro-ministro, e mantiveram, durante dezoito horas, o governo democraticamente eleito sob a mira de armas. A tentativa de golpe de Estado acabou no dia seguinte, mas pergunte a qualquer espanhol com mais de 35 anos o que ele estava fazendo na hora desses acontecimentos e ele será capaz de lhe contar até os mínimos detalhes. Aquela noite tensa e a longa madrugada que se seguiu ficarão gravadas na memória de maneira permanente.

Será mesmo? Como se constatou, muitas pessoas se lembram de ter visto o início do golpe ao vivo na televisão, enquanto ele acontecia. Não é verdade. Embora o golpe tenha sido transmitido ao vivo *pelo rádio*, as imagens em videoteipe só foram exibidas na TV no dia seguinte, muito depois de a tentativa de golpe ter fracassado e de os reféns terem sido libertados.

O escritor espanhol Javier Cercas escreveu sobre essa confusão específica quanto à fonte da lembrança em seu livro *Anatomia de um instante*: "Todos resistimos à extirpação de nossas lembranças, que são as detentoras da identidade, e alguns preferem aquilo de que se lembram àquilo que aconteceu, e por isso continuam a recordar que viram o golpe ao vivo."

A confusão quanto à fonte da lembrança ocorre porque as pessoas determinam mal a fonte da informação. Você se lembra da explosão do ônibus espacial *Challenger*, que matou todos os astronautas a bordo, inclusive a professora Christa McAuliffe? Onde você viu pela primeira vez a imagem daquelas duas nacelas dos foguetes de lançamento descrevendo oitos lentamente pelo ar? Você se lembra da imagem. Quem poderia esquecê-la? Mas você a viu primeiro no *New York Times*, no *Wall Street Journal*, no *Today Show*, na CNN? Terá sido na televisão, ou você a viu primeiro no jornal? Será que ela lhe foi descrita no rádio? É difícil lembrar porque não nos preocupamos tanto com a fonte de nossas informações quanto com o seu conteúdo.

É por isso que a propaganda é tão eficaz quando nos diz que o produto à venda é o melhor que existe. É claro que a fonte é tendenciosa (a empresa fabricante do produto pagou pelo comercial). Porém, quando ouvimos isso repetidamente por um número suficiente de vezes, começamos a acreditar. Essa é uma das razões por que a reforma do financiamento das campanhas políticas é um tema tão inflamado: queiramos ou não, os anúncios tendenciosos desempenham uma enorme influência na formação de nossas opiniões, de modo que os candidatos com mais verbas levam grande vantagem.

A nosso convite, Magic Tony foi dar uma aula de ilusionismo e psicologia a alguns de nossos colegas de pesquisa no Instituto Barrow de Neurologia, em Phoenix. Nesse dia, ele resolveu que mexeria com as lembranças dessas pessoas. Faria uma demonstração de como criar uma ilusão mnêmica, implantando a confusão quanto à fonte na plateia.

Tony chamou duas pessoas, Hector e Esther, para se juntar a ele diante do grupo. Explicou que, antes do início da aula, gostaria da ajuda deles em um truque. Pediu a Hector que pensasse em uma carta e continuasse pensando nela durante toda a palestra – simplesmente guardar a carta na memória. E deu a Esther um baralho, pedindo-lhe que retirasse uma carta e a pusesse no bolso, sem olhar para ela. Portanto, tínhamos Hector pensando em uma carta e Esther guardando outra, mas sem saber qual era.

Chegou a hora da verdade:

– Hector, qual foi a sua carta?

– O valete de espadas.

– Esther, olhe no seu bolso. Qual é a carta?

Ela a tirou: o valete de espadas.

Aplausos. Hector e Esther exibiam uma expressão de perplexidade. Como foi que o Tony fez isso?

ALERTA DE SPOILER! A SEÇÃO SEGUINTE DESCREVE SEGREDOS DA MÁGICA E SEUS MECANISMOS CEREBRAIS!

– Uma das coisas encantadoras sobre ser mágico – disse ele – é que se percebe que as palavras têm consequências poderosas. E este truque é o exemplo perfeito de como um mágico pode usar a linguagem para criar um efeito que na verdade não existia inicialmente.

Tony pediu à plateia que pensasse na semântica, na ambiguidade e em como uma frase pode ter dois sentidos diferentes de acordo com o contexto. Consideremos estas duas frases: *Pedi que ele pensasse em uma carta. Mostrei-lhe uma carta e pedi que continuasse a pensar nela.* As duas descrevem o mesmo resultado, mas a primeira implica mais liberdade, explica Tony.

Ao colocar Hector diante do grupo, Tony usou a primeira frase para descrever o que havia acontecido. Implantou essa mentira na memória de todos. Para Hector, que estivera presente no evento original, a desinformação induziu a uma confusão quanto à fonte. Mais tarde, ele se lembraria de que ele próprio tinha escolhido livremente a carta. Mas, na verdade, Tony tivera uma interação anterior diferente com ele. Tinha aberto em leque um baralho e dito a Hector que parasse ao sentir vontade de escolher uma das cartas. Uma vez feita essa escolha, Tony lhe dissera para continuar pensando na carta durante a palestra. No entanto, como você talvez desconfie, Hector não escolhera livremente a carta. Tony havia forçado o valete de espadas. Examinaremos as técnicas de forçar no próximo capítulo. Por ora, guarde em mente que Hector foi tapeado.

Em seguida, Esther. Consideremos duas frases: *Entreguei-lhe um baralho e pedi que ela retirasse uma carta e a pusesse em seu bolso direito, e que colocasse o resto do baralho no bolso esquerdo.* Ou: *Pedi que ela escolhesse uma carta e a guardasse no bolso.* Mais uma vez, a primeira frase implica uma liberdade muito maior – Esther teria o controle das cartas –, porém, afirma Tony, não foi isso que aconteceu. Ele abrira o baralho em leque e pedira a ela que escolhesse uma carta, mas, também nesse caso, essa escolha não tinha sido livre. Mais uma vez, ele havia forçado o valete de espadas. Esther também fora tapeada.

– Esse é um truque banal – confessou Tony –, mas, pelo simples uso da linguagem, foi transformado em um milagre. Hector e Esther têm uma lembrança falsa, simplesmente por causa das palavras que usei. Ao assemelharem suas lembranças a minhas palavras, tornando-as correspondentes, ajudaram a induzir a plateia a uma ilusão mnêmica e à experiência da magia.

FIM DO ALERTA DE SPOILER

CRIMES DA MEMÓRIA

Em 1975, um especialista australiano em testemunhas oculares, Donald Thompson, apresentou-se em um debate ao vivo na televisão sobre a falta de fidedignidade da memória dessas testemunhas. Mais tarde, foi detido, colocado em uma fila de identificação de suspeitos e apontado por uma vítima como o homem que a havia estuprado. A polícia acusou Thompson, muito embora o estupro tivesse ocorrido durante o período em que ele estivera na televisão. Descartou o álibi de que ele estava à vista de todos, diante de uma grande audiência e na companhia de outros convidados do programa, inclusive de um subcomissário de polícia. O policial que obteve seu depoimento zombou: "É, imagino que você também estivesse com Jesus

Cristo e a rainha da Inglaterra." Os investigadores acabaram descobrindo que o estuprador havia atacado a mulher quando ela estava assistindo à televisão – justamente ao programa a que Thompson tinha comparecido. A mulher confundiu o rosto do estuprador com o rosto visto na televisão. Thompson foi inocentado.

Em outro caso célebre, a mais antiga lembrança da infância de Jean Piaget, famoso psicólogo infantil, era de quase ter sido sequestrado aos dois anos de idade. Ele se recordava de detalhes – ser amarrado em seu carrinho, assistir à babá se defender do sequestrador, ver os arranhões no rosto da babá e um policial de capa curta e cassetete branco perseguindo o sequestrador em fuga. Mas isso nunca aconteceu. Treze anos depois da suposta tentativa de sequestro, a antiga babá de Piaget confessou ter inventado a história toda. Piaget acabou percebendo que suas lembranças visuais marcantes desse episódio tinham sido fabricadas, por ele ter ouvido a história ser repetida muitas vezes por sua família.

ALERTA DE SPOILER! A SEÇÃO SEGUINTE DESCREVE SEGREDOS DA MÁGICA E SEUS MECANISMOS CEREBRAIS!

Os ilusionistas plantam recordações falsas em diversos truques. Um exemplo notável é a ilusão do braço torcido. O mágico põe a palma da mão em uma superfície plana e começa a torcê-lo em um arco impossível de 360 graus. Em seguida, gira-o pela segunda vez. O truque se baseia no fato de que o mágico já havia torcido o braço inteiro sob a manga comprida do casaco, o que ninguém consegue ver.* Depois da primeira revolução, ele pede ao espectador que faça a mesma coisa. Durante esse esforço, reposiciona o braço para mais uma volta. A plateia nunca se lembra de que o mágico tirou o braço da mesa, por estar muito absorta na ilusão. O que ela recorda é que a palma da mão dele girou duas vezes sem se levantar da mesa. Um caso de desinformação somada a uma falsa lembrança.

FIM DO ALERTA DE SPOILER

---

* Pode-se assistir a um vídeo dessa ilusão em http://sleightsofmind.com/media/twistingarm.

As ilusões mnêmicas provêm da nossa necessidade de dar sentido ao mundo. Se você vê um monte de laranjas no chão e em seguida a imagem de uma causa provável, como alguém tentando pegar uma delas na base de uma grande pirâmide de laranjas, é provável que se lembre de ter visto a pessoa pegar a laranja de baixo, mesmo que isso não tenha acontecido. Você imagina o evento e preenche os detalhes conforme a necessidade. Pode se lembrar de acontecimentos de um modo diferente de como eles ocorreram, ou até recordar acontecimentos inexistentes.

A equipe do programa científico *Daily Planet*, do Discovery Channel canadense, havia terminado sua visita a nossos laboratórios e nós dois estávamos levando Apollo Robbins ao Aeroporto Sky Harbor, de Phoenix, para embarcar em seu voo de volta a Las Vegas. Apollo tinha ido ao nosso instituto para a gravação do documentário, a fim de podermos escanear seu cérebro por meio de uma ressonância magnética funcional e também medir os movimentos oculares de pessoas da plateia enquanto ele furtava relógios e outros pertences pessoais, tudo diante das câmeras.* Chegamos cedo para o voo e fomos saborear alguns dos melhores bolinhos recheados da cidade no Flo's Shanghai, na praça de alimentação do terminal 4 do aeroporto, e conversar sobre como os mágicos não só manipulam a memória dos espectadores, como também usam a mnemônica para ampliar suas próprias habilidades mnêmicas a fim de criar efeitos mágicos.

Apollo explicou que, associando mentalmente números e objetos corriqueiros (ou pessoas, lugares, coisas, atividades, conceitos etc.) a delirantes caricaturas imaginárias dessas coisas, ele conseguia reter a lembrança de um grande número dessas associações por um prazo incrivelmente longo. Tão longo que nem parecia memória, parecia magia. Ele fez uma demonstração, pedindo a Susana que escrevesse uma lista de quinze itens, em ordem aleatória e sem que ele a visse, e fosse dizendo o que era em voz alta, ao avançar. "Número 6: lobo; número 11: mercado; número 2:

* O vídeo do *Daily Planet* está disponível em http://sleightsofmind.com/media/Daily Planet.

roleta..." Ela escreveu sua lista com uma caneta preta em um dos guardanapos de papel com gravura de hibiscos do Flo's, tendo atrás uma mancha de molho de soja no formato do lábio inferior de Steve. Eis a lista completa:

1. bola de tênis	6. lobo	11. mercado
2. roleta	7. abajur	12. cachorro-quente
3. ônibus	8. gigante	13. escada rolante
4. biscoito	9. leque	14. coluna
5. sótão	10. dedos	15. espelho

Apollo a ouviu, mas não pareceu se concentrar de maneira particularmente cuidadosa. Ao final, disse:

– Certo, agora vou repetir os itens na ordem. Confiram com a lista de vocês, por favor.

Susana certificou-se de que ele não podia ver a lista escrita enquanto lia os itens em sua própria lista mental, como havia prometido:

– Número 1: bola de tênis; número 2: roleta...

Acertou todos. Em seguida, recitou a lista de trás para a frente. Depois, pediu a Susana que riscasse sete itens da lista de forma aleatória e disse em voz alta apenas o número de cada um, à medida que fosse riscado. A lista continuou escondida dos olhos do mágico, enquanto Susana ia riscando suas escolhas. Apollo relatou então os itens restantes, em ordem numérica.

O desempenho dele foi uma demonstração direta e extremamente notável de capacidade mnêmica. Ficamos zonzos com suas implicações.

– Como você fez isso?

Apollo explicou que era um truque fácil, que servia para aumentar bastante a capacidade da memória humana:

– Tudo que fiz foi associar cada par de números e objetos a uma caricatura imaginária de cada objeto. Mas o verdadeiro truque é que tenho uma lista de objetos-padrão que uso para representar cada número. Ela se baseia em objetos de som similar, ou em homônimos dos números. Por exemplo, o número um [*one*] tem um som parecido com "varinha mágica" [*wand*]; assim, quando faço a associação entre o objeto e o número, na verdade estou associando a varinha ao objeto escolhido. Nesse caso, gravei na memória a imagem de uma bola de tênis segurando uma varinha. Depois, quando chega o momento de recitar a lista, pego cada número alternadamente (para a frente ou para trás), recordo o homônimo numérico associado que sempre uso para esse número e utilizo isso para avivar minha memória em relação ao objeto associado da lista de Susana. Para apagar um item da lista, imagino cada par formado por um objeto e um número sendo graficamente destruído enquanto Susana o risca da sua lista. No caso da bola de tênis que segura a varinha, imaginei o par pegando fogo e a bola de tênis explodindo com a pressão interna. Fiz o mesmo com cada um dos itens apagados, e depois, ao repassar a lista inteira à minha maneira normal, foi fácil ver os números que tinham sido apagados, pois eu os tinha destruído de várias formas na minha imaginação.

Na volta do aeroporto para casa, mal conseguíamos acreditar que não tivéssemos sido treinados para fazer isso, como neurocientistas. Por que não usávamos essa técnica para fazer palestras científicas perfeitamente ordenadas, ou ao menos para lembrar os nomes das pessoas que conhecemos em festas? Por que não se ensinava essa técnica às crianças para elas aprenderem a tabuada ou outras listas necessárias? Se os neurologistas pudessem dominar essas técnicas, talvez conseguissem ensinar os pacientes com Alzheimer a se lembrar melhor da ordem segundo a qual vestir a roupa a cada manhã e, quem sabe, habilitá-los a morar em suas próprias casas por mais um ano. Isso talvez fosse um grande avanço no tratamento de pacientes com declínio cognitivo.

Depois soubemos que a técnica usada por Apollo é chamada de *sistema dos pregadores*, que é um modo de ligar uma quantidade qualquer de itens a determinados dígitos. Os números ou algarismos são representados por uma palavra – varinha [*wand*] para 1 [*one*], colmeia [*hive*] para 5 [*five*], galinha [*hen*] para 10 [*ten*] e assim por diante. Em seguida, associa-se a palavra referente ao número a uma imagem visual vívida. Os elementos de ligação são mais fáceis de lembrar quando interagem, são inusitados e mexem com as emoções, fazendo a pessoa rir, sentir nojo ou intuir um perigo. É a imaginação que impulsiona a força das associações. Você também pode ligar itens sem usar números, associando cada palavra à palavra seguinte da lista. Na lista de Susana, poderíamos pensar em uma gigantesca bola de tênis ricocheteando em uma roleta que, por sua vez, seria o volante de um ônibus, e assim por diante.

Esses sistemas mnêmicos funcionam porque a memória de curto prazo, caso não conte com alguma forma de auxílio, só é capaz de se lembrar de sete unidades (podendo variar em duas unidades para mais ou para menos) de qualquer coisa de uma vez. Depois de sete itens, a pessoa começa a esquecer, a fim de dar espaço para novos itens. Ou então ela pode juntar itens em "blocos", como ao recordar os algarismos de um número de telefone (prefixo mais quatro) e um código de área. Um verso de poema que tenha mais do que cerca de sete pés precisa ser dividido em dois.

Outra estratégia mnêmica, chamada de método dos *loci* (plural de *locus*, que significa localização ou lugar), também conhecido como *palácio da memória*, existe há séculos. Baseia-se na suposição de que conseguimos lembrar melhor os lugares com que estamos familiarizados, de modo que, se pudermos ligar algo que precisemos recordar a um lugar que conheçamos muito bem, o local servirá de dica para ajudar na rememoração.

De acordo com o filósofo romano Cícero, esse método foi desenvolvido por volta de 500 a.C. por Simônides de Ceos, um poeta grego que foi o único sobrevivente do desmoronamento de um salão de banquete na Tessália (ele tinha dado uma saída do local). Simônides pôde identificar os mortos, esmagados a ponto de se tornarem irreconhecíveis, recordando os rostos com base na disposição dos lugares à mesa naquele dia. O poeta logo percebeu que poderia recordar qualquer número de itens mediante a criação de roteiros mentais e a visualização dos itens em vários pontos do caminho. Na hora de lembrar, ele simplesmente refazia a rota conhecida e recordava com facilidade cada item. De maneira distinta da ligação, o método dos *loci* envolve a colocação de uma vívida representação visual de cada item em um espaço geográfico. O que há de bom nesse método é que, quando se esquece um item, pode-se continuar a "andar mentalmente" pelo espaço e passar à coisa seguinte a ser lembrada.

Em 1583, o método foi levado para a China por um padre jesuíta italiano, Matteo Ricci, que tinha a esperança de disseminar o catolicismo pelo país, mas primeiro precisava demonstrar a "superioridade" da cultura ocidental. E o fez ensinando o método dos *loci* a jovens estudiosos confucianos que precisavam saber de cor um número incontável de leis e rituais.*

Você pode tentar essa experiência pessoalmente. Faça uma relação de itens que queira decorar, talvez uma lista de compras – sorvete, pão, ração para o gato, maionese, peito de frango etc. Agora, imagine-se andando por sua casa ou seu apartamento. Comece pela porta da frente e crie seu trajeto passando por vários cômodos. (Se você mora em um apartamento de um cômodo só, divida o espaço em áreas distintas.) Em sua imaginação, ponha cada item da lista de compras em um único local do trajeto. Sua porta da frente estará borrada de sorvete de cereja e chocolate amargo. O sofá da sala terá passado a ser um pão francês. A porta da cozinha terá a forma de um gato. A mesa da sala de jantar estará dissolvida em uma massa de maionese. A porta do banheiro será revestida de peitos de frango.

Quando quiser se lembrar da lista de compras, tudo que você terá de fazer será visualizar sua porta da frente. No mesmo instante, você verá o sorvete. Ao entrar na sala, o pão francês virá à lembrança, e assim por diante. Os especialistas em memória dizem que devemos criar imagens que sejam as mais esquisitas e extravagantes possíveis.

Você também pode pôr mais de um item em qualquer local. Se tiver uma relação com quarenta itens de compra para recordar, experimente colocar quatro em cada um de dez locais. Cada um desses quatro itens deve interagir com sua localização. Quando você abrir a porta de entrada, verá uma porção de sorvete se derreter em um pão francês com cobertura de maionese e salpicado de ração para gatos.

---

* *O palácio da memória de Matteo Ricci*, de Jonathan Spence, é uma leitura fantástica para quem se interessa por esse período histórico. [Jonathan D. Spence, *O palácio da memória de Matteo Ricci: História de uma viagem: da Europa da Contra-Reforma à China da dinastia Ming*, trad. Denise Bottmann, São Paulo, Companhia das Letras, 1986. (N.T.)]

OS PERIGOS DA REMEMORAÇÃO TOTAL

Quase todos gostaríamos de ter a memória melhor. Mas será que existem memórias boas demais? Poucos indivíduos (ao que saibamos) possuem uma rememoração quase completa de suas lembranças autobiográficas, embora ninguém, até o momento, tenha descoberto por quê. Por exemplo, Jill Price, que lançou em 2008 um livro de memórias chamado *A mulher que não consegue esquecer*, diz que os dias de sua vida são repassados de maneira incessante em sua cabeça, como uma exibição mental de um filme. Basta lhe dar uma data qualquer do passado e ela consegue se lembrar que dia da semana era, como estava o tempo, o que lhe aconteceu nesse dia e os principais acontecimentos noticiados na data. Mas ela admite que sua memória perfeita é mais um fardo do que um dom. Ela odeia mudanças. Não consegue se perdoar pelas más escolhas que fez na vida (nem esquecê-las).

Rick Baron, que também se lembra de cada coisa que lhe aconteceu, descreve seus dias como "vazios". Esse homem de cinquenta anos nunca se casou e jamais teve um emprego em horário integral, ainda que participe ocasionalmente de concursos de conhecimentos gerais.

Brad Williams, jornalista de uma cadeia de estações de rádio de La Crosse, no Wisconsin, também é capaz de nos dizer o que aconteceu em qualquer data de quase toda a sua vida. Mas também ele fala das frustrações de ter uma memória que nunca dá uma trégua.

Nós, como a maioria dos casais, podemos atestar que um dos segredos de um relacionamento feliz a longo prazo é a memória curta.

Os campeões de concursos de memória e muitos dos melhores mágicos do mundo usam o método dos *loci*. O tricampeão do Campeonato Mundial de Memória, Andi Bell, é capaz de memorizar dez baralhos de cartas, embaralhadas de modo aleatório, no tempo que leva para abri-las. São 520 cartas. Depois, consegue responder a qualquer pergunta: Qual é a 13ª carta do quarto baralho? Qual é a 22ª carta do oitavo baralho? E por aí vai. Não erra uma. O roteiro e os marcos – ruas, prédios, portais, sinais de trânsito, caixas de correio e similares – jamais se alteram. Estão fixados em sua imaginação. Cada carta tem um ícone. O valete de paus é um urso. O nove de ouros é uma serra. O três de paus é um abacaxi, e assim por diante, com todas as 52 cartas. Para decorar um baralho de cartas aleatórias, Bell põe um ícone em cada marco do caminho em seu trajeto mental. Assim, pode reconstituir sem dificuldade a ordem das cartas, visualizando cada ícone ao andar por seu palácio da memória.

Em um artigo para a revista *Slate*, o jornalista Joshua Foer disse que se inscreveu no Campeonato de Memória dos Estados Unidos só para ver como se sairia. Disse que os concorrentes afirmam que não têm nenhum dom natural. Apenas usam técnicas mnemônicas para ajudá-los a lembrar de números binários de trezentos dígitos e casar centenas de rostos com números em vinte minutos.

ALERTA DE SPOILER! A SEÇÃO SEGUINTE DESCREVE SEGREDOS DA MÁGICA E SEUS MECANISMOS CEREBRAIS!

Os ilusionistas e os mestres das cartas usam com frequência o método dos *loci* para preparar os baralhos. O baralho preparado, como o nome indica, é simplesmente um baralho com as cartas dispostas em uma ordem predeterminada. Ele jamais é embaralhado de verdade, a fim de que o mágico, sabendo a posição de uma carta, sempre possa calcular a posição de todas as outras. Para memorizar o baralho preparado, ele começa por cartas embaralhadas ao acaso. Se você as examinasse, não veria nada suspeito. Em seguida, cria um palácio pessoal da memória para se lembrar da ordem exata desse baralho em particular. Desse ponto em diante, não embaralha as cartas. Apenas finge misturá-las, usando uma variedade de embaralhamentos falsos. Ao dar uma espiada na carta inferior do monte enquanto executa seus truques e evocar seu palácio da memória, o mágico sempre é capaz de saber a ordem exata de todas as cartas.

Os baralhos preparados também podem ser cíclicos e, quando você vê como são montados, diabólicos. Um dos mais famosos é o sistema de ordenação de Si Stebbins, originalmente publicado por volta de 1898 por William Coffrin, conhecido como Si Stebbins, em um livrinho intitulado *Si Stebbins' Card Tricks and the Way He Performs Them* ["Os truques de baralho de Si Stebbins e sua maneira de executá-los"]. Para criar um baralho como o de Si Stebbins, primeiro você organiza cada naipe pela ordem. Pegue todas as cartas de espadas e as arrume na sequência ás, dois, três etc., até o rei. Faça o mesmo com as cartas de ouros, copas e paus. Depois, ponha esses quatro montes lado a lado, na seguinte ordem: paus, copas, espadas e ouros. A palavra mnemônica que designa esse arranjo é *CHaSeD*.* Agora, a ordenação. Na pilha de paus, ponha o ás em cima. Na de copas, ponha ás, dois, três e quatro em cima. Na de espadas, vá do ás ao sete e coloque-as no alto. E na de ouros, ponha em cima as cartas de ás a dez. Agora, faça um monte completo, empilhando os montinhos de paus, copas, espadas e ouros. Pronto, você tem um baralho preparado. Pode cortá-lo quantas vezes quiser. Ao olhar para a carta de baixo, você sempre saberá qual é a carta do topo. Como? Contando. A preparação tem como resultado que cada carta é três valores mais alta do que a precedente.

ADIVINHAÇÃO COM INFORMAÇÕES PRÉVIAS – *HOT READING*

Alguns mágicos empresariais usam feitos notáveis de memória para dar a impressão de que adivinham pensamentos. Por exemplo, quando recebem uma lista das pessoas que comparecerão a um seminário em determinada empresa, eles podem consultar os nomes no Google para encontrar subconjuntos de informações que tenham fotografias *on-line*. Memorizam então o rosto e o nome de cada uma, junto com qualquer informação pessoal que possam obter. (Antes do Google, esses mágicos consultavam arquivos de jornais em bibliotecas ou até mandavam cúmplices descobrir informações no escritório da empresa.) O volume de dados colhidos pode ser muito grande. No seminário da empresa, o ilusionista pode então dizer que tem poderes telepáticos e "adivinhar o pensamento" de várias pessoas, fornecendo nomes, endereços comerciais e residenciais, números de telefone do trabalho e de casa, nomes de filhos, nomes de animais de estimação, informações genealógicas etc. O objetivo é fornecer tantas informações detalhadas que pareça impossível que

* Essa palavra, cuja tradução seria "perseguido", é a sigla formada pelas iniciais inglesas dos naipes, na ordem indicada (*clubs*, *hearts*, *spades* e *diamonds*), intercaladas pelas vogais que completam a palavra. (N.T.)

o mágico as soubesse todas de antemão, de modo que a única solução consista em ele estar lendo o pensamento do cliente em tempo real. No mundo da mágica, esse subterfúgio é chamado de *hot reading*. Mas o verdadeiro feito é o mágico realmente se lembrar de todas essas informações e conseguir evocá-las durante o seminário, como que por mágica.

Vimos outro tipo de baralho preparado em ação na Olimpíada da Mágica, em Pequim. Juan Tamariz, o famoso mágico espanhol, chamou um voluntário da plateia e, após muitas brincadeiras, pediu-lhe que "escolhesse uma carta, qualquer carta". O baralho parecia normal, mas, na verdade, continha apenas seis cartas – o três de copas, o nove de paus, o sete de paus, o valete de ouros, o dois de espadas e o ás de copas – repetidos nessa ordem várias vezes. Tamariz abriu as cartas em leque na frente do voluntário, viradas para baixo, e observou a posição exata da carta escolhida. Contando a fileira de cartas, pôde identificar e, em seguida, levantar sub-repticiamente uma carta idêntica do baralho preparado. Embora não conhecesse a identidade da carta escolhida, agora ele estava de posse de uma cópia exata dela e pôde exibi-la ao final do truque.

FIM DO ALERTA DE SPOILER

Logo depois, Tamariz demonstrou um truque em duas partes que envolvia a memória e deixou os especialistas reunidos atônitos. A esta altura, é provável que você já tenha percebido que é extremamente difícil enganar um mágico. Eles conhecem todos os truques de prestidigitação que existem e vivem à procura de despistamentos, embaralhamentos falsos, acessórios inteligentes de apoio e coisas similares. Um gesto em falso e eles apanham o sujeito. Tamariz começou seu truque com uma rotina incrivelmente banal. Anunciou que iria nos ensinar um pouco de comédia. Andando de um lado para outro no palco e torcendo as mãos, pediu a todas as pessoas da plateia que juntassem os dois dedos indicadores, formando uma linha horizontal diante dos próprios olhos, e em seguida olhassem para um ponto distante.

– Viram? – disse. – Vocês criaram uma salsicha mágica que flutua diante dos seus olhos. E se estiverem mesmo com fome, poderão usar seis dedos para fazer três salsichas.

Os mágicos presentes no enorme salão de conferências ficaram embatucados. Do que é que Tamariz estava falando? Salsichas? Dedos? Nesse momento, o mágico deu um pulo para a plateia e corrigiu a posição dos dedos de um sujeito na primeira fila:

– Você está fazendo tudo errado! – exclamou. Em seguida, elogiou o homem da cadeira ao lado. – Perfeito! Está tão bom que você pode fatiar a salsicha e dividi-la conosco.

Dizendo isso, Tamariz deu um golpe de caratê no ar, passando pelas salsichas perfeitas formadas com os dedos, e exibiu uma fileira de três salsichões defumados.

Hmm, que negócio foi esse? Os mágicos se remexeram nos assentos, apreensivos. Coitado do velho Tamariz, devia estar perdendo o jeito. Naturalmente, o sexagenário recomeçou a andar para lá e para cá e fez uma sucessão impecável de truques fantásticos. Todos se esqueceram da bobagem das salsichas.

Passados uns 45 minutos, Tamariz convidou uma mulher a subir ao palco e lhe pediu que contasse dez cartas. Fez com que ela as prendesse com um elástico, levasse-as para uma mesa do outro lado do palco e voltasse para o lado dele. Em seguida, convidou um homem a subir ao palco e ficar ao lado das cartas presas com o elástico. Os dois voluntários estavam a uns cinco metros de distância um do outro e em momento algum Tamariz saiu de perto da mulher. Pediu que ela contasse mais dez cartas em uma mesa e depois as segurasse com as duas mãos. Com grande estardalhaço, proclamou então que faria algumas dessas cartas serem teletransportadas pelo palco. Quando terminasse, deveria haver treze cartas em uma pilha do outro lado do palco. Tamariz agitou magicamente as mãos na direção da mulher e pediu que ela lhe entregasse as cartas, para ele poder contá-las aos olhos de todos. Restavam apenas nove. Faltava uma. Ele as devolveu à mulher e repetiu o gesto mágico. Tornou a contá-las, e faltavam duas. Terceira vez... e faltaram três cartas.

– Vamos ver como estou indo – disse ele, e pediu que o homem contasse as cartas do seu lado. O voluntário o fez e disse baixinho:

– Hmm, tem dez cartas aqui.

Tamariz fingiu-se arrasado:

– Dez? Você só tem dez? Tem certeza? Pode contar de novo?

Sim, eram apenas dez, não treze. Tamariz ficou profundamente pensativo:

– Hmm, pode verificar o seu bolso esquerdo? – Não havia nada nele. – O bolso direito? – Nada. As pessoas começaram a se remexer nos assentos. Todos queriam sumir. – Você pode verificar o bolso interno do paletó, do lado esquerdo? – pediu Tamariz. Continuou não acontecendo nada.

Com ar desolado, o mágico disse:

– E o bolso interno do paletó, do lado direito?

A mão esquerda do homem entrou no bolso interno direito e, de repente, ele levantou os olhos, surpreso. Ficou atônito. Mil nucas se arrepiaram. Lentamente, o homem tirou a mão do bolso. Nele havia três cartas.

– Três cartas! – exclamou Tamariz. – Três cartas! É um milagre!

ALERTA DE SPOILER! A SEÇÃO SEGUINTE DESCREVE SEGREDOS DA MÁGICA E SEUS MECANISMOS CEREBRAIS!

Mas você sabe que não era. Ele havia plantado as cartas nesse sujeito durante o truque das salsichas, um artifício já esquecido fazia muito tempo. (O voluntário do palco foi o mesmo indivíduo que Tamariz havia corrigido, logo antes de tirar salsichas do rosto do homem na poltrona ao lado.) E ninguém, nem o voluntário nem os melhores e mais brilhantes mágicos do mundo, se lembrou de que ele tivera essa oportunidade, uma hora antes. A memória é capaz de pregar peças em todos nós.

FIM DO ALERTA DE SPOILER

• 8 •

Expectativa e suposição: como os mágicos nos fazem de bobos

Não é fácil se apresentar depois de números de mágica feitos pelo Grande Tomsoni, por Apollo, por Teller e por James, o Incr!vel Randi. Mac King, no entanto, o último orador de nosso simpósio de 2007 sobre a mágica da consciência, não se deixou intimidar. Os entendidos dizem que Mac é um dos mágicos mais influentes do mundo. É também um dos mais agradáveis e, sem dúvida, dos mais engraçados.

Em seu número de palco – que ele apresenta duas vezes por dia, cinco dias por semana, no cassino Harrah's, em Las Vegas –, Mac assume a persona de um matuto. As primeiras palavras que lhe saem da boca são "Oi, 'oceis'! Eu sou o Mac King." A plateia retribui o cumprimento: "Oi!" Meio sósia de Danny Kaye, Mac usa ternos xadrez de um mau gosto escandaloso que, de algum modo, acentuam seu nariz adunco e o cabelo louro-avermelhado, que tem um corte clássico em forma de tigela. Ele gargalha e dá risinhos enquanto executa seus números. Diverte-se tanto que é impossível não nos sentirmos atraídos.

Mac explica a origem de sua alegria. Todos os dias ele chama novas pessoas ao palco para ajudá-lo em um ou outro truque, e sempre descobre algo engraçado e espontâneo para lhes dizer ou para fazer com elas. Assim, nunca deixa suas apresentações ficarem batidas, o que sem dúvida contribui para o seu show ser um dos mais cotados de Las Vegas.

Mac também é inventor de novas ilusões. Muitas vezes, cria truques para os espetáculos de outros mágicos, e está sempre em busca de inspiração. Seu escritório é abarrotado de acessórios e material de apoio. Podemos ter uma ideia de seu senso de humor matreiro e sua inventividade a partir de uma história que ele conta de uma peça que pregou em sua mulher. Anos atrás, Mac comprou dois lápis com mãozinhas na ponta, em vez das borrachas de praxe. As mãos tinham uns cinco centímetros de comprimento e eram de borracha, com arames que podiam ser usados para mudar a posição dos dedos. "Achei-as engraçadas", disse Mac. Um dia, olhando para os lápis em sua escrivaninha, teve uma inspiração. Gritou para sua mulher, que ia entrar no banho: "Meu bem, você pode encher a pia de água quente, por favor? Quero fazer a barba." Ela o atendeu e foi para o chuveiro. Mac entrou em seguida, usando seu roupão. Remexeu a água, escondeu as mãos dentro das mangas do roupão e pôs as mãozinhas de borracha para fora. Aí, deu um grito de gelar o coração. Quando sua mulher pôs a cabeça para fora do chuveiro, viu Mac parado ali, com as mãozinhas encolhidas em cima de uma pia fumegante. "Ela pirou", disse Mac, expressando satisfação. Não se trata de um truque que ele possa levar para o palco em Las Vegas, mas ilustra o modo como sua mente funciona.

Em nossa conferência científica, Mac apresentou um de seus truques favoritos do espetáculo no Harrah's. Antes, porém, explicou uma regra cardeal da mágica: nunca faça o mesmo truque duas vezes, ao menos não para a mesma plateia.

– É difícil mesmo – explicou –, porque, quando a gente faz um truque que realmente engana as pessoas, elas dizem: "Isso foi o máximo. Faça outra vez, faça outra vez!" E o sujeito pensa consigo mesmo: certo, por que não? Que mal há em repetir o mesmo truque?

Deu-nos um sorriso conspiratório e concluiu:

– Bem, vou lhes dizer. Quando as pessoas veem um truque pela segunda vez, há uma porção de dicas.

Para demonstrar isso, Mac escolheu um homem da plateia para subir ao palco. Chamava-se Marvin Chun. Ele é um famoso professor de ciência da visão em Yale, mas Mac não sabia disso. E, com certeza, não era Marvin quem estava dando aulas nesse dia.

– Marvin – disse Mac –, tenho uma surpresa! Você vai ganhar um prêmio por me ajudar. Guardo o prêmio no sapato. Vamos ver o que tenho para você.

Tirou o pé direito do sapato e dele caiu um pacotinho de mel. Não era um prêmio muito atraente. Todos riram.

– Não, Marvin, na verdade, você ganha o meu sapato – disse Mac. – É um Rockport, um sapato bom mesmo. Você sabe como identificar um verdadeiro sapato Rockport? – perguntou, inclinando o sapato. – Eles vêm com essas pedras grandes.

Uma pedra enorme, de um tamanho impossível, caiu no chão com um baque alto. Ao contrário do pacotinho de mel, foi uma surpresa imensa. Ninguém sabia dizer de onde ela viera nem como tinha entrado no sapato.

– Eu a havia guardado em um esconderijo secreto – disse Mac, em resposta à pergunta não formulada.

ERROS

Do ângulo que ocupávamos no palco, atrás dos artistas que se apresentavam, não tínhamos uma boa visão da pedra, mas soubéramos de sua existência durante a palestra de Teller, quando Mac a deixou cair sem querer do bolso de trás. Ela fez um barulho e tanto, que todas as pessoas no salão devem ter ouvido, mas só nós, que estávamos no tablado, percebemos o que aconteceu. Jamais esqueceremos a expressão engraçada e sem jeito no rosto de Mac quando ele recuperou a pedra, pondo-se de quatro sem a menor cerimônia, e levantou os olhos para nós, enquanto tateava embaixo da cadeira. Embora ninguém da plateia tivesse visto a pedra, seria de se supor que o barulho alto, seguido pelo engatinhar vexatório de Mac no palco, viesse a ser uma pista do que ele pretendia fazer. Mas o som pareceu entrar em ouvidos moucos. Tanto quanto pudemos perceber, ninguém o ouviu nem pareceu se lembrar de ter visto Mac de quatro embaixo de sua cadeira.

Ocorreu-nos que os mágicos, assim como todos nós em nossos trabalhos, devem cometer erros o tempo todo. Mas, como seus erros envolvem objetos e atos improváveis, a maioria dos espectadores não se dá conta de seu significado. Os mágicos sabem disso, o que lhes dá coragem para simplesmente seguirem em frente, mesmo diante de erros lógicos flagrantes. Aliás, uma das marcas do bom mágico é a capacidade de se recuperar com desenvoltura e sem interrupção dos percalços inesperados. Mac nos contou um exemplo hilariante disso, ocorrido no começo de sua carreira. Um dos truques que são sua marca registrada envolve tirar da boca um peixinho dourado vivo e deixá-lo cair em um copo d'água, segurado por um voluntário da plateia. Não se preocupe, diz ele, o peixe não passou muito tempo aqui dentro, só alguns segundos, caso contrário não conseguiria sobreviver ao calor e à saliva da boca. Mas enfim, na primeira vez que Mac fez esse truque no palco com um voluntário, começou a se engasgar, "porque o tal peixinho resolveu nadar pela minha goela abaixo. Tentei fazê-lo sair com uma tossida. Aí, virei de costas e vomitei fragmentos do meu sanduíche do almoço e o peixinho na maleta que conservo no palco. O sujeito do meu lado disse 'Eeeeca!', porém ninguém mais reagiu. Eu levo um peixe extra, para o caso de acontecer um acidente com o primeiro, e assim me recuperei e terminei o truque." Os olhos de Mac se arregalaram: "Depois, ninguém me perguntou se eu tinha vomitado no palco. Todo mundo viu. É muito estranho. Não sei o que acontece com a cabeça das pessoas."

A lição a extrair disso é seguir em frente depois dos erros do dia a dia. Embora vivam cometendo erros, os mágicos os deixam para lá, seguem adiante e a plateia raramente nota. Você deve fazer o mesmo. Tal como um mágico, vá levando como se nada tivesse acontecido e seu erro também passará despercebido, na maioria das vezes. Não se aborreça. Não fique constrangido. Apenas se refaça da melhor maneira que puder e trate de enfiar na boca outro peixinho dourado tirado da maleta.

ALERTA DE SPOILER! A SEÇÃO SEGUINTE DESCREVE SEGREDOS DA MÁGICA E SEUS MECANISMOS CEREBRAIS!

A pedra pesava uns 2,5kg e era do tamanho de um mamão. Para demonstrar que fazer o mesmo truque duas vezes é um erro, Mac o executou pela segunda vez, exatamente igual. Dessa vez, foi possível ver com mais clareza como ele o faz. Mac inclina o sapato e cai o pacotinho de mel. É um despiste clássico. Mas agora você está de olho. Em vez de fixar a atenção no pacotinho de mel, você o vê enfiar a mão no bolso traseiro e deixar a pedra escorregar para o sapato. Quando ela cai, você já não se surpreende.

Mac perguntou quantas pessoas o tinham visto enfiar a pedra no sapato. Cerca de metade das mãos no salão se levantou.

– Fico muito feliz por alguns de vocês terem notado – disse ele. – Eu estava com certo medo de que não ficasse mais fácil para ninguém, mesmo da segunda vez!

E então perguntou se deveria repetir o truque pela terceira vez. Murmúrios de assentimento. Nesse momento, porém, Mac mudou de método e produziu outra surpresa. Não meteu a mão no bolso traseiro para tirar a já conhecida pedra. Ao contrário, simplesmente se inclinou e sacudiu o sapato e, quando não saiu nada, enfiou a mão e... tirou uma pedra enorme! Só que, agora, ela se revelou uma pedra de espuma. Estava enfurnada em seu sapato o tempo todo.

FIM DO ALERTA DE SPOILER

A demonstração de Mac ilustra a que ponto a repetição aparente, mas não real, é uma aliada poderosa dos ilusionistas. A pessoa se habitua aos atos que parecem ser repetidos e passa por cima dos detalhes. Para um mágico, o segredo está nesses detalhes. O público tem uma tendência arraigada a supor que efeitos que parecem iguais são produzidos da mesma maneira. Isso é da natureza humana.

Na vida cotidiana, deduzimos como as coisas funcionam ao observá-las diversas vezes. Os martelos cravam pregos. As xícaras comportam líquidos. Os fornos de micro-ondas aquecem a comida. Não precisamos pensar neles. Os mágicos usam esse nosso hábito mental contra nós, para ocultar o método que está por trás de muitos de seus truques. Eles sabem que, ao vermos um efeito se repetir – como a pedra caindo do sapato –, naturalmente presumimos que a repetição foi produzida pelo mesmo método. Mas então vem a surpresa: agora a pedra é de espuma.

Mac usou um método diferente na terceira repetição para desorientar a plateia, provocando uma grande surpresa. Lembre-se da história do Capítulo 2 em que Danny Hillis tapeou Richard Feynman com o mesmo truque, dia após dia. Isso ocorria não porque Feynman fosse incapaz de adivinhar corretamente o método depois de examiná-lo por um dia (ele conseguia), mas porque Hillis modificava o método, e, assim, as explicações do cientista se mostravam erradas. Feynman foi confundido pela repetição aparente.

Ao usar a repetição aparente, o mágico pode levantar suspeitas, de propósito, sobre um possível método, e então, bem no final, mostrar que a única teoria que o espectador possui está errada. Esse princípio, conhecido como teoria das soluções falsas, foi formulado por Juan Tamariz, o mágico espanhol dos chapéus malucos que apresentamos no Capítulo 5. Johnny Thompson dá a isso o nome de "fechar todas as portas", o que significa reduzir a zero todas as explicações possíveis de um efeito, até restarem apenas as explicações impossíveis (mágicas).

ALERTA DE SPOILER! A SEÇÃO SEGUINTE DESCREVE SEGREDOS DA MÁGICA E SEUS MECANISMOS CEREBRAIS!

A ideia da repetição aparente é criar falsas expectativas. O mágico mostra um truque, usando o método número um, e você cria uma teoria de como ele o fez. Em seguida, ele aparentemente repete (porém não de verdade) o truque, mas espere – agora que você estava observando, em busca do sinal revelador de que sua teoria estava certa, percebe que ela é impossível. Hmm. Tudo bem, você concebe uma nova teoria. O mágico faz o truque de novo (não, na verdade não faz, dá só a impressão de fazê-lo), e, puxa vida, que droga, sua segunda teoria também está errada, pois, agora que você tenta ver se ela se sustenta, percebe que o mágico não está escondendo a carta no dorso da mão (embora tenha sido exatamente isso que ele fez da segunda vez).

O mágico fica um passo à sua frente, criando expectativas a cada iteração e destruindo-as assim que você começa a compreender.

FIM DO ALERTA DE SPOILER

Uma das maiores armas de que os ilusionistas dispõem é o fato de que a mente funciona por meio de previsões. Para apreender o significado disso, imagine o que você "sabia" quando era um bebê recém-nascido. Sabia procurar um mamilo e espichar a língua, mas, afora isso, o mundo era basicamente um pano de fundo, feito de visões, sons e sensações sem sentido. Você era capaz de sentir a atração da gravidade e os padrões de luz e escuridão, porém nada fazia sentido. Você nem sequer tinha consciência de possuir um corpo. É duvidoso que pudesse ser chamado de consciente no dia em que nasceu.

Felizmente, os recém-nascidos saem depressa dessa zona crepuscular para construir representações do mundo externo, de seu corpo, das outras pessoas e de suas sensações e afetos. Toda experiência é gravada nos circuitos neurais do cérebro em desenvolvimento, por meio da *plasticidade* – a capacidade vitalícia que o cérebro tem de se reorganizar conforme as novas experiências. Desse modo, cada pessoa vai construindo modelos do que esperar pela vida afora.

Desde cedo, você aprendeu que os pés e as mãos que gostava de pôr na boca eram os seus; ensinou-se a rolar de lado, sentar-se, engatinhar e ficar de pé, até que seus movimentos se entranharam nas áreas do cérebro que planejam e executam os movimentos. Depois, você andou, correu e – se tiver treinado muito – passou a praticar um esporte, sem pensar nos movimentos necessários nem planejá-los. Mas agora imagine que você vai andando por uma rua da cidade e está tão absorto olhando uns cartazes que não nota um meio-fio de quinze centímetros logo adiante. Seu cérebro distraído prevê que a calçada é plana e que a rua é quinze centímetros mais baixa. Você dá um passo, com a precisão exata para que o seu pé pouse na calçada. E o que acontece? Surpresa! Seu pé bate com força na pavimentação da rua. Você deixou de prever uma característica comum de uma calçada corriqueira.

Você aprendeu a reconhecer rostos e vozes desde cedo. Descobriu como manipular os adultos que cuidavam de você para conseguir aquilo de que precisava. Se tinha pais carinhosos, aprendeu que seus gritos seriam acolhidos com amor e atenção. Se seus pais eram instáveis em termos emocionais, aprendeu que seu choro poderia ser recebido com indiferença ou castigos. Se tinha pais que passavam por bons e maus dias (quem não os tem?), aprendeu a lidar com os altos e baixos afetivos. E, o que é mais importante, muito antes de saber falar, aprendeu o que esperar dos relacionamentos íntimos na vida.

Aprendeu a falar com base em expectativas. As crianças pequenas extraem o sentido de sua língua materna de um fluxo de sons silábicos e, pouco a pouco, vão dominando o vocabulário e a sintaxe. Assim, se alguém diz "*how now brown*", o cérebro prevê, em uma fração de segundo, a palavra "*cow*".* Por isso, se em vez dela uma pessoa diz "*wolf*" [lobo], a previsão do ouvinte falha e ele fica surpreso.

O mesmo princípio se aplica à visão, à audição, ao tato e a toda a cognição, incluindo as crenças, que, afinal, são constructos de previsões aprendidas. Em outras palavras, a percepção não é um processo de absorção passiva, mas de construção ativa. Ao vermos, ouvirmos ou sentirmos alguma coisa, as informações que chegam são sempre fragmentadas e ambíguas. À medida que vão sendo filtradas, ao ascenderem na hierarquia cortical, cada área, dotada de seu próprio conjunto especializado de funções, analisa o fluxo de dados e indaga: é isso que espero, com base na minha experiência mais recente? Preciso preencher alguma lacuna no fluxo de dados? Isso combina com minhas outras experiências passadas? Está em conformidade com o que já conheço do mundo? O cérebro faz comparações constantes das informações que chegam com o que ele já sabe, com aquilo que espera ou com aquilo em que acredita. Toda experiência é cotejada com crenças anteriores e suposições *a priori*.

Aliás, toda arte de alta qualidade se baseia na violação das previsões. Quando vamos ao cinema, vemos as mesmas vinte tramas se desenrolarem repetidamente. Muitas vezes, o filme é chato por ser previsível. Mas um diretor de talento desafia nossas previsões. Ficamos surpresos, aquilo nos entretém. O mesmo se aplica à pintura, à poesia, aos romances e aos grandes números de ilusionismo.

Infelizmente, o automatismo das previsões pode nos deixar em maus lençóis. Por exemplo: a Nasa colocou pilotos de aviões comerciais em um simulador de voo e lhes pediu que fizessem um conjunto de aterrissagens rotineiras. Em algumas aproximações, havia um enorme avião comercial largado na pista de pouso. Um quarto dos pilotos pousou em cima do avião.

---

* A expressão "*how now brown cow*" é bastante usada, nos países de língua inglesa, no ensino da dicção de vogais arredondadas (no caso, o som de *ow*, equivalente ao ditongo *au* em português). Ela não tem propriamente um sentido, mas costuma ser usada como uma saudação jocosa, que equivaleria mais ou menos a "E aí, vaca marrom?". (N.T.)

Eles não o viram em momento algum, por terem sido levados a crer que não haveria nada de inusitado e que a pista estaria livre.

James, o Incr!vel Randi, é um homem baixo, com uma barba comprida de Papai Noel e uma personalidade gigantesca. Foi ele quem mostrou que a arqueação de colheres de Uri Geller podia ser feita com métodos comuns, e foi também ele quem nos apresentou a Teller e a outros grandes mágicos. Aonde quer que vá, Randi sempre domina o ambiente. Não admira que exerça o papel de grande estadista da comunidade norte-americana de mágicos. Como fundador da Fundação Educacional James Randi, ele protege a sociedade de charlatães e impostores da paranormalidade. A fundação oferece um prêmio de um milhão de dólares a qualquer pessoa capaz de provar poderes paranormais de qualquer natureza. Após mais de vinte anos e inúmeros desafios, ninguém se habilitou a receber o dinheiro.

Randi subiu devagar ao palco de nosso simpósio. Está envelhecendo, mas o brilho de seus olhos é jovial e sedutor. Ele explicou que aceitamos facilmente suposições não verbalizadas e tendemos a acreditar em informações que aprendemos por nós mesmos, em contraste com as que nos são ditas. É a previsão em ação.

– Meu objetivo aqui, hoje, é lhes mostrar que as plateias aceitam, sem qualquer dificuldade, suas próprias suposições, mas não as afirmações feitas pelo mágico – disse. – Em outras palavras, quando lhes dizemos que uma coisa é assim ou assado, elas têm bons motivos para duvidar de nós, pois estamos ali para enganá-las. Por isso, na medida do possível, devemos procurar deixar que elas façam suposições. Os ilusionistas fazem bem em tirar proveito da confiança descabida do espectador em sua própria capacidade de chegar a soluções corretas.

Randi fez a demonstração:

– Já enganei vocês. Quando entrei no palco, vocês presumiram que eu estava falando neste microfone – disse, e afastou o microfone grande preso ao atril. O verdadeiro microfone era minúsculo, preso no alto de sua lapela. – Por que acreditaram nisso? Se lhes perguntassem, especificamente, "Ele usou o sistema de amplificação da casa?", vocês diriam que sim, usou. E não estariam mentindo, ao reconstituírem essa experiência para outras pessoas mais tarde. Estariam dizendo o que acreditavam ser verdade. Mas não seria verdade.

Outro exemplo:

– Muitos de vocês acham que os estou olhando diretamente. Mas não, estou olhando para um borrão de rostos aí. Não consigo vê-los, porque em geral uso óculos com lentes corretivas.

Tirou os óculos e enfiou os dedos pelos buracos da armação vazia.

– Ora, por que alguém apareceria diante de vocês usando uma armação vazia? Para que serve isso? Para frisar uma ideia.

A ideia é que as pessoas não questionam as mentiras que não têm razão para existir.

Mas por que elas não questionam as suposições não verbalizadas? Porque essas suposições já foram questionadas e estabelecidas como fato. Quando crianças, tiramos os óculos de nossos avós do rosto deles, os colocamos na boca e testamos as lentes com a língua. Quando adultos, não sentimos necessidade de continuar a lamber o vidro. Habituamo-nos com o fato de que as armações de óculos têm lentes de verdade. Mas isso é apenas uma observação, não uma explicação. É crucial ir mais fundo na neurociência e indagar como o cérebro de fato realiza a habituação e por quê.

O *porquê* é fácil: pensar é dispendioso. Requer atividade cerebral, que consome energia, que por sua vez é um recurso limitado. E, mais importante, pensar retira tempo e atenção de outras tarefas, como encontrar alimento e parceiros e evitar despenhadeiros e tigres-dentes-de-sabre. Quanto mais coisas podemos arquivar em segurança como fatos estabelecidos, mais podemos nos concentrar em nossas metas e interesses atuais. Quanto menos nos perguntamos se a armação dos óculos de alguém realmente contém lentes, melhor ficamos.

A habituação é criada por um processo neuronal chamado de *plasticidade sináptica*. Pouco tempo atrás, Eric Kandel, da Universidade Columbia, ganhou o Prêmio Nobel pelo trabalho com que estabeleceu esse processo em uma lesma-do-mar pouco apreciada, chamada aplísia. Kandel fez registros de uma variedade de neurônios no sistema nervoso da aplísia enquanto soprava ar nas brânquias do animal. As aplísias não gostam de sopros de ar nas brânquias, por isso as retraem. Mas os sopros de ar não são realmente nocivos, e retrair as brânquias é cansativo e queima calorias preciosas; por isso, à medida que os sopros se repetiram, a aplísia foi se habituando e acabou parando de retrair as brânquias em resposta a esse estímulo. Os sinais neurais relativos aos sopros de ar se tornaram cada vez mais diminutos, até que os neurônios acabaram parando por completo de sinalizar tais sopros. Isso é a plasticidade sináptica, e é o mecanismo neural da habituação. Nós, seres humanos, fazemos exatamente o mesmo que a insignificante lesma-do-mar, só que com percepções e opções comportamentais processadas com mais sofisticação. Não perguntamos se todos os óculos que vemos têm lentes, pois a experiência nos ensinou que é seguro supormos que sim e as vias sinápticas responsáveis estão habituadas a esse fato. Já não há necessidade de lamber o vidro.

Uma vez que tenhamos nos habituado com um aspecto do mundo, ele se torna uma parte rotineira e aparentemente imutável da trama da vida. Estável, digna de confiança, permanente. É por isso que os mágicos, sempre que possível, preferem confiar em suposições não ditas a confiar em explicações.

O mentalismo, tema do próximo capítulo, é um ramo específico do que os ilusionistas chamam de arte da conjuração, e seu sucesso depende das suposições da plateia. "O mentalismo lida com coisas que parecem extrassensoriais, precognições, adivinhações de vários tipos, mas é tudo uma forma de conjuração", diz Randi. "Não tem nada de especial, na realidade. São truques. Sabe, os mentalistas se saem muito bem porque deixam a plateia presumir coisas."

Mac King estava parado no laboratório de Susana, no Instituto Barrow de Neurologia, durante a gravação de um documentário para um programa semanal de ciências da Australian Broadcast Company chamado *Catalyst*. Havia duas câmeras gravando, uma levada pelos produtores do programa, a outra, nossa. Max Maven nos dissera que Mac era o que havia de melhor em matéria de jogar moedas de uma das mãos para a outra. Portanto, ali estava ele. Não é que ele as deixe cair menos do que a maioria das pessoas. A questão é que Mac sabe jogar uma moeda para o alto e fazê-la desaparecer ao pousar. A gente vê acontecer com uma clareza cristalina. Mac lança a moeda para cima, uma, duas, três vezes, com a mão direita, e depois a joga para a mão esquerda. Podemos vê-la voando no ar. A mão dele se fecha para pegar a moeda e, em seguida, abre-se toda para mostrar que a moeda sumiu. Inacreditável.

ALERTA DE SPOILER! A SEÇÃO SEGUINTE DESCREVE SEGREDOS DA MÁGICA E SEUS MECANISMOS CEREBRAIS!

Vejamos como funciona. Na verdade, Mac joga a moeda verticalmente com a mão direita, porém, quando faz o lançamento para a esquerda, seu polegar direito prende disfarçadamente a moeda na palma da mão e a impede de voar. Portanto, ele apenas finge jogá-la. A mão esquerda se fecha como se a moeda estivesse voando e a "agarra". Mas é claro que a moeda nunca esteve ali. Então, por que a vemos voando pelo ar?

O truque se aproveita de uma ilusão de movimento implícito ou inferido, que vem das partes do cérebro sensíveis ao movimento. Primeiro, uma região visual do cérebro que rastreia o movimento de objetos ou alvos, no espaço e no tempo – chamada *lateral intraparietal*, ou LIP –, recebe a informação sobre o movimento real da mão direita de Mac. Os neurônios dessa área preveem a trajetória da moeda em voo, com base nos movimentos da mão dele. Em seguida, quando a mão direita do mágico para de forma abrupta, os neurônios seletivos de movimentos em outras duas áreas visuais (o córtex visual primário e uma área visual especializada e sensível ao movimento, chamada MT) captam o movimento da mão esquerda de Mac se fechando. Um componente fundamental desse truque é que Mac fecha a mão esquerda no mesmo instante em que a moeda teria voado pelo ar se de fato tivesse sido jogada. Se ele não fechasse a mão esquerda, não haveria movimento a ser detectado pelas áreas cerebrais sensíveis ao movimento. Sem o fechamento da mão esquerda, seria muito mais provável o truque falhar. Mas, como a informação sobre a mão se fechando corresponde ao movimento implícito da moeda falsamente lançada pela mão direita, a trajetória prevista da moeda ilusória combina com a trajetória real dos dedos que se fecham na mão esquerda e o cérebro se convence – de maneira equivocada! – de que a moeda de fato voou para essa mão. Na verdade, apenas os dedos de Mac se mexeram.

Alguma vez você já fingiu atirar um pedaço de pau para o seu cachorro pegar? O cachorro gira e começa a disparar, na expectativa de que o pau siga a trajetória implícita. É que os circuitos do cérebro canino que estão em ação durante a percepção do movimento real também reagem ao movimento implícito. O cérebro dele lhe diz que há um toco de madeira voando, e o cão parte atrás.

FIM DO ALERTA DE SPOILER

Durante um número de mágica, somos tapeados pelo movimento implícito com a mesma facilidade que o cachorro. Considere a ilusão da bola que desaparece, um truque assombrosamente simples. O mágico joga uma bolinha vermelha para o alto três vezes. Nas duas primeiras, pega-a com a mão. No terceiro lançamento, no entanto, a bola desaparece misteriosamente. Você a "vê" subir e ela some. Incrível.

ALERTA DE SPOILER! A SEÇÃO SEGUINTE DESCREVE SEGREDOS DA MÁGICA E SEUS MECANISMOS CEREBRAIS!

O mágico obtém esse efeito captando o nosso olhar com a atenção conjunta. Toda vez que joga a bola, ele levanta e baixa a cabeça, para exagerar a trajetória do objeto. Mas, na terceira vez, ele apenas finge jogá-lo. Esconde a bola na mão, enquanto a cabeça vira para cima, acompanhando a trajetória aparente do objeto. Porém, nós, escravos das dicas sociais, levantamos a cabeça junto com a dele. E é aí que temos a súbita sensação de que a bola – que supúnhamos estar acompanhando com os olhos – desapareceu em pleno ar.

FIM DO ALERTA DE SPOILER

Gustav Kuhn, um psicólogo e mágico da Universidade de Durham, no Reino Unido, mostrou um videoclipe da ilusão da bola desaparecida a 38 estudantes e acompanhou com atenção seus movimentos oculares enquanto assistiam à gravação. Dois ou três disseram ter visto a bola sair da mão do mágico no terceiro arremesso.

O rastreamento ocular revelou que os estudantes não estavam olhando para o ponto do espaço em que achavam que a bola havia sumido. O mágico tinha usado seu próprio olhar para orientar disfarçadamente o foco da atenção dos espectadores para a posição prevista da bola. Seus movimentos oculares prevaleceram sobre o que viam os próprios olhos dos alunos. Essa ilusão funciona, em parte, porque as vias cerebrais dos movimentos oculares e da percepção funcionam de maneira independente e, em parte, porque a nossa visão tem baixa resolução fora do centro do olhar, o que significa que não nos causa surpresa não vermos a bola ser lançada. Nossa atenção acompanha a suposta trajetória dela por causa do olhar do ilusionista. Quando chegamos à bola com os olhos, ela literalmente desaparece, pois nesse momento podemos ver, com a visão central de alta resolução, que ela de fato sumiu. Isso prova, mais uma vez, que a direção do olhar pode ser separada da atenção.

Talvez esse efeito se relacione com a mesma espécie de *momento representacional* que vimos no truque de Mac King com o lançamento da moeda – a posição final de um objeto em movimento que desaparece de súbito é percebida, na trajetória do movimento, mais adiante de sua posição final real. Assim, o correlato neural do efeito se situa em uma área LIP do córtex parietal posterior.

A bola desaparecida também ilustra a *preparação*. Somos mais propensos a vê-la desaparecer em pleno voo depois que os arremessos reais nos preparam para saber como é uma bola lançada de verdade.

A preparação é uma força poderosa na vida cotidiana, pois, por meio dela, sugestões sutis, feitas à mente subconsciente, podem influenciar a conduta posterior. Experimente isto: responda às perguntas que se seguem, depressa e em voz alta. Não pare para pensar na resposta. De que cor é a neve? De que cor são as nuvens? De que cor é o creme chantilly? De que cor são os ursos-polares? O que as vacas bebem? Se você disse que as vacas bebem leite, é porque foi preparado pelas perguntas anteriores para escolher alguma coisa branca (as vacas bebem água, fazendeiro).

Os psicólogos gostam de estudar a preparação em ambientes de laboratório. Eis alguns exemplos de experimentos recentes:

- Sujeitos experimentais foram solicitados a ler uma lista de palavras relacionadas com a velhice e a doença – enrugado, grisalho, asilo, demência –, entremeadas com palavras neutras. Depois disso, eles andaram mais devagar para o elevador do campus do que outros que não tinham lido tais palavras. O efeito não durou muito, mas a mudança de comportamento foi perceptível.
- Algumas estudantes chinesas fizeram um teste de matemática depois de fornecerem informações étnicas ou sobre gênero. O fato de serem relembradas de seu gênero resultou em notas mais baixas no teste (o estereótipo do gênero é que as mulheres são ruins em matemática), ao passo que serem lembradas da etnia resultou em notas altas (os asiáticos são bons em matemática).
- Metade dos participantes de outro estudo foi preparada de modo subliminar pelas palavras "Lipton Ice" – piscada repetidas vezes em uma tela de computador por 24 milissegundos –, enquanto a outra metade foi preparada por um controle que não consistia em uma marca. A preparação com a marca Lipton Ice levou os que estavam com sede a querer beber esse chá gelado. Entretanto, os que não sentiram sede não foram influenciados pela mensagem subliminar, uma vez que seu objetivo não era saciá-la.
- Os anunciantes usam a preparação para instigar o consumo de alimentos sem valor nutritivo. Em um experimento, crianças da escola primária assistiram a desenhos que continham propaganda de alimentos ou de outros produtos. Enquanto assistiam, receberam biscoitinhos de queijo. As crianças que viram a propaganda de alimentos comeram uma quantidade de biscoitos 45% maior.

TRUQUES FAMOSOS DE MENTALISMO

Os mágicos, em especial os mentalistas, usam com frequência a preparação para influenciar as respostas do espectador. Por exemplo, vejamos um truque de adivinhação de pensamento que em geral é feito com três ou sete espectadores, mas que também deve funcionar com você. Pegue uma caneta ou um lápis e siga as instruções abaixo, na ordem em que são apresentadas, fazendo-o o mais depressa possível.

1. Escolha um número entre 1 e 50.
2. Mas há algumas regras com respeito à sua escolha.
3. O número deve ter dois algarismos.
4. Os dois algarismos devem ser ímpares.
5. Um algarismo deve ser maior do que o outro.

Anote isso rapidamente.

Certo, agora vamos ler seu pensamento. Olhe para o número e se concentre intensamente no valor dele. Estamos começando a captar seu pensamento. Quando tivermos certeza do número, vamos escrevê-lo neste livro e mandar o manuscrito para a gráfica, para que você possa lê-lo aqui.

Você pensou no número 37. Sim? Viva! Lemos seu pensamento de trás para a frente, bem na hora. Não, nós erramos? Bem, ou você não seguiu as instruções ou não se concentrou o bastante. Talvez você deva comprar outro exemplar deste livro e ver se o truque funciona melhor com ele.

ALERTA DE SPOILER! A SEÇÃO SEGUINTE DESCREVE SEGREDOS DA MÁGICA E SEUS MECANISMOS CEREBRAIS!

Quer saber como o truque funciona? Em primeiro lugar, ninguém sabe de fato. Mas eis o que sabemos. Reduzimos o número de opções ao pedir um número de dois algarismos. Isso restringe a escolha aos que vão de 10 a 50. Depois, dissemos que os dois algarismos tinham que ser ímpares. Isso deixa apenas dez opções entre 11 e 39. Em seguida, dissemos que você não podia ter algarismos repetidos, o que lhe deixou apenas oito opções: 13, 15, 17, 19, 31, 35, 37 e 39. Certo, reduzir cinquenta opções a oito nos deixa com uma probabilidade de 12,5% de fazer a adivinhação correta, o que é melhor do que nossa chance original de 2%, mas ainda é muito baixo. Então, por que as pessoas tendem a escolher o 37? Bem, preparamos você para pensar no 3 e no 7, ao começar nossa conversa dizendo que o truque funciona melhor em grupos de três ou sete pessoas. Não é verdade. Em geral, o truque é feito com uma pessoa, não com um grupo. Com certeza existem outros fatores que contribuem para a razão de esse truque funcionar, visto que ele continua funcionando, na maioria das vezes, mesmo sem a preparação, mas esses outros fatores ainda não são bem compreendidos.

FIM DO ALERTA DE SPOILER

A preparação também pode levar a erros de interpretação perceptual sob a forma de expectativas falhas, o que pode criar problemas graves para o indivíduo. Por exemplo, nosso colega Peter Tse, do Dartmouth College, depôs como perito em um caso recente de um homem que atirou no que julgara ser um urso e, em vez disso, matou um homem. De acordo com Tse, o caçador de 21 anos fora preparado para ver um urso. Tinha visto seu irmão mais novo matar um urso nesse dia e queria pegar um também. A vítima estava colhendo amoras na floresta de Vermont durante a temporada de caça, sem a roupa laranja fluorescente que os caçadores usam para não atirar uns nos outros. (Isso quase dá margem ao Prêmio Darwin, mas deixemos para lá.) O caçador viu os arbustos se mexerem, mirou e, enxergando um urso pela mira, disparou uma bala que atravessou o ombro, os dois pulmões e o coração da vítima, saindo pelo outro ombro. O colhedor de amoras morreu em menos de um minuto.

Ao perceberem o erro, o caçador e seu irmão fugiram do local. Mais tarde, seu tio os convenceu a se entregar. O veredicto foi de homicídio por negligência, com a sentença de um ano de prisão.

Tse fundamentou seu testemunho na ideia de que a preparação – ver a caçada bem-sucedida do irmão no mesmo dia – tinha reduzido a capacidade do caçador de identificar alarmes falsos, o que, no caso, significou a identificação errônea de um urso. Segundo Tse, isso foi um exemplo da *teoria da detecção de sinais*. Ela foi inventada durante a Segunda Guerra Mundial a fim de ajudar a determinar quando os operadores de radar britânicos deveriam dar a ordem para que os pilotos levantassem voo para abater bombardeiros alemães. Os alarmes falsos eram péssimos, porque, se os caças decolassem para se defender de um ataque inexistente, o país ficaria vulnerável a um ataque real vindo de outra direção durante o longo período que os aviões levariam para voltar, aterrissar, ser reabastecidos, dar um descanso à tripulação e se preparar para outro evento de decolagem urgente. Os alarmes falsos eram caros e perigosos. Por outro lado, não decolar o mais rápido possível poderia significar a queda de bombas no coração de Londres. Os cientistas se referem a esse tipo de erro como um "malogro". A questão era como determinar os critérios ideais para minimizar os alarmes falsos e os malogros. E de que modo os operadores de radar estabeleciam seus próprios critérios internos para decidir quando uma luz piscando na tela era um bombardeiro nazista?

No caso do caçador de ursos, ele estava obstinadamente decidido a matar um urso naquele dia. Nem vamos levar em conta que nenhuma pessoa que porte uma arma deva estar obstinada em coisa alguma – a verdade é que nossos desejos nos levam a ver o que desejamos ver. A capacidade do caçador de detectar um urso fora intensificada em seu nível máximo, porém esse mesmo critério também aumentou sua capacidade de confundir um homem com um urso. Ele estava no clima perfeito de agressividade para agir com base em um alarme falso. No fim, foi exatamente isso que fez, e tudo se resumiu em como ele manejou a tensão inevitável entre os alarmes falsos e os malogros.*

Tal como a preparação, nossa tendência a alimentar preconceitos e estereótipos torna mais prováveis os alarmes falsos. Por exemplo, Keith Payne, psicólogo da Universidade da Carolina do Norte em Chapel Hill, pediu a algumas pessoas que distinguissem vários tipos de armas e secadores de cabelo, pistolas de calafetagem e outros aparelhos com formato de revólver. Usou uma técnica de medição da tendenciosidade defendida por Mahzarin Banaji, psicólogo de Harvard. Com esse método, o nível de preconceito (racial, sexual ou outro) da pessoa é determinado pela me-

* Uma busca no Google usando os termos "tiro" e "confundido com" mostra inúmeros casos de vítimas de disparos de armas de fogo (mais de 3 milhões de resultados), inclusive de pessoas confundidas com coiotes, perus, macacos, cervos, raposas e, no caso de um pobre mergulhador que usava um *snorkel*, com um roedor gigante.

dição de seu tempo de reação a conceitos que entram em conflito com seu sistema de crenças. Payne constatou que os sujeitos experimentais norte-americanos ligavam mais facilmente os negros a armas, ao passo que associavam os brancos a ferramentas.

Esse estereótipo tornou-se letal em 1999, quando um estudante africano de 23 anos, Amadou Diallo, foi morto na cidade de Nova York por ter tentado pegar sua carteira quando a polícia lhe ordenou que parasse. Na República da Guiné, sua terra natal, a pessoa tinha de exibir a carteira ao ser abordada pela polícia. Diallo foi alvejado 41 vezes e atingido por dezenove balas. Os guardas alegaram ter visto uma arma, não uma carteira, e foram absolvidos, o que resultou em tumultos.

Dada a prevalência dos alarmes falsos, o que podemos fazer para diminuir sua ocorrência? Uma ideia é manipular as expectativas do observador. É essa a filosofia da campanha da Secretaria de Transportes de Londres para fazer os motoristas terem mais consciência dos ciclistas nas ruas. Os motoristas de automóveis estão o tempo todo atentos a outros carros, mas é comum não verem bicicletas e motocicletas. A Secretaria de Transportes usa demonstrações do tipo "um gorila entre nós" em comerciais de televisão, na tentativa de aumentar a conscientização dos motoristas e reduzir a probabilidade de atropelar ciclistas. Deve funcionar. Na demonstração de Simons e Chabris com o gorila, as pessoas têm maior propensão a vê-lo quando lhes é dito que talvez haja um gorila no filme.

ALERTA DE SPOILER! A SEÇÃO SEGUINTE DESCREVE SEGREDOS DA MÁGICA E SEUS MECANISMOS CEREBRAIS!

Os mágicos usam a predisposição e a preparação para provocar alarmes falsos, o que, mais uma vez, se relaciona com a teoria das soluções falsas, de Tamariz. Lembre-se de que um dos modos de criar despistes marcantes é fornecer indícios de que está usando determinado método para fazer um truque, quando na verdade se trata de um método completamente diferente. Bem, os mágicos usam as preconcepções para conseguir detecções falsas. Lembra-se do falso arremesso da moeda de Mac King e da bola desaparecida de Kuhn? Quando você vê a moeda e a bola serem de fato jogadas para o alto, isso serve para implantar a ideia preconcebida de que o mágico sempre arremessa o objeto. Nesses truques, os ilusionistas empregam a repetição para aumentar a predisposição para um alarme falso (detectar uma moeda ou uma bola quando não existe nenhuma), mas também para reduzir a possibilidade de que você perca de vista um lançamento real da moeda. Imagine um perito em truques de baralho fazendo o jogo da vermelhinha – uma antiga trapaça na qual a vítima aposta que é capaz de encontrar a carta-alvo entre três cartas viradas para baixo. O mágico dá ao observador diversas chances de ver onde está o alvo – digamos, a rainha de espadas. Isso aumenta a confiança da vítima e faz o critério se acentuar (a sensibilidade da vítima à posição da rainha). E então, pimba, o trapaceiro usa um truque de prestidigitação para tirar a rainha, provocando um erro em uma tentativa em que a aposta é alta.

FIM DO ALERTA DE SPOILER

Quando nosso filho Iago tinha dois anos, Steve mostrou-lhe um truque de mágica. Achou que já tinha conseguido bastante desenvoltura no truque e quis se exibir para o filho. Mas Iago não se impressionou. Ali estava um garoto que se encantava e se entretinha por horas a fio com o fato de poder soprar uma vela, mas que achava completamente banal uma coisa impossível. Você já sabe por quê. O cérebro dele ainda era tão ingênuo com relação às leis da física e da causalidade que ele não tinha previsões em que basear a sensação de surpresa. Ainda era tão pequeno que poderíamos lhe mostrar como fazer um objeto atravessar um portal mágico no espaço-tempo e ele apenas o notaria, talvez brincasse um pouco com esse novo fato – da mesma forma como brincava de derramar líquidos de um recipiente em outro, ou de tirar e pôr as meias seguidas vezes –, e nada mais.

Mac King concordou conosco. As crianças são mais difíceis de enganar, disse, porque não têm expectativas fortes em relação ao mundo. Acham que a mágica simplesmente existe: algumas pessoas de fato são capazes de fazer uma moeda se desmaterializar. Se você acredita em Papai Noel, o que há de inacreditável em um espetáculo de ilusionismo?

É só um bando de adultos transportando magicamente uma moeda de um lado para outro, ou fazendo cartas sumirem no ar. O que as crianças realmente querem ver é alguma coisa difícil e engraçada, como uma cambalhota tripla cujo resultado é um rasgão no meio dos fundilhos das calças do saltador.

Randi também concordou. As crianças são mesmo difíceis de enganar, diz ele, porque não são sofisticadas o bastante para serem tapeadas. Não construíram modelos infalíveis de probabilidade e impossibilidade.

Portanto, podemos indagar: quando é que a mente da criança atinge um nível de maturidade que lhe permite se encantar ou se admirar com um truque de mágica? De que modo ela adquire expectativas? Aliás, o que sabem os bebês? Quando aprendem a prever o mundo? Quando suas expectativas se tornam violáveis?

Essas perguntas suscitam dúvidas mais profundas. Quando os bebês nascem, quanto de seu cérebro vem previamente programado para adquirir conhecimentos sobre o mundo? Será que o cérebro deles é como uma tela em branco, ou possui estruturas inatas, já armadas e prontas para absorver os conhecimentos? Na década de 1920, o suíço Jean Piaget, um psicólogo do desenvolvimento, foi pioneiro nessa investigação e concluiu que os bebês com menos de nove meses não têm nenhum conhecimento inato do mundo. Piaget afirmou que eles não possuem nenhum senso da *permanência do objeto* – a ideia de que algo pode existir mesmo quando não o vemos. Também afirmou que os bebês constroem o conhecimento aos poucos, a partir da experiência, inclusive a capacidade de empatia, que o psicólogo sugeriu surgir bem tarde no desenvolvimento.

Os atuais neurocientistas cognitivos questionam muitas das conclusões de Piaget e presumem que as crianças nascem com certo conhecimento do mundo físico. São "máquinas estatísticas de aprender", com uma capacidade rudimentar para a matemática e a linguagem. Os bebezinhos têm ideias corriqueiras sobre psicologia, biologia e física.

Como os bebês não sabem falar, os psicólogos do desenvolvimento conceberam diversas estratégias para obter informações sobre a cognição infantil. Nos "laboratórios de bebês", estes se sentam em cadeiras altas ou no colo dos pais e observam cenários simples. Em seguida, o experimentador mede por quanto tempo o bebê olha para um objeto, comparado a outro ou a uma série de eventos. A ideia é que o olhar dessas crianças revela o quanto elas estão interessadas no objeto, ou se são capazes de detectar algo fora do comum – indícios de que elas dispõem de modelos simples de como o mundo funciona. Por exemplo, os bebês podem se mostrar menos interessados quando veem o mesmo fenômeno acontecer repetidas vezes. Eles se entediam. Quando aparece um novo fenômeno, olham para ele por mais tempo, desde que notem a diferença.

Elizabeth Spelke, psicóloga do desenvolvimento em Harvard, fez dezenas de experimentos sobre a capacidade de raciocínio das crianças. Em um deles, Spelke mostrou que bebês de apenas três meses e meio olham mais demoradamente para eventos impossíveis (como um painel de madeira articulado se movendo através de uma caixa) do que para os possíveis. No dizer da cientista, eles têm uma compreensão básica dos fenômenos físicos que parecem violar a gravidade, a solidez e a contiguidade.

Essas pesquisas também mostram que os bebês têm um senso da permanência do objeto muito antes da fase postulada por Piaget. Em determinado experimento, os bebês observavam um trenzinho de brinquedo descer uma linha férrea, desaparecer atrás de uma tela e ressurgir de trás dela, mais adiante, em outro ponto do trilho. Depois, os pesquisadores puseram um ratinho de brinquedo atrás da ferrovia, levantaram a tela e fizeram o trem rolar de novo. Nenhum problema. Por fim, puseram o ratinho nos trilhos, abaixaram a tela, retiraram disfarçadamente o ratinho e puseram o trem para andar. Bebês de apenas três meses e meio olharam por mais tempo para o possível evento de atropelamento do ratinho pelo trem, o que sugeriu que tinham senso da permanência do objeto. Sabiam que o ratinho existia e que ele estava colocado em um lugar em que o trem o atingiria.

David Rakison, psicólogo da Universidade Carnegie Mellon, em Pittsburgh, também usa brinquedos para investigar o que os bebês sabem. Ele estuda as aptidões dos bebês para categorizar objetos. Talvez você pense que as crianças pequenas juntam naturalmente vacas e cavalos em um grupo e carros e aviões em outro, mas porventura isso significa que elas sabem o que são esses objetos? Quando Rakison tirou as pernas e as rodas desses brinquedos, os bebês juntaram as vacas com os carros. Ele observou que os bebês sabem que os cães são diferentes dos carros aos três meses de idade, mas só sabem que cães e gatos são seres vivos ao chegarem aos três anos.

Nosso filho Iago viu uma tartaruga-gigante pela primeira vez aos dezoito meses, em uma visita ao Jardim Zoológico de Phoenix. O enorme animal (do tamanho de uma piscininha infantil) ficou imóvel por um longo tempo e então começou a andar trabalhosamente em nossa direção, ao longo da cerca. Iago exclamou "vrum vrum", como se estimulasse o réptil a andar mais depressa. Não tendo a menor experiência com tartarugas, ele simplesmente achou que o objeto estranho que se aproximava era algum tipo de carro vagaroso.

Outros pesquisadores usam animais ou bonecos para investigar a chamada *teoria da mente* – a capacidade inata que uma pessoa tem de intuir o estado mental de outra. Um grande exemplo de teoria da mente em chimpanzés foi apresentado em 1999, no episódio "Einsteins animais" do programa de televisão *Scientific American Frontier*. Nesse episódio, Alan Alda apareceu vestido de veterinário, de jaleco e máscara, e entrou marchando no recinto dos chimpanzés da Universidade Estadual da Geórgia. Segurava um objeto parecido com uma lança – um poste metálico de um metro de comprimento, com uma enorme agulha na ponta. Sua anfitriã, Sue Savage-Rumbaugh, sabia que essa indumentária decididamente chamaria a atenção de seus chimpanzés. Era a mesma roupa que seria usada por qualquer integrante da equipe de veterinária ao entrar no recinto com a intenção de aplicar uma injeção em um dos animais. A pesquisadora tinha uma "teoria da mente" a respeito de seus chimpanzés: a de que eles veriam um veterinário carregando uma seringa e ficariam muito aborrecidos. Tinha razão.

Quando Alan cruzou o corredor cheio de gaiolas, um chimpanzé sentado sobre o teto de uma delas, várias gaiolas adiante no corredor, observou-o como um gavião. Um segundo chimpanzé foi solto de sua cela atrás do recinto e entrou na jaula fechada por uma cerca de arame. Esse segundo chimpanzé podia ver o primeiro, lá no início do corredor, fora da jaula, mas, por causa de uma parede divisória de tijolos, não podia ver

Alan. Entretanto, depois de ver um sinal feito pelo primeiro chimpanzé, o segundo estacou e olhou para a parede divisória como se ela fosse o próprio demônio. Soube que alguma coisa ruim estava chegando. E isso só foi possível porque o primeiro chimpanzé sabia que o segundo não tinha como saber que Alan estava chegando e por isso lhe fez um sinal. Esse comportamento, incrivelmente complexo, mostra que o primeiro animal tinha uma teoria da mente. Ele sabia que o segundo chimpanzé possuía uma mente e não tinha possibilidade de saber da desgraça iminente. E por isso o avisou.

O famoso teste de Sally-Ann é usado para investigar a emergência da teoria da mente em crianças pequenas. Uma criança é apresentada a duas bonecas, Sally e Ann, e depois lhe mostram que cada boneca tem sua caixa, com uma bala ou um brinquedo escondido dentro dela. Em seguida, diz-se à criança que Sally vai sair por um instante. O experimentador retira a boneca Sally do cenário, deixando sua caixa.

Em seguida, diz-se à criança que Ann vai pregar uma peça em Sally. Ann abre a caixa de Sally, tira a bala e a esconde em sua própria caixa. Sally volta, sem saber o que aconteceu. Pergunta-se à criança onde Sally irá procurar sua bala. A criança dotada de uma teoria da mente percebe que Sally não sabe que Ann lhe pregou uma peça. Ela prevê que Sally vai procurar a bala em sua própria caixa e descobrir que ela sumiu. Mas a criança desprovida da teoria da mente vê a situação com base no que ela sabe ser verdade em sua própria mente e prevê que Sally procurará a bala onde ela de fato está: na caixa de Ann.

As crianças muito pequenas tendem a não dar a resposta correta nesse teste, uma vez que a teoria da mente leva tempo para se desenvolver. A maioria das crianças acerta a resposta por volta dos seis ou sete anos, embora algumas de três anos sejam capazes de fazê-lo (nosso filho Iago, que tinha três anos e sete meses quando escrevemos este texto, não passou no teste).*

* A teoria da mente é crucial para o ilusionismo, pois os mágicos sabem que a temos e que ela é uma alavanca com que controlar nossa mente. É a base da atenção conjunta. Os mágicos atentam abertamente para objetos e locais de interesse potencial, a fim de controlar nossa atenção, desviando-a dos movimentos secretos.

Os bebês e as crianças pequenas também diferem dos adultos quanto aos estilos de atenção, à capacidade de mentir e à noção de tempo. Em seu livro *The Philosophical Baby*, Alison Gopnik, psicóloga do desenvolvimento da Universidade da Califórnia em Berkeley, explica que, para concentrar a atenção, precisamos de estímulos fortes, vindos do *córtex pré-frontal*, que é a última área cerebral a se desenvolver nos seres humanos. Com a ajuda de circuitos neurais maduros, nossa atenção funciona como um foco estreito, concentrando-se em uma coisa de cada vez. Nos bebês e crianças pequenas, diz Gopnik, a atenção funciona mais como um lampião, lançando uma luz difusa sobre a região circundante.

"Às vezes dizemos que os adultos são melhores para prestar atenção do que as crianças", escreveu Gopnik. "Na verdade, queremos dizer justamente o inverso. Os adultos são melhores para não prestar atenção. São melhores para filtrar todo o resto e restringir a consciência a um único foco."

"Os adultos sabem seguir instruções e se concentrar, o que é ótimo", diz John Colombo, psicólogo da Universidade do Kansas. "Mas as crianças, como se verifica, são muito melhores em matéria de captar todas as coisas irrelevantes que estão acontecendo. E faz sentido. Se você não sabe como funciona o mundo, como saber em que se concentrar? Você precisa tentar absorver tudo."

Essas ideias são compatíveis com os correlatos neurais da atenção que descobrimos em colaboração com o laboratório de José-Manuel Alonso, descrito no Capítulo 4. A atenção resulta da ativação de neurônios inibidores, que, por sua vez, inibem os neurônios das regiões visuais circundantes que possam causar distrações. Onde quer que você concentre a atenção, também estará eliminando os causadores potenciais de distração ao redor. Quanto mais você se concentra, maiores se tornam sua ativação central da atenção e sua eliminação do entorno. Os estudos de Gopnik e Colombo sugerem que os bebês e as crianças não eliminam tão bem quanto os adultos os distratores no meio circundante.

Em um experimento de John Hagen, psicólogo do desenvolvimento da Universidade de Michigan, as crianças recebem um baralho e lhes são mostradas duas cartas de cada vez. Elas são instruídas a se lembrar da carta da direita e a ignorar a carta da esquerda. As crianças mais velhas e os adultos orientam a atenção para a carta da direita e se lembram dela. Mas as crianças pequenas recordam com frequência a carta da esquerda, que deveriam ignorar.

Gopnik também afirma que as crianças com menos de cinco anos têm um senso diferente do tempo. O mundo é menos ordenado. Elas se esquecem do que aconteceu há um minuto e do que sentiram. Não parecem prever seus estados futuros. Não projetam o que pensarão e sentirão mais tarde. Não possuem o conceito de pensamento lógico, impulsionado internamente.

Mas as crianças com mais de cinco anos já começam a desenvolver um senso do tempo consecutivo e um fluxo de consciência que flui em uma corrente ininterrupta, com um eu uno no centro. Os mágicos precisam dessas funções para tornar mágico o ilusionismo. Sem esses processos, não existe um senso marcante de causa e efeito e, por conseguinte, não há regras invioláveis que possam ser violadas. Antes dos cinco anos, a vida toda é um espetáculo de mágica, logo, o que vem a ser um truque a mais? Perguntamos muitas vezes aos mágicos com que idade a criança é capaz de compreender e apreciar a mágica. A resposta usual é cinco anos.

Então, que tipo de truques de prestidigitação atraem crianças abaixo dos cinco anos? O que surpreenderia o nosso pequeno Iago? Resolvemos perguntar a um dos maiores mágicos infantis do mundo, Silly Billy – nome artístico de David Kaye, um artista de Nova York –, como ele lida com esse problema. Como não é de admirar, ele disse que os truques que funcionam com as crianças recorrem aos conhecimentos básicos que elas têm do mundo.

Por exemplo, tirar uma moeda da orelha de uma criança é profundamente mágico. As crianças tiveram orelhas a vida inteira. Usam-nas para ouvir e aprender. Mas produzir dinheiro não é uma característica conhecida da orelha humana. Assim, diz Kaye, quando um mágico tira uma moeda da orelha da criança, isso é mágica.

A agulha que atravessa a bola de inflar é outro truque que funciona com as crianças. Elas sabem que as bolas podem estourar. Sabem que a agulha estoura bolas. Assim, quando o mágico introduz uma agulha em uma bola e esta não estoura, a criança vê isso como mágica.

Se você pegar um lápis de cor e o esfregar em uma superfície, ele deixará uma marca, diz Kaye. Mas o truque da prancheta mágica, desenvolvido por Steve Axtell, vai muito além. O mágico desenha um rosto em uma prancheta grande. De repente, os olhos começam a se mexer, a boca abre e fecha. O rosto se anima e mantém uma conversa com o mágico. Isso rompe as leis naturais ligadas ao desenho com lápis de cor.

Se você pegar uma xícara d'água e a virar de cabeça para baixo, a água derramará. Contudo, no truque do pó de solidificar, diz Kaye, o mágico verte água em um copo de isopor, vira-o de cabeça para baixo e a água some. O mágico também pode fazer um cone com jornal, verter leite dentro dele, desdobrar o papel e mostrar que o leite desapareceu. As crianças ficam doidas ao ver isso.

Por fim, se você puser pequenos objetos em um recipiente e deslocá-lo pela sala, os objetos continuarão lá dentro. As crianças pequenas sabem disso. Mas quando o ilusionista põe um objeto no "saco de trocas" e diz as palavras mágicas, o objeto deixa de existir. É um tipo de mágica em que a criança pode acreditar. Nada disso requer uma teoria da mente.

A existência de um sentimento de magia quando nossas expectativas são violadas é um fato que faz pleno sentido para qualquer um que o examine. O surpreendente é a energia necessária para que o cérebro forme uma expectativa. As crianças levam anos de estudo constante para desenvolver expectativas apropriadas a respeito do mundo que as cerca, ou mesmo das pessoas que elas amaram a vida inteira. Isso se dá apesar de, assim como os adultos, as crianças possuírem o mais poderoso aparelho de computação que se conhece no universo – o cérebro humano – para guiálas no desenvolvimento de expectativas. O fato de os mágicos poderem derrubar essas expectativas de longa data como se fossem um punhado de castelos de areia é de incrível utilidade para o desenvolvimento de novos métodos neurocientíficos destinados a descobrir a arquitetura exata não só da mente adulta, mas também do cérebro em desenvolvimento de nossos filhos.

• 9 •

Que a força esteja com você: a ilusão da escolha

James, o Incr!vel Randi, estava de volta ao palco, só que, desta vez, no Naples Philharmonic Center for the Arts, na Flórida. Fazia-nos um favor, executando diversos truques de mentalismo na edição de 2009 do concurso Melhor Ilusão do Ano.*

Os mentalistas são mágicos que usam as probabilidades matemáticas, a natureza humana, a prestidigitação, estratagemas diversos e a confiança para dar a impressão de que são capazes de ler pensamentos. Seus números são sumamente teatrais, muitas vezes invocando poderes "místicos" de clarividência, telecinesia, telepatia, precognição, adivinhação e controle da mente.

Ao contrário de muitos videntes da Nova Era, que afirmam possuir poderes sobrenaturais,** mentalistas como Randi, Max Maven, Derren Brown e outros grandes artistas não manifestam a pretensão de ter faculdades paranormais. Suas ilusões provêm da capacidade de explorar a credibilidade humana e, como você verá, executar geniais manobras furtivas e traiçoeiras.

---

* Ver http://illusionoftheyear.com.

** A comunidade do ilusionismo se divide entre mágicos que afirmam ter poderes paranormais (declaram de forma explícita suas habilidades sobrenaturais como parte de suas apresentações, ou levam implicitamente os espectadores a essa conclusão) e os que não fazem nenhuma afirmação desse tipo. Como não é de surpreender, essas duas tradições de ilusionistas não se entendem. Os mágicos apresentados neste livro são firmes defensores da tradição da não declaração de poderes paranormais e admitem fazer "truques" em seus números.

Nesse dia, Randi ia apresentar o teste do livro. Trata-se de um número em que o mágico pede a um voluntário que exerça seu livre-arbítrio na escolha de uma revista, encontre uma palavra ao acaso em alguma página e pense nessa palavra, em silêncio. O mágico adivinha a palavra, lendo o pensamento do voluntário.

Randi examinou a plateia, a mão protegendo os olhos dos refletores, como um marinheiro que bloqueia o sol ao mirar o horizonte.

– Conheci uma moça lá fora, antes do show, que concordou em me ajudar no próximo truque. Você poderia se levantar, por favor?

Uma jovem ficou de pé mais ou menos no centro da plateia, e Randi a apresentou como Zoe.

– Bem, antes de começarmos, você pode ter a gentileza de confirmar que nunca nos encontramos antes da noite de hoje?

– Correto – disse ela.

– Que você não está sofrendo nenhuma coação minha, que não foi paga por mim e que qualquer decisão que venha a tomar não lhe foi fornecida por mim?

– Sim, é verdade – respondeu Zoe.

– Quando nos encontramos hoje, em frente ao salão, você escolheu uma palavra em uma revista, completamente aleatória e por sua livre e espontânea vontade?

– Sim.

– Era um outro exemplar desta mesma revista específica, que escolhemos na estante de literatura gratuita do lado de fora do prédio? – perguntou Randi, tirando do bolso de seu blazer azul-marinho um guia grátis de aluguel de apartamentos e abrindo devagar cada página, para mostrar à plateia que havia muito texto.

– Sim.

– E eu lhe pedi, não foi, para abrir a revista na página que quisesse, de preferência em uma que tivesse muito texto, e para escolher livremente qualquer palavra do seu agrado, enquanto eu me mantinha de costas para você?

– Sim.

– E depois disso você destruiu a revista, correto?

– Sim.

– Seria impossível eu saber que palavra você escolheu, certo? Muito bem. Você tem um pedaço de papel em que essa palavra foi escrita. Pode desenhar um círculo em volta dela agora, enquanto tento ler sua mente?

– Está bem – disse Zoe, e circundou a palavra na página.

Randi começou então a andar. Percorreu o palco, indo de um lado para o outro. A sombra lançada por ele, em função da luz do refletor, saltava animadamente contra as pregas da cortina de veludo vermelho às suas costas, que tinha a altura de uns dois andares. Seu cenho se franziu em vincos fundos, enquanto ele esfregava a testa e as têmporas. Randi então resmungou consigo mesmo, de um modo levemente desconcertante, porém divertido.

Por fim, parou diante de um cavalete em que havia um grande bloco de papel, ao lado do tablado. Tirou a tampa de uma enorme caneta Sharpie, levantou os olhos para as luzes, com a mão direita pressionando as pálpebras, o braço estendido, a caneta destampada, pronta para atacar, e falou:

– Estou começando a captar alguma coisa – e escreveu um *N* no papel. – Agora está vindo tudo. – Continuou recebendo as vibrações mentais de mais oito caracteres e escreveu a expressão **NθI+d3)3P**.

Feito isso, e visivelmente esgotado pelo esforço, Randi tirou a mão do rosto. Olhou para o bloco por um longo tempo, em completo silêncio, e então se virou para o público. Os presentes começaram a ficar irrequietos, sentindo-se embaraçados pelo pobre velhote.

– A revista está escrita na língua inglesa? – ele acabou perguntando, sem conseguir disfarçar a decepção na voz.

– Sim – respondeu Zoe com um risinho, e outras risadas nervosas brotaram da plateia. Zoe continuava de pé, e estava tão sem jeito por Randi que, ao responder, teve de abaixar o papel que vinha usando como máscara para esconder o rosto.

– Você é matemática? – indagou Randi, com uma esperança tristonha.

– Não – disse a moça.

– Certo; bem, então acho que não adivinhei – concluiu o mágico, com os ombros e o queixo caídos. – Qual era a palavra?

– Engodo.*

– O quê? Hein? Desculpe, não a ouvi – disse o octogenário, subitamente frágil, curvando-se para aproximar mais o ouvido, agora com a mão em concha e espremendo os olhos contra o brilho dos refletores.

– Engodo! – gritou Zoe.

– Hmm. É, bem... às vezes essas coisas não funcionam – disse ele, com ar desolado. Erguendo os olhos para o bloco pela última vez, deu uma segunda espiada e disse, animado:

– Ah, espere um minuto! Acho que estou vendo o que aconteceu!

Já parecendo trinta anos mais jovem, ele deu um verdadeiro pulo ao levantar a página do bloco e arrancá-la. Virou-se para a plateia com a página arrancada e, devagar, imprimiu-lhe um giro de 180 graus, enquanto dizia:

– Devo ter recebido o sinal de você de cabeça para baixo e de trás para a frente!

Uma vez concluída a rotação, a página revelou a mensagem, agora legível: **dε(εP+IθN**.

A multidão rugiu, e Randi recebeu a ovação de pé.

Na manhã seguinte, Randi voltou para sua casa em Fort Lauderdale, a Fundação Educacional James Randi, ou JREF, na sigla em inglês, Susana e eu ficamos encantados por levá-lo de carro no trajeto de duas horas, saindo de Naples. Já viajamos com mágicos pelo mundo inteiro e, no verão de 2009, chegamos até a andar de avião, de carro e de barco pela China com duzentos mágicos espanhóis, e por isso sabemos do que estamos falando: se um dia você tiver vontade de fazer uma viagem turbulenta pela estrada, vá com um mágico.

A JREF é uma instituição que promove a desmistificação de fraudes e afirmações bombásticas de paranormais, curandeiros, hipnotizadores e até cientistas iludidos. Chegamos ao prédio da fundação, uma casa reformada e cercada de pavões, a tempo de encontrar a equipe comemorando

* Para o que virá a seguir, é importante saber que *engodo*, *trapaça*, *burla* etc. é *deception* na língua inglesa. (N.T.)

a notícia de que acabara de esgotar a venda de ingressos para a edição seguinte da Reunião Incr!vel (TAM, na sigla em inglês), a ser realizada em Londres naquele outono. Fomos conduzidos à biblioteca Isaac Asimov, a farta coleção de literatura sobre ilusionismo da Fundação, cujos livros revestem todos os lados de um amplo salão de conferências, sem janelas e com acabamento de madeira, que inclui uma imensa mesa central de reunião de causar inveja a qualquer presidente de empresa. Anotações e uma miscelânea de acessórios referentes ao próximo livro de Randi, *A Magician in the Laboratory* ["Um mágico no laboratório"], espalhavam-se por ela.

Na viagem, Randi nos dissera que o teste da revista que ele tinha feito com Zoe era uma de muitas variantes de um truque clássico, conhecido como teste do livro.

– Todo mentalista faz – disse-nos na biblioteca. – Fundamentalmente, é uma ilusão da escolha. Permitam-me demonstrar. Minha cara – dirigiu-se a Susana –, tenha a bondade de pegar qualquer livro que lhe agradar na estante.

Susana voltou com um livro de mágica escolhido ao acaso e o mostrou a Randi.

– Ótimo, ótimo – disse ele –, mas vamos nos certificar de que ele não tem ilustrações demais. Você precisa ter opções abundantes de texto. – Pegou o livro e folheou rapidamente as páginas. – Muito bem, esplêndido – comentou, devolvendo-o. – Este livro servirá perfeitamente.

– Agora vou escolher um livro mais ou menos do mesmo tamanho – continuou, tirando outro volume da estante. – Em seguida, lerei seu pensamento, mas primeiro você precisa escolher uma página mais ou menos no meio deste livro aqui, enquanto eu folheio suas páginas.

Segurou o livro pela quarta capa, deitada sobre a mão esquerda, e levantou a capa e todas as páginas em um ângulo de 45 graus. Deixou-as descerem em cascata, folheando-as com o polegar, e aproximadamente na metade delas Susana disse:

– Aí.

– Página 174 – disse Randi. – Então, vamos rever as coisas. Você escolheu livremente um livro, certo?

– Sim.

– Escolheu a página que queria, certo?

– Correto.

– Agora, você vai escolher livremente a palavra que quiser, nessa página, no livro que está segurando.

– Ahã – confirmou Susana.

– Portanto, não há meio de eu saber que palavra você está prestes a escolher, não é?

– Bem, tenho certeza de que você vai saber, só não sei como o fará!

Randi deu um risinho.

– Bem, nisso você tem razão. Então, minha cara, por favor, abra seu livro na página 174 e escolha uma palavra na primeira linha. Não escolha um artigo nem uma palavra sem substância, pegue uma palavra boa, significativa, robusta.

Susana foi à página 174 do livro, leu a primeira linha, escolheu uma palavra – "estelar" –, e o resto da história você já sabe.

ALERTA DE SPOILER! A SEÇÃO SEGUINTE DESCREVE SEGREDOS DA MÁGICA E SEUS MECANISMOS CEREBRAIS!

Mas como ele fez isso? Randi não tinha como saber que palavra Susana escolheria, ou tinha? Ele explicou que os testes do livro são uma ilusão da escolha, pois as escolhas são conhecidas pelo mágico ou forçadas por ele. Nesse caso, o modo como Randi descreveu o truque e as escolhas de Susana foram… bem, não queremos dizer *desonesto*, mas não foi muito preciso. Tratemos de reexaminá-lo. Primeiro, Susana de fato escolheu um livro. Nisso não houve nada forçado. No entanto, porventura ela escolheu a página 174? Não realmente. Foi Randi quem folheou as páginas, não Susana, e ela, na verdade, nem chegou a ver que página estava aparecendo quando disse "Aí". Randi mentiu ao lhe dizer que era a página 174. Portanto, agora a pergunta é: como ele podia saber a primeira linha da página 174 de um livro que Susana escolhera de maneira aleatória? Teria decorado a primeira linha de todos os livros, dos milhares que havia em sua biblioteca? Não. Quando Randi folheou rapidamente as páginas do livro para "verificar as ilustrações", na verdade não estava à procura destas.

Estava procurando um vislumbre de qualquer página em que pudesse se decidir por uma palavra na primeira linha e enxergar o número de página no canto superior direito. Aconteceu que ele leu "estelar" na página 174, enquanto as páginas voavam. Isso é um desafio, com todo o borrão causado pelo movimento, pois ele folheia as páginas muito depressa. Mas, com a prática, é algo que se pode fazer, e Randi só precisava de uma palavra e do número da página dela para fazer o truque funcionar.

Como ele sabia qual palavra exatamente Susana escolheria? Não sabia. Mas há um limite para o número de palavras complexas e robustas ou estelares em uma única linha de qualquer livro normal. Mesmo que Susana escolhesse uma palavra complexa diferente, Randi poderia se recuperar, dizendo: "Ah, mas a palavra 'estelar' está mesmo aí, não está? De modo inconsciente, você deve ter achado 'estelar' uma palavra mais interessante do que a outra que escolheu, e foi por isso que eu a captei em suas ondas cerebrais." Randi usou truques de mentalismo para restringir as escolhas de Susana a uma única palavra, ou a apenas algumas palavras possíveis. Assim, quando "leu o pensamento dela", na verdade só estava fazendo uma conjectura bem-fundamentada, com baixa probabilidade de erro. E, na eventualidade de um erro, poderia corrigi-lo com facilidade.

FIM DO ALERTA DE SPOILER

Voltemos ao concurso de ilusionismo da noite anterior. Randi acabara de receber uma ovação de pé por ter lido o pensamento de Zoe. Mas de que maneira o fez? Qual foi o método por trás desse teste específico do livro? As escolhas de Zoe pareciam essencialmente infinitas. Será mesmo que o Incr!vel Randi (ele dissera aos membros da plateia que, já que eram todos amigos, agora eles deviam chamá-lo por seu prenome, Incr!vel) tinha adivinhado, de algum modo, a palavra "engodo", dentre todas as palavras possíveis, e de uma forma espetacular, ainda por cima? Não. Decididamente, Zoe foi tapeada. Talvez sentisse que dispunha de milhares de opções secretas e não estava sendo orientada por outra coisa senão seu livre-arbítrio, mas não é bem assim.

ALERTA DE SPOILER! A SEÇÃO SEGUINTE DESCREVE SEGREDOS DA MÁGICA E SEUS MECANISMOS CEREBRAIS!

Mais uma vez, o modo de Randi recontar a história foi, digamos, revelador. É verdade que Zoe escolheu uma palavra de uma revista encontrada do lado de fora do salão da filarmônica. Essa é a versão da "arte encontrada" do Randi. Ele gosta de usar textos locais porque faz a ilusão parecer ainda mais convincente, uma vez que ele não poderia ter preparado nada. E, de certa maneira, não preparou. Confiou em sua sagacidade.

Também é verdade que Zoe examinou a revista sem que Randi a visse fazê-lo, e circulou a palavra ("para não a esquecer", Randi lhe dissera) com *a caneta dele*, antes de arrancar a página e jogar a revista em um cesto de lixo. Mas espere: no espetáculo, Randi anunciou que a revista tinha sido "destruída", não descartada. Foi uma modificação importante, com certeza, mas não chegou a ser uma afirmação falsa a ponto de Zoe reclamar. Para a maioria das pessoas, quando um objeto entra na lata de lixo, ele deixa de existir e, para todos os efeitos, foi destruído. Só que nenhum ato é indigno para Randi. Depois que Zoe entrou no salão da filarmônica, ele foi revirar o cesto de lixo para recuperar a revista rasgada. É verdade que Zoe havia arrancado a página relevante, mas agora Randi sabia qual era a que faltava. E, como Zoe tinha usado a caneta especialmente selecionada do próprio mágico para circular a palavra, uma bela esferográfica dura, o círculo deixara uma marca quase indiscernível na página seguinte da revista. Para descobrir a palavra em si, Randi pegou um segundo exemplar, arrancou a página escolhida por Zoe, colocou-a embaixo da página da primeira revista que ficara marcada e alinhou os cantos, até elas se ajustarem perfeitamente. Depois disso, fez um buraco na marca deixada pelo círculo e assinalou na página de baixo a palavra escolhida por Zoe. Tratava-se, é claro, de "engodo".

Em mais um gesto de grande desfaçatez, Randi pegou um terceiro exemplar intacto da revista, arrancou a mesma página que Zoe havia tirado, com um rasgo do mesmo padrão, e a pôs na lata de lixo, para substituir o original da moça. Esse novo exemplar nunca fora tocado pela caneta, portanto não tinha gravada a marca de nenhum círculo. Se Zoe, ou alguma outra pessoa da plateia, reconstituísse o método de Randi e voltasse lá para fazer sua própria pesquisa no lixo, encontraria o que parecia ser a revista rasgada original de Zoe. E continuaria perplexa.

Para despistar ainda mais o público, Randi fez Zoe circundar a palavra durante o próprio número, de tal forma que, se algum outro integrante da plateia visse a página rasgada durante ou depois do número, presumiria que o circulado tinha sido criado durante o show, e não antes. (Randi tomou o cuidado de não mencionar que a palavra tinha sido circundada antes do espetáculo.) De maneira similar, ele deixou implícito que Zoe havia anotado a palavra em um pedaço de papel, em vez de dizer que ela havia arrancado a página da revista, de modo que as pessoas nem pensassem em tentar obter provas e reconstituir o truque.

Randi deixou Zoe fazer uma escolha realmente livre, mas não foi uma escolha secreta, apesar de ter parecido assim a todos, inclusive à própria voluntária. Ele havia controlado todos os movimentos dela, desde o instante em que dissera olá. Depois disso, só precisou descobrir como escrever "engodo" de cabeça para baixo e de trás para diante. Para um mestre da mágica como Randi, esse pedacinho foi a parte mais difícil de todo o truque.

Desde que vimos Randi se apresentar, investigamos outros truques de mentalismo para ver o que eles revelam sobre a natureza humana. Aqui vão três dos nossos favoritos.

No Force 1.089, primeiro o mágico pede que você escolha um número de três algarismos em que o primeiro e o último difiram por dois ou mais. Digamos que você escolha 478. Você escreve esse número. Como passo dois, o mágico lhe pede para inverter a ordem do número e escrevê-lo: 874. Então solicita que subtraia o número menor do maior – nesse caso, 874 – 478 = 396. O quarto passo é pedir que inverta o número, para que ele se transforme em 693, e some com 396. Sua resposta será 1.089.

Até aqui, tudo bem. Agora, o mágico lhe entrega três ou quatro livros (ou mais, se estiver disposto a carregá-los). Você escolhe um, qualquer um, a escolha é sua. Os livros parecem normais, sem qualquer marca. Ele diz: "Excelente escolha! Agora, abra na página 108 e veja a primeira linha.

Conte até a nona palavra e guarde-a na memória. Entendeu?" Você segue as instruções. A palavra é "amarelo".

"Agora, concentre-se", diz o mágico. Vou ler a sua mente. A palavra está entrando em foco, bem devagar. Estou vendo... hmm, uma cor? Ela começa por, vejamos, começa por *a*? Amarelo! A palavra é "amarelo". Acertei?

Claro que sim. A nona palavra do alto da página 108 do livro que você escolheu é "amarelo". Ele a memorizou antes do espetáculo. Também decorou a nona palavra do alto da página 108 de todos os outros livros. Se você tivesse escolhido qualquer um deles, o mágico saberia a palavra que você encontraria.

O Force 1.089 é um truque matemático, baseado no fato de que qualquer número de três algarismos, manipulado dessa maneira, sempre – *sempre!* – soma 1.089. O mágico simplesmente escolhe os livros e verifica a palavra que deseja que você encontre. Por exemplo, pode dizer-lhe para abrir a página 10, contar até a oitava linha e ver a nona palavra dessa linha (1.089). O efeito é assombroso e sempre divertido.

Outra maneira matemática de forçar convence o espectador de que todas as pessoas da sala podem ser levadas a compartilhar a mesma imagem mental. Todos são solicitados a pensar em um número pequeno e, em seguida, fazer em silêncio as seguintes operações. Multiplique o número por 2. Some 8 ao resultado. Divida esse resultado por 2. Subtraia o número original. Agora, converta esse número em uma letra do alfabeto (1 = A, 2 = B, 3 = C, 4 = D etc.). Depois, pense no nome de um país que comece por essa letra. Tudo certo? Agora, pense em um animal cujo nome comece pela letra seguinte. Por último, pense na cor desse animal.

O mágico faz uma pausa dramática. "Ora essa, a sua imagem coletiva deve estar errada. Deve haver algum problema. Não existem elefantes cinzentos na Dinamarca." O truque funciona porque todos têm de escolher um país que comece por *D*, e a Dinamarca é o mais comum. A letra seguinte é *e*, e a maioria das pessoas pensa em elefante. E quem não vai pensar em um elefante cinzento?

As pessoas costumam fazer as mesmas escolhas porque, quando são convidadas a se levantar e falar diante de centenas de outras pessoas, elas tendem a dizer a primeira coisa que lhes vem à cabeça. Os mentalistas sabem que o número de países cujo nome começa por *D* é bastante pequeno e que a probabilidade de alguém escolher a República Dominicana* é baixa, a menos que tenha um sangue-frio inusitado ou disponha de tempo para pensar. A maioria das pessoas escolhe "elefante", e não "emu", pelas mesmas razões. Elas ficam nervosas. Temem parecer idiotas na frente de toda aquela multidão e não conseguem pensar com clareza suficiente para apresentar algo mais astuto.

Os mentalistas também podem usar algo que chamam de "princípio do passo à frente": para dar a impressão de que adivinham pensamentos, eles ficam o tempo todo um passo à frente dos espectadores. As coincidências se multiplicam na mente da plateia, o que resulta na sensação ilusória de que a única explicação é uma capacidade sobrenatural.

O ilusionista Magic Tony nos mostrou um truque baseado nesse princípio. Deu-nos um baralho para que o embaralhássemos, depois o abriu em uma mesa, com as cartas viradas para baixo, e anunciou que iria prever nossas escolhas.

– Primeiro, vocês vão escolher o nove de copas – disse. Tiramos uma carta do leque, Tony a olhou e a pôs de lado.

Sem nos mostrar a carta, exclamou:

– Bom trabalho! Agora, prevejo que vocês escolherão o dois de paus.

Escolhemos outra carta ao acaso e a empurramos para ele, ainda virada para baixo. Ele a olhou e disse:

– Excelente!

Juntou as cartas restantes e as embaralhou.

– Agora, vocês vão escolher a rainha de espadas. Peguem qualquer carta, enquanto eu corro o polegar pelo canto do baralho, até vocês dizerem "pare".

Segurou o baralho em uma das mãos e foi deslizando o polegar para baixo.

Mais ou menos a meio caminho do monte, nós dissemos "pare".

Tony tirou a carta, pegou as outras duas que havíamos escolhido e abriu as três diante de nós: nove de copas, dois de paus e rainha de espadas. Uau!

* Em inglês, o nome do país é Dominican Republic. (N.T.)

Para fazer esse truque, primeiro Tony decorou, sub-repticiamente, a carta do fundo do baralho: o nove de copas. Depois, espalhou as cartas viradas para baixo e pediu que fizéssemos nossa escolha, anunciando então que escolheríamos o nove de copas.

Ao pegarmos a primeira carta, achamos que devia ser o nove de copas (afinal, o truque estava sendo feito por um mágico fabuloso), mas não pudemos confirmá-lo com nossos próprios olhos. Na verdade, a carta era o dois de paus, que Tony viu com seus olhos.

Em seguida, anunciou que a carta seguinte que escolheríamos seria o dois de paus. (Hmm, ele já tinha essa carta na mesa, mas seguimos sua instrução e tiramos outra. E ele viu que era a rainha de espadas.)

Feito isso, recolheu as cartas restantes, fez um embaralhamento falso, para manter o nove de copas exatamente onde o queria, e pediu que escolhêssemos uma carta enquanto ele percorria o baralho com o polegar. Escolhemos uma carta "aleatória" no meio do baralho, mas ele levantou as cartas a partir do ponto em que mantinha o nove de copas, enquanto nos distraía desse truque com o contato visual. Tirou o nove e o exibiu com as duas outras cartas escolhidas, para mostrar que suas três previsões estavam corretas. Na verdade, ele simplesmente "previu" qualquer carta já previamente escolhida.

FIM DO ALERTA DE SPOILER

Você já entendeu. A leitura de pensamentos é uma armação, uma trapaça, uma impostura, até uma traição – mas por que funciona? Por que somos tão enganados? Por que alimentamos, por um nanossegundo que seja, a crença de que um mágico poderia de fato ter essa habilidade? Como é que ele nos força a seguir sua vontade?

Forçar é um método usado pelos mágicos para nos fazer pensar que fizemos uma escolha livre, quando, na verdade, eles sabem de antemão exatamente o que faremos – que carta escolheremos em um baralho, que palavra escolheremos em um livro, que objeto pegaremos entre vários artigos em uma mesa. Eles detêm o controle completo. Quando um mentalista nos prende em suas garras, nosso senso de livre-arbítrio é uma ilusão.

Um método clássico para forçar é chamado de *escolha do mágico*. Você é solicitado a fazer uma escolha livre entre objetos, mas, seja qual for a sua escolha, é o mágico quem dá as ordens, por meio da maneira como responde verbalmente a suas escolhas.

ALERTA DE SPOILER! A SEÇÃO SEGUINTE DESCREVE SEGREDOS DA MÁGICA E SEUS MECANISMOS CEREBRAIS!

Por exemplo, se o mágico põe na mesa duas cartas viradas para baixo e quer que você escolha a da direita, ele lhe diz: "Escolha qualquer uma." Se você escolhe a da direita, ele dá continuidade ao truque. Se escolhe a da esquerda, ele diz: "Ótimo, fique com essa carta, usarei a que sobrou." Com isso, ele força a carta que quer.

FIM DO ALERTA DE SPOILER

A "força"* não é diferente da versão cinematográfica que você talvez tenha visto no filme *Guerra nas estrelas*, de George Lucas. Há uma cena em que o mestre Jedi Obi-Wan Kenobi e o herói Luke Skywalker, acompanhados pelos robôs R2-D2 e C-3PO, tentam deixar o planeta Tatooine. No caminho para o espaçoporto, eles são parados por dois soldados da tropa de choque imperial, vestidos com armaduras e munidos de armas. Obi-Wan dá um sorriso matreiro e acena, enquanto lhes diz: "Estes não são os androides que vocês estão procurando." Os soldados parecem confusos. Um deles repete, feito um papagaio: "Estes não são os androides que estamos procurando." Obi-Wan domina a mente deles, forçando-os a acreditar em tudo que ele lhes diga, e a repetir isso. Depois que os soldados fazem sinal para nossos heróis passarem pelo posto de controle, Obi-Wan explica ao

---

* É comum ouvirmos os mágicos designarem o substantivo do verbo *forçar* como *force*, quando, a rigor, *force* deveria traduzir-se por *forçação*. E vale lembrar que, na língua inglesa, essa também é a palavra correspondente a *força*. (N.T.)

jovem Luke Skywalker: "A Força pode exercer grande influência nos que têm a mente fraca."

Só que, no universo real, todos temos a mente fraca, e os mágicos são os mestres Jedi.

Forçar é uma prática que funciona porque nosso cérebro vive uma busca constante e ativa de ordem, padrões e explicações, e tem uma ojeriza intrínseca ao aleatório, ao sem padrão e ao inarrável. Na falta de explicação, nós a impomos. Quando pensa estar optando por algo mas a escolha é modificada ou distorcida de algum modo, mesmo assim você sustenta sua posição e justifica sua "opção". Você fabula.

Fabular é um termo sofisticado para a invenção descarada de fantasias. É mais um dos processos cerebrais potentes e ubíquos que ocorrem o tempo todo, mas dos quais raras vezes temos consciência. Em geral, esse processo é benéfico. Por exemplo, é a fabulação que nos permite "ver" pessoas e objetos em desenhos, em vez do emaranhado de linhas escuras para o qual efetivamente olhamos. É também o que nos permite "ver" rostos em nuvens; permite que a percepção seja flexível e criativa. No entanto, quando esse tipo de imposição de padrões se dá em níveis superiores da cognição, as implicações podem se tornar meio incômodas. A mente chega a extremos surpreendentes para preservar seu senso de ação, escolha e continuidade do eu. Ao ser influenciado por terceiros, você racionaliza a influência deles como uma boa tomada de decisão de sua parte.

A amplitude e a profundidade da fabulação se revelam depois de certos tipos de lesão cerebral, quando o sistema normal de verificação e equilíbrio da mente fica perturbado. Por exemplo, quando há uma lesão no hemisfério cerebral direito, podem surgir ilusões espantosas sobre o estado do corpo. Vejamos o que a dra. Anna Berti, neurocientista da Universidade de Turim, na Itália, obteve ao entrevistar uma de suas pacientes, "Carla", cujo braço esquerdo paralisado estava pousado em seu colo, junto ao braço direito saudável:

– Você pode levantar o braço direito?

– Sim – diz Carla, levantando o braço.

– Pode levantar o braço esquerdo?

– Sim.

O braço permanece imóvel. Berti tenta outra vez:

– Você está levantando o braço esquerdo?

– Sim – responde Carla, cujo braço continua a não se mexer.

– Pode bater palmas?

Carla leva a mão direita à linha mediana do corpo e a agita em um movimento de palma. A mão esquerda permanece imóvel.

– Você tem certeza de estar batendo palmas?

– Sim.

– Mas não estou ouvindo som algum.

– Nunca faço barulho ao fazer alguma coisa – responde Carla.

Durante muito tempo, acreditou-se que a negação insistente da paralisia era um problema psicológico, diz Berti. Era a reação a um derrame: *Estou paralítico, isto é terrível demais, vou negá-lo.*

Contudo, não se trata de um dilema freudiano. Trata-se, antes, de uma forma da chamada *síndrome da negligência*, na qual uma área cerebral envolvida na estimulação dos movimentos, a *área motora suplementar*, é danificada. Quando você fecha os olhos e simplesmente imagina uma jogada de golfe ou um movimento de esqui, põe em atividade essa parte do cérebro.

Quando Berti pede a Carla que levante o braço esquerdo ou bata palmas, a região que imagina esses movimentos produz um padrão conhecido de atividade no cérebro da paciente. Mas as regiões que executam esses movimentos e também mantêm a consciência de executá-los não funcionam.

O conflito é esmagador. A sensação que Carla tem de ter se movido, por meio da estimulação, é intensa. A apercepção está ausente. A paralisia é completa. A solução do cérebro da paciente é fabular.

Se instigados, os pacientes inventam histórias para explicar sua inação, no dizer de Berti. Uma mulher disse que seu braço tinha "saído para passear". Um homem afirmou que seu braço imóvel não lhe pertencia. Quando o braço foi colocado em seu campo visual direito, o paciente insistiu em dizer que não era o dele.

– De quem é esse braço? – perguntou Berti.

– Seu.

– Tem certeza? Olhe aqui, eu só tenho duas mãos.

O paciente retrucou:

– O que eu posso fazer? Você tem três pulsos. Deve ter três mãos.

Os neurocientistas também podem desmascarar a natureza fabuladora em laboratório. Dois jovens cientistas suecos desenvolveram um novo método científico que emprega técnicas de ilusionismo para examinar o fascinante modo de funcionamento da fabulação no cérebro intacto, saudável e aparentemente racional.

Estávamos em Benasque, uma cidade espanhola aninhada no coração dos Pireneus, no Centro de Ciências Pedro Pascual, um refúgio destinado a reunir cientistas de todas as disciplinas para debaterem ideias, na esperança de inspirarem novas abordagens interdisciplinares. Miguel Ángel, o mágico espanhol que conhecemos no Capítulo 5, havia acabado de fazer sua demonstração da cegueira para a mudança. Nesse momento, estavam no palco dois neuropsicólogos da Suécia, Petter Johansson e Lars Hall, da Universidade de Lund. Esses dois jovens de vinte e tantos anos são hoje os xodós louros da ciência cognitiva, e não apenas por serem suecos. Eles ofereceram à sua disciplina um verdadeiro *smörgasbord* de métodos. Um acepipe especialmente delicado apareceu em um artigo publicado em 7 de outubro de 2005 na revista *Science*, descrevendo a invenção de um novo e poderoso método para o estudo da cognição, da racionalização e do processo decisório dos seres humanos, chamado *cegueira para a escolha*. E os dois o fizeram usando o ilusionismo.

Johansson explicou que os experimentos da dupla foram inspirados na chamada *ilusão da introspecção*. A introspecção, disse ele, não fornece um canal direto para nossos processos mentais inconscientes. Em vez disso, é um processo mediante o qual usamos o conteúdo da mente consciente para construir uma narrativa pessoal, que pode ou não corresponder ao estado inconsciente do indivíduo. Quando lhe perguntam por que você tem determinada preferência, ou como chegou a ela, o seu autorrelato sobre seus processos mentais internos é fabulado. Para falar sem rodeios, você não tem consciência do seu inconsciente.

Johansson e Hall descreveram seus incríveis experimentos em um estilo acelerado de alternância em equipe. Mostraram um curta-metragem deles próprios, feito pela BBC no ano anterior, para ilustrar sua nova abordagem. O filme começa com um deles mostrando duas fotografias de duas moças a sujeitos masculinos ou femininos. As fotos foram previamente equiparadas em termos de atrativos, e por isso as moças tinham belezas similares. Quando o investigador levanta as fotos, o sujeito experimental, sentado do outro lado da mesa, aponta para a mulher que considera mais atraente. Em seguida, as fotos são colocadas na mesa, viradas para baixo, e a foto escolhida é empurrada pelo tampo até o sujeito, aparentemente para que ele possa apanhá-la e examiná-la mais de perto. "Tome, dê uma olhada mais de perto e nos diga por que você a escolheu", pedem os pesquisadores, incentivando cada pessoa a considerar as razões que levaram à escolha. Johansson e Hall fizeram esse experimento dezenas de vezes com cada sujeito e registraram aplicadamente a opinião abalizada de cada juiz de beleza, sempre com um novo par de fotografias equiparadas em termos de atratividade.

O que Johansson e Hall só disseram a seus sujeitos experimentais depois de encerrado o experimento foi que, em segredo, haviam trocado as fotos em ⅕ das tentativas, depois de cada sujeito ter feito sua escolha inicial, mas antes que desse suas explicações sobre a razão da escolha. A maioria não percebeu a troca. Assim, em vez de explicarem por que tinham escolhido o rosto que agora tinham nas mãos, essas pessoas explicaram por que tinham escolhido o rosto que, na verdade, haviam rejeitado. E, puxa vida, como mentiram!

ALERTA DE SPOILER! A SEÇÃO SEGUINTE DESCREVE SEGREDOS DA MÁGICA E SEUS MECANISMOS CEREBRAIS!

Johansson e Hall conseguiram isso usando o que os mágicos chamam de teatro negro (semelhante ao de Omar Pasha no Capítulo 1), só que, nesse caso, em vez de uma cortina preta, usaram uma toalha preta e fotografias com o verso preto. Para enganar os sujeitos experimentais, pediram que eles apontassem a foto preferida e a puseram na mesa, virada para baixo. O verso dessa fotografia era preto, e, em cima dela, os pesquisadores haviam colocado uma segunda foto – a do rosto rejeitado. O verso dessa foto era vermelho. Na hora de empurrar a fotografia para o sujeito, os cientistas lhe passaram a de verso vermelho (o rosto rejeitado), deixando sobre a mesa a de verso preto (o rosto preferido), que ficou invisível sobre a toalha. Em momento algum as pessoas perceberam a troca.

Enquanto o cérebro de cada sujeito inventava para si mesmo uma história, a fim de racionalizar a "escolha", Johansson e Hall (que se alternavam no papel de experimentador) tiravam sub-repticiamente da mesa a foto escolhida e a jogavam no colo. Nesse meio-tempo, o sujeito presumia que a foto deslizada pela mesa era a mesma que ele havia escolhido. Essa suposição não verbalizada funcionou como um método poderoso de dissimulação.

FIM DO ALERTA DE SPOILER

As trocas foram descobertas em menos de ⅓ das vezes. Nas tentativas em que a troca foi feita com êxito, os sujeitos de fato fabularam suas razões para terem escolhido a foto substituta.

Um dos homens disse: "Preferi essa porque prefiro as louras", quando, na verdade, sua escolha inicial fora uma mulher de cabelo preto. Uma mulher escolheu uma moça sem brincos e, quando a foto foi disfarçadamente trocada pela de uma moça de brincos, ela disse ter escolhido esta última porque gostava de brincos. Mais depressa se apanha um mentiroso que um coxo! Os sujeitos não haviam escolhido as pessoas cujas fotos seguravam nas mãos, porém *achavam que sim*. Então, o que faz a pessoa ao ser levada a justificar uma escolha que acredita ter feito? Ela fabula. Sustenta sua posição.

Em um experimento de acompanhamento, clientes de um supermercado provaram dois tipos de geleia e explicaram suas escolhas enquanto provavam outras colheradas do pote "escolhido". Os potes tinham sido manipulados, de modo que os sujeitos elogiaram de modo efusivo a geleia que antes haviam rejeitado. Um experimento similar foi feito com chá.

Atualmente, os pesquisadores começaram a examinar a cegueira para a escolha no âmbito das opiniões morais e políticas. Usando uma nova ferramenta – um "questionário mágico" –, eles conseguiram manipular as respostas das pessoas a perguntas apresentadas sob a forma de uma pesquisa. Pediu-se aos participantes que classificassem até que ponto concordavam com determinada afirmação moral – por exemplo: "É repreensível, em termos morais, pagar por serviços sexuais, mesmo em sociedades democráticas em que a prostituição é legal e regulamentada pelo governo" – e, em seguida, pediu-se que explicassem por que concordavam ou não com essa afirmação. Mais uma vez, os resultados mostraram que a maioria dos participantes ficou cega para as mudanças introduzidas e que é frequente as pessoas construírem argumentos complexos para sustentar uma opinião inversa à sua posição inicial.

Esses estudos nos ajudam a compreender como racionalizamos muitas de nossas decisões. A questão não é tanto a natureza do processo decisório, mas das repercussões das decisões que afetam nossa vida.

A CEGUEIRA PARA A ESCOLHA COMO UM ESTILO DE VIDA

A cegueira para a escolha pode ser devastadora na vida cotidiana. Você já foi vítima daquele tipo de propaganda enganosa em que acredita estar comprando uma coisa mas chega em casa com outra?

Se você de fato tivesse livre-arbítrio, a propaganda e a conversa dos vendedores não surtiriam qualquer efeito. Por exemplo, quando Steve era pesquisador pós-doutoral e dividia o tempo entre dois laboratórios, ele precisava de um carro para circular entre a Faculdade de Medicina de Harvard, em Boston, e o Laboratório de Cold Spring Harbor, em Long Island. Assim, comprou um Dodge Intrepid ES preto, novo e reluzente, com teto solar, assentos reguláveis com revestimento de couro, rodas especiais, sistema de som Infiniti e controles automáticos de temperatura. Era um automóvel caro para o salário dele e foi um dreno em seus recursos, mas Steve racionalizou sua decisão, dizendo tratar-se de um carro incrivelmente seguro, com *air bags* laterais (que eram uma novidade, na época), controle de tração, sistema de freios automáticos e outros itens avançados de segurança. Afinal, os longos trajetos entre Massachusetts e Nova York exigiam uma medida adicional de segurança, certo?

É claro que sim. A decisão de Steve nada teve a ver com ele achar que as garotas gostam de carros chiques.

Para sermos justos, ele realmente foi à revendedora de automóveis com uma lista de itens de segurança desejados. Chegou ao estacionamento movido por um forte senso de responsabilidade. O vendedor deu uma espiada na lista, percebeu que os modelos mais caros eram os únicos que vinham de fábrica com as características que ele queria e, em seguida, explorou o fato de seu cliente ser um homem solteiro, com necessidades movidas pela testosterona. Steve poderia ter encomendado um modelo menor, mais simples e mais barato, com o mesmo equipamento de segurança, e esperado dois ou três meses pela chegada do carro novo. Mas o vendedor o forçou (no sentido em que a palavra é usada pelos mágicos), em vez disso, a comprar o carro de luxo.

No mundo ocidental, escolhemos nossos parceiros, certo? Os casamentos arranjados e os casamenteiros profissionais foram fazer companhia à arte dos cercos militares e à alquimia na lixeira da história, não é? Talvez. Em tese, podemos crescer e nos multiplicar com quem bem entendermos, desde que haja um acordo recíproco. Somos livres, e, para todos os fins e efeitos, o número de nossas escolhas parece infinito.

Na prática, entretanto, quase todos temos tantas restrições à escolha de parceiros quanto um jovem oriental a caminho de um casamento arranjado. Considere o fato de que, na verdade, temos de conhecer e interagir com a pessoa com quem formamos um par. Com isso, em geral ficamos restritos à mesma localização geográfica, status socioeconômico, religião, idade, situação atual de disponibilidade e a um nível similar de atrativos. Na realidade, é difícil encontrar um parceiro que atenda a todos esses parâmetros, sobretudo depois que concluímos o ensino médio e a faculdade. Nem chega a ser surpresa que tanta gente se case com os namorados desses períodos de estudos.

Então, até que ponto somos mesmo livres? Não muito. As práticas orientais de arranjo de parceiros são bem inteligentes, se considerarmos que as escolhas são feitas por pessoas (quase sempre os pais) que se importam com o casal, têm uma visão duramente conquistada de todo o curso da vida, das carreiras e da função parental, e levam em conta todos os aspectos listados acima em seu processo decisório. Além disso, com notáveis exceções em algumas áreas isoladas do mundo, hoje em dia os "namorados" costumam ter, no mínimo, o poder de veto.

No Ocidente, encontrar um bom parceiro (e alguém cuja bagagem vitalícia seja tolerável – você tem ouvido boas piadas de sogra nos últimos tempos?) exige muita sorte, mas dá a impressão de ser algo completamente livre. "Eu faço minha sorte", dizem as massas esclarecidas e capacitadas. "Acredite que você conseguirá o que deseja", diz *O segredo*, de Rhonda Byrne, livro de autoajuda campeão de vendas, "e isso se manifestará." Esse enfeitiçamento das massas é um dos maiores truques de ilusionismo inventados em todos os tempos.

Por que nossas escolhas parecem tão livres e ilimitadas? Uma das respostas está em um princípio psicológico chamado *dissonância cognitiva*. Ela ocorre quando duas ideias, condutas, realidades ou crenças rivais entram em conflito no cérebro. Um modo comum de o cérebro conciliar o conflito é modificar sua atitude, suas crenças ou seus comportamentos, para colocar em destaque uma das ideias dissonantes. Os mágicos adoram a dissonância cognitiva, já que ela leva os espectadores a ter a impressão de haverem tomado suas decisões livremente e por si sós.

Um exemplo disso veio no encontro anual de 2009 da Sociedade de Neurociências, em Chicago, em que organizamos uma apresentação para ilustrar o poder do ilusionismo e sua utilidade potencial no laboratório. Nossos colegas Apollo Robbins, o Ladrão Cortês, e o mentalista Eric Mead demonstraram vários truques e princípios da mágica a mais de 7 mil neurocientistas reunidos em um enorme salão de festas.

Na noite anterior ao grande evento, vimos a dissonância cognitiva em ação quando Mead fez um truque de mágica em uma recepção oferecida pelo presidente da Sociedade, Tom Carew. Havia inúmeros neurocientistas reunidos em sua luxuosa suíte de hotel, formada por vários aposentos com vista para o lago Michigan.

Em determinado momento, Mead fez um cientista escolher uma carta em um baralho e lhe pediu que espalhasse aleatoriamente todas as cartas sobre uma área grande no chão. Só o cientista sabia qual tinha sido a carta escolhida. Então, Mead pegou uma ponta de um guardanapo de linho, entregou outra ao cientista e, esticando-o bem, arrastou o sujeito em volta das cartas espalhadas. Mead gabou-se de que detectaria alterações minúsculas na tensão do guardanapo e, dessa forma, leria sinais inconscientes da mente do cientista para descobrir a carta correta. Após um minuto, o mágico descobriu a carta.

O interessante a respeito desse truque* foi que, depois da recepção, enquanto as pessoas trocavam risinhos na descida de elevador até o nível da rua, o cientista que havia participado do número externou a opinião de que Mead devia saber de antemão que carta ele escolheria. Essa conjectura foi recebida com uma negativa rápida de outra cientista, uma especialista mundial no campo de controle motor, que disse não ter havido truque algum. Na mente dela, Mead tinha claramente usado o *feedback* neuromuscular do guardanapo para encontrar a carta. A cientista sabia que o mágico não fizera mistério sobre tratar-se de um truque, mas, ainda assim, ali estava ela, defendendo algo muito menos provável. Arrebatada pelo momento, sua dissonância cognitiva a havia ludibriado, fazendo-a enveredar por um maravilhoso caminho mágico.

Quando a pessoa toma uma decisão entre duas opções que parecem equivalentes, é comum a dissonância cognitiva entrar em ação. O indivíduo eleva o valor de sua escolha pela simples razão de se tratar de sua opção. Algum dia você já teve um chefe que tomou uma decisão idiota que se transformou em uma política imutável muito depois de ele se dar conta de que estivera errado? Dissonância cognitiva. Algum dia você mesmo já tomou uma decisão tola em relação a seus filhos mas depois se manteve firme para "ser coerente"? Dissonância cognitiva. Já olhou com desdém para moradores da cidade de um time de futebol rival, sem outra razão senão o fato de o código postal deles situá-los no campo inimigo? Dissonância cognitiva.

A dissonância cognitiva acontece porque o nosso livre-arbítrio não é de fato livre; ele é extremamente cerceado por nosso contexto e nossa história. Isso se aplica tanto aos pensamentos e atos potenciais que nos povoam a mente como a culturas e nações: a escolha vencedora orquestra a emoção,

---

* Não podemos descrever exatamente como foi feito porque Mead nos pediu que não revelássemos seus segredos. Mas com certeza foi um truque.

a linguagem e a memória, para se transformar na escolha inevitável e infalivelmente correta. Na verdade, todas as decisões comportamentais nada mais são do que um reflexo da nossa história genética e ambiental.

Muita gente se aborrece quando os neurocientistas e os filósofos afirmam que o livre-arbítrio é uma ilusão. Os que acreditam que a mente é inteiramente separada do cérebro – suposição que recebe o nome de *dualismo* – tendem a crer que o livre-arbítrio é uma propriedade fundamental da mente. Segundo essa visão, o livre-arbítrio é uma qualidade distinta e numinosa do ser, que não está sujeita a leis físicas e não é redutível à química nem a circuitos neurais.

No campo da neurociência, entretanto, não há um cisco de comprovação do dualismo. A mente é o que o cérebro faz. A consciência e a mente são produtos do cérebro.

Como é possível? Você tem a sensação de exercer pleno controle de sua mente. É claro, o cérebro executa muitas tarefas sem que você se conscientize delas. Você volta para casa dirigindo no piloto automático. Põe xícaras na máquina de lavar louça enquanto mantém uma conversa interessante. Mas e quanto a tomar decisões importantes? Então a vida mental não depende do fato de você ser livre para escolher entre diferentes cursos de ação possíveis? Seu processo decisório parece ser movido por sua volição. E essa impressão se ajusta ao seu senso de justiça e de responsabilidade moral.

Examinemos algumas linhas de comprovação da ideia (nós nos atreveríamos a dizer *do fato*) de que o livre-arbítrio é uma ilusão. Na década de 1970, Benjamin Libet, neurofisiologista da Universidade da Califórnia em San Francisco, fez uma série de estudos que foram os primeiros a questionar a ideia de que tomamos decisões de maneira livre e consciente. Libet pediu que os sujeitos experimentais fitassem um cronômetro semelhante a um relógio, em torno de cuja periferia uma bola se movimentava a cada três segundos. Eles tinham de apertar um botão com o indicador da mão direita toda vez que sentissem vontade de fazê-lo e depois dizer a Libet onde estivera a bola (que horas eram) no momento em que decidiram fazer esse gesto. Dois aparelhos de teste – um EEG (eletroencefalógrafo) e um EMG (eletromiógrafo) – registravam sua atividade cerebral e a atividade elétrica de seus músculos. Libet constatou que os participantes tiveram a sensação consciente de querer fazer o movimento cerca de trezentos milissegundos *depois* de iniciada a atividade muscular. Além disso, o EEG mostrou que os neurônios da parte do córtex motor em que os movimentos são planejados se ativaram um segundo inteiro antes que se pudesse medir qualquer movimento. Existiria a possibilidade de supor que a demora se devesse ao tempo de condução entre o cérebro e os músculos. Mas um segundo inteiro? De jeito nenhum. Decididamente, havia algo interessante acontecendo ali.

Os resultados obtidos significam que o cérebro toma, de maneira inconsciente, a decisão de fazer o movimento muito antes de termos consciência disso. Em outras palavras, o cérebro, e não a mente consciente, toma a decisão. Isso não combina com nossa experiência, mas é como a mente de fato trabalha. Antes que você se sinta desconcertado, saiba que há um lado positivo: embora as decisões sejam inconscientemente preparadas de antemão, você ainda pode vetar seus atos. De acordo com Libet e outros especialistas, você pode não ter livre-arbítrio, mas tem "livre recusa".

BEM-DOTADOS SEM QUERER

A sensação de possuirmos livre-arbítrio perpassa todo o nosso psiquismo. Porém, condições laboratoriais concebidas de modo bastante criterioso, como no experimento de Libet, podem revelá-lo tal como realmente é: uma sofisticada ilusão cognitiva. E, se prestarmos bastante atenção, também descobriremos alguns raros momentos da nossa vida cotidiana em que essa ilusão se desfaz. Você já se viu enveredando de maneira incontrolável por uma trajetória de comportamentos complexos que lhe tenha sido impossível controlar, por mais que você tentasse? Não estamos falando de funções corporais como a tosse, o espirro ou o orgasmo. Esses, com certeza, são comportamentos complexos em que nos sentimos dissociados das ações do corpo, mas eles constituem reflexos e não escolhas. Os viciados em drogas, os alcoólatras e pacientes com uma variedade de distúrbios neurológicos perdem o senso do livre-arbítrio, mas que dizer das pessoas sadias?

Vimos um excelente exemplo de uma pessoa que "perdeu o controle" em 2005, ao visitarmos La Coruña, cidade natal de Susana, na Espanha. Carlos González-Garcés, político do gabinete do prefeito, estava na televisão concedendo uma enfadonha entrevista coletiva sobre um novo programa de segurança contra incêndios.

"Neste último ano, foram oferecidos doze cursos de especialização, com uma ênfase maior nos cursos dados aos novos bombeiros", disse ele. Seguiram-se alguns pequenos detalhes sobre os cursos para os bombeiros, antes de ele começar a discutir a situação do equipamento do corpo de bombeiros.

"Eles são bem-dotados", disse González-Garcés aos repórteres. Deu um sorrisinho e se corrigiu: "Estão bem-dotados em termos de recursos materiais." Mas então se deu conta de ter piorado a situação e deu um sorriso ainda maior, que procurou reprimir. O pobre sujeito tentou esconder o rosto, baixando os olhos e virando de lado para a fileira de microfones. "Aliás, este ano foi feito um investimento concreto..." – e neste momento já dava risadas francas, pontuadas por risinhos. "Eu o fiz sem querer", disse, e começou a balançar de um lado para outro, como que para evitar urinar nas calças. A essa altura, sua equipe ria com ele. "Não foi premeditado", garantiu aos jornalistas. González-Garcés recuperou momentaneamente o controle, mas tornou a perdê-lo, enquanto se ouviam gargalhadas dos repórteres ao fundo. "Bem, vamos ver", disse ele, antes de mais uma tentativa fracassada de prender o riso. Agora, já enxugava as lágrimas dos olhos. "Nunca... isso nunca me aconteceu." Tornou a enxugar os olhos e tentou seguir em frente. "Bom, a questão é que... comprou-se um caminhão específico...", porém não conseguiu evitar outra gargalhada, "...para a parte antiga da cidade." E recomeçou a gargalhar. "Ai, ai, ai", disse, fungando, pois o nariz já começava a escorrer, e de novo não conseguiu reprimir o riso.

Como uma marionete em uma corda, o político se jogou no encosto da cadeira em uma convulsão de riso. "Isso parece infantil... é um acesso de riso." Deu uma bufadela, enxugando os dois olhos. "Ai, ai, ai. Perdoem-me." Pigarreou, aproximou a cadeira da mesa, fungou, tornou a pigarrear e abafou as gargalhadas. "Bem, vocês têm aqui o número de veículos...", começou, mas ainda estava totalmente fora de controle. Atirou-se de novo no encosto da cadeira, rindo sem parar. "Não dá para explicar mais", disse, rendendo-se. "Se vocês quiserem fazer alguma pergunta sobre a dotação dos bombeiros", acrescentou, entre gargalhadas, "o homem responsável pelo assunto poderá respondê-las."*

O riso descontrolado do político não foi um reflexo, que, por definição, é um processo que ocorre na rota mais curta possível por determinado trajeto neural. Quando o médico bate no joelho do paciente com um martelo e a perna se sacode, isso é um reflexo. Não há necessidade do cérebro. O riso, por outro lado, envolve uma série sumamente complexa de atos afetivos, cognitivos e motores que o indivíduo pensa poder controlar. Sempre temos a opção de não rir quando não queremos, certo? Temos o controle de nosso corpo e nosso comportamento, certo? Errado. Esse exemplo do pobre sujeito que riu tanto que quase se urinou nas calças na televisão mostra que, embora tenhamos a sensação de exercer o controle, na verdade, só fazemos ir na onda.

Um colega nosso, John-Dylan Haynes, do Instituto Max Planck, em Berlim, Alemanha, reproduziu recentemente o trabalho de Libet, mas usando a ressonância magnética funcional. Ele queria ver o que acontece no cérebro quando as pessoas fazem escolhas conscientes. Se você participasse do estudo, se deitaria em um aparelho de ressonância magnética e Haynes lhe diria que você poderia apertar um botão com a mão direita ou com a esquerda. Você teria a liberdade de tomar essa decisão quando quisesse, mas precisaria se lembrar do momento em que tivera a sensação de haver se decidido. Os pesquisadores usaram um sofisticado programa de computador, elaborado para reconhecer padrões típicos de atividade cerebral anteriores a cada uma das duas escolhas.

Haynes fixou perplexo ao constatar que certos sinais cerebrais – minúsculos padrões de atividade nos lobos frontais – preveem a decisão do indivíduo (isto é, se ele apertará o botão com a mão esquerda ou com a direita) até *sete segundos* antes de ele fazer a escolha consciente. Isso significa que, às vezes, partes de nosso cérebro podem saber que escolhas faremos vários segundos antes de nos apercebermos delas de modo consciente. Como essas áreas cerebrais claramente entram em ação, com informa-

* Ver http://sleightsofmind.com/media/laughattack.

ções indicativas da escolha que o sujeito está prestes a fazer, bem antes do momento em que ele tem a sensação consciente de ter tomado uma decisão, parece provável que essas áreas cerebrais sirvam para influenciar a decisão iminente. Você pode ter a convicção de que sua decisão foi uma escolha livre e franca, mas isso simplesmente não é verdade.

Se seus atos são determinados pela atividade neural prévia que ocorre em seu cérebro de forma inconsciente segundos antes de você tomar uma decisão conscientemente, será que você tem escolha em alguma coisa? Será que é responsável pelo que faz? No livro *The Illusion of Conscious Will* ["A ilusão da vontade consciente"], Daniel Wegner, um psicólogo de Harvard, aprofunda-se nessas questões, comparando a ilusão do livre-arbítrio com a percepção da mágica. Discernimos a mágica, diz ele, quando uma sequência causal aparente (o mágico serrando sua assistente ao meio) obscurece uma sequência causal real (a caixa é preparada, de maneira que a lâmina da serra não toca a assistente em momento algum). Não percebemos a coisa real, muito embora a sequência aparente viole o bom senso e saibamos que é impossível.

Wegner afirma que o "eu" é mágico nesse mesmo sentido: "Quando olhamos para nós, percebemos uma sequência causal aparente que é simples e muitas vezes espantosa – pensei em tal coisa e ela aconteceu –, ao passo que a sequência causal real subjacente a nosso comportamento é complexa, multiprogramada e desconhecida por nós enquanto acontece."

Wegner se pergunta de que modo as pessoas desenvolvem esse senso mágico, aquilo a que o filósofo Daniel Dennett chama "um amontoado concentrado interno de peculiaridades". Por que vivenciamos nossos atos como fruto da vontade livre, misteriosamente surgidos do eu? E também por que resistimos às tentativas de explicar esses atos em termos de sequências causais reais, de eventos que se passam atrás da cortina da mente?

Temos a impressão de ser dotados de livre-arbítrio por termos pensamentos e desejos independentes, sobre os quais nosso corpo age com exatidão. Nossos cérebros são máquinas de correlacionar, como nos provam repetidamente os mágicos ao nos apresentar eventos causais impossíveis. Por termos a capacidade de ligar causa e efeito, não há uma pressão evolutiva para desenvolvermos as vias sensoriais necessárias para rastrear cada informação que nos flui pelo cérebro. Lembre-se de que os nossos recursos neurais são limitados e de que não podemos prestar atenção a tudo que há em nosso campo visual. Bem, esse limite da atenção seria ainda mais lamentavelmente deficiente se também tivéssemos que atentar para cada pequeno processo isolado no cérebro. Você quer mesmo conhecer cada pequeno detalhe das informações que os neurônios de seu córtex pré-frontal enviam ao córtex motor primário para que você estenda a mão e pegue um copo d'água? Basta dizer que, quando tenho sede, meu braço consegue alcançar um copo d'água e levá-lo à boca. Concluímos que é o nosso livre-arbítrio que orienta essa ação, por não termos falado com mais ninguém sobre nossos desejos internos.

Wegner concebeu um experimento para ver se poderia preparar pessoas para vivenciarem pensamentos compatíveis com um evento não causado por elas e se poderia convencê-las de que elas o tinham causado.

Retroceda o relógio e finja que você é um participante. Pedem-lhe para ajudar em um estudo sobre as influências psicossomáticas na saúde. Sua tarefa é fazer o papel de um curandeiro que faz um feitiço contra outro participante, uma vítima, espetando alfinetes em um boneco. Na realidade, essa pessoa é uma associada do estudo (trabalha para Wegner). Não muito depois de você espetar os alfinetes no corpo do boneco que a representa, ela finge estar com dor de cabeça. Você acreditaria que causou essa dor? Muitos participantes do estudo acreditaram que sim. Além disso, quando a "vítima" agia de maneira antipática, o nível de pensamento mágico do curandeiro aumentava. Mas, na realidade, não foi causado prejuízo algum.

Essa presteza para estabelecer correlações ilustra os processos gerais pelos quais as pessoas sucumbem à crença no paranormal, sobretudo na clarividência, na precognição e na psicocinese, diz Wegner. O corpo responde sem esforço aos nossos desejos, e assistimos ao resultado como uma correlação entre esses desejos e a reação corporal. Assim, não é muito absurdo desejarmos o improvável e, quando ele acontece, acreditarmos que o causamos com nossas esperanças e orações.

Por estarmos tão habituados a conseguir o que queremos na vida (por exemplo, pôr um pé à frente do outro ao andar), não conseguimos deixar de desejar o que é fisicamente proibido. Talvez uma exceção tenham sido os antigos gregos, que acreditavam que cada uma de suas motivações e sentimentos lhes eram concedidos por um deus. Chuck Palahniuk, romancista norte-americano, explica: "Apolo lhes dizia para serem corajosos. Atena mandava que se apaixonassem. Agora, as pessoas ouvem um comercial de batatas fritas com sabor de creme azedo e vão correndo comprá-las, mas chamam isso de livre-arbítrio. Os antigos gregos ao menos eram sinceros."

Você pode provar para si próprio com bastante facilidade que o universo não acede a todos os seus caprichos. Deseje tocar um estudo de Chopin ao piano sem nunca ter tido uma aula. Isso certamente não acontecerá. Mas Wegner explica por que, mesmo assim, exageramos a nossa propensão para tomar desejos por realidades: "Se nossos desejos parecem instigar uma gama de atividades em nossa esfera pessoal de influência, por que não ter a esperança de algo mais? Muitas formas de crenças sobrenaturais, inclusive a crença na oração, podem se desenvolver como um passo natural para além da magia que percebemos em nós mesmos. Se o mero desejo pode tirar a tampa de uma garrafa de cerveja, por que não desejar a Lua?"

Dois outros efeitos psicológicos influenciam a ilusão do livre-arbítrio. No *efeito de prioridade*, nosso senso de atuação parece causal quando a ideia de um ato ocorre imediatamente antes da ação. Por exemplo, você pode ser levado a vivenciar os movimentos dos braços de outra pessoa como se fossem seus. Em nossa opinião profissional, como neurobiologistas, podemos dizer que esse efeito é absolutamente bizarro. Imagine-se envolto em um roupão, com os braços caídos junto ao corpo. Um ajudante para atrás de você e enfia os braços nas mangas. Ele usa luvas. Através de um fone de ouvido, você ouve instruções sobre como movimentar os braços. Quando o ajudante executa os movimentos, você tem a sensação de controlar os braços dele. É uma ilusão de ação. Alguém já lhe telefonou no exato momento em que você pensava nele? É uma coincidência, mas você tem a sensação de ser o autor da ação. Mas, afinal, todo sentimento de livre-arbítrio que você tem é uma ilusão de ação.

No *efeito de exclusividade*, você percebe seus pensamentos como a causa de acontecimentos para os quais não há outras explicações plausíveis. No entanto, pode haver razões para escolhas das quais você não tem consciência. Wegner oferece um belo exemplo. Digamos que você está em um restaurante e a pessoa a seu lado pede o prato especial de camarão. Você estava prestes a fazer esse pedido, mas, espere, talvez pareça que está imitando essa pessoa. Assim, você modifica seu pedido, para não parecer influenciado por terceiros. Acha que está escolhendo por vontade própria e livremente, mas não é verdade. O fato de você poder ser influenciado a respeito de algo tão banal quanto um prato de camarão mostra que o seu livre-arbítrio é uma ilusão frágil. Na verdade, nenhuma ideia é uma ilha.

Wegner diz que temos apenas o pensamento consciente e a percepção consciente para explicar nossos atos *post hoc*. Podemos crer que eles estão ligados ao livre-arbítrio, porém, ao fazê-lo, damos um salto mental sobre o poder demonstrável do inconsciente que guia nossos atos e concluímos que a mente consciente é o único ator. Nossos pensamentos conscientes fornecem meramente uma lógica para explicar o que acabamos de fazer, que foi motivado de maneira muito deliberada e pouco livre pelo cérebro inconsciente.

Será que podemos quebrar esse encanto? Há quem tema que, se provarmos que o livre-arbítrio é uma ilusão surgida da carne, o espírito humano morrerá. No entanto, é improvável que ocorra essa mudança no pensamento popular. A ubiquidade da percepção da ação consciente na vida cotidiana é o bastante para reprimir o ceticismo íntimo que nos diz que nossos comportamentos são causados por mecanismos cerebrais, e não por nosso livre-arbítrio. A ilusão do eu mágico não é fácil de eliminar. Além disso, muitos filósofos e cientistas afirmam que a vontade consciente pode ser uma ilusão, mas a ação moral responsável é muito real.

PODE UMA MÁQUINA LER SEUS PENSAMENTOS?

Será que uma máquina pode ler seus pensamentos? E teriam os cientistas a capacidade de ler o conteúdo de sua mente por meio das imagens da ressonância magnética funcional?

A resposta depende do que se queira dizer com "pensamentos". A ressonância magnética funcional, ou RMf, avançou muito desde a sua invenção, no começo da década de 1990. Em síntese, a técnica mede a atividade cerebral pelo rastreamento do aumento do fluxo sanguíneo, pois a ideia é que as regiões ativas do cérebro usarão mais energia e "se acenderão" no escâner. Nos primórdios das pesquisas com a RMf, os cientistas localizaram regiões que se especializam em coisas como nossos processos sensoriais básicos, a fala, a leitura ou a experiência de emoções fortes. Mais recentemente, descobriram áreas especializadas no reconhecimento de rostos ou lugares.

Mas será que esses aparelhos revelam o que estamos pensando? Na Unidade de Ciências da Cognição e do Cérebro do Conselho de Pesquisas Médicas, em Cambridge, na Inglaterra, os cientistas estão usando uma nova técnica de computação, chamada *análise multivariada*, para prever os pensamentos do indivíduo com base em padrões observados de atividade. Se você estivesse no aparelho deles, talvez lhe pedissem que se imaginasse jogando tênis e, em seguida, andando pelos cômodos de sua casa. Com base nos padrões observados, eles poderiam dizer em qual dessas atividades você estava pensando.

Até o momento, esses estudos são bastante restritos. Apenas um punhado de estados mentais foi correlacionado a padrões cerebrais, que constituem medidas ruidosas e indiretas de atividade neural. Por exemplo, você poderia se imaginar jogando futebol e andando no seu escritório e o aparelho não saberia a diferença. Portanto, os pesquisadores não podem fazer uma leitura exata do pensamento – não sabem dizer se você está pensando em um hipopótamo, recitando em silêncio o discurso de Gettysburg ou pensando no que comerá hoje no jantar. Ler pensamentos continua sendo ficção científica.

• 10 •

Por que as varinhas mágicas funcionam: correlações ilusórias, superstição, hipnose e vigarice

No inverno de 1983, Susana sentou-se à mesa da sala de jantar de sua mãe, acompanhada da irmã, Carolina, e de uma amiga, Beatriz. As três adolescentes se debruçaram sobre um tabuleiro Ouija que Susana tinha feito na semana anterior. O tabuleiro Ouija, caso você nunca o tenha usado, é um dispositivo que permite que os jogadores façam perguntas ao mundo espiritual e encontrem as respostas a partir de um indicador chamado prancheta, que se move, aparentemente por vontade própria, por uma tábua em que estão gravados as letras do alfabeto, os algarismos e as palavras "sim", "não, "talvez" e "adeus". Susana estava zonza de expectativa. Ao contrário da irmã e da mãe, ela era a cética da família. Aquilo seria divertido.

As meninas puseram as pontas dos dedos com delicadeza sobre a prancheta, que – em vez do dispositivo habitual em forma de coração, apoiado sobre três pernas – era uma enorme moeda de prata, na qual estava gravado o rosto do falecido ditador espanhol Franco. Havia um rádio berrando. A mãe de Susana abanou a cabeça com ar de reprovação e se afastou. Para implicar com a irmã caçula, Susana perguntou: "Como é o nome do garoto por quem a Carolina está apaixonada?" Carolina fez uma expressão de desdém.

E então o tabuleiro Ouija começou a trabalhar. A prancheta se mexeu, como que sozinha, deslocando-se para a letra *J*. Passado um breve momento, iniciou sua viagem para a letra *A*. Susana lembrou-se do momento desse dia, mais cedo, em que tinha contado a madre Silvia, uma das freiras da escola, que fizera seu próprio tabuleiro Ouija em casa. A freira havia insistido para que ela não o usasse: "Você não tem como saber ao certo com quem está falando", dissera. Para muitos cristãos, o tabuleiro Ouija é um portal para o controle satânico ou a possessão demoníaca. Para eles, servir de médium para os espíritos dos mortos ou consultá-los é um grave pecado.

A prancheta se moveu então para a letra *V*. De repente, uma lâmpada explodiu no lustre acima da mesa. As meninas gritaram e tiraram as mãos do dispositivo sinistro, tremendo com uma estranha mistura de pavor e deleite. O que acabara de acontecer? Será que a explosão da lâmpada tinha sido uma coincidência? Ou teria sido uma advertência do mundo dos espíritos? Será que a explosão e a escrita iminente do nome "Javier" tinham sido uma correlação autêntica, ou uma ligação ilusória?

Susana se recorda de que ela e as outras meninas ficaram meio atordoadas, mas satisfeitas por terem conseguido uma "manifestação" tão forte, antes de suspenderem o jogo por aquele dia. A mãe de Susana era bastante supersticiosa, o tipo de pessoa que acredita que não se deve brincar com a sorte. Ela não dizia as palavras "cobra" nem "víbora" porque isso daria azar. A mãe e a irmã de Susana acreditavam que uma mão sobrenatural tinha movido a prancheta e estourado a lâmpada.

Como neurocientistas cognitivos que estudam as fraquezas da mente humana, enxergamos as crenças supersticiosas como exemplos de correlações ilusórias – o fenômeno de ver uma relação entre os acontecimentos mesmo quando não há qualquer prova factual da existência dela. Exploradas tanto por mágicos como por médiuns, as correlações ilusórias constituem a base de números encenados no palco, do pensamento mágico e de toda sorte de vigarices. E podem causar danos terríveis neste mundo.

Na condição de cientistas, podemos explicar como funcionam os tabuleiros Ouija. Não são os espíritos que movimentam a prancheta, mas você e os outros jogadores, por meio do chamado *efeito ideomotor*. Seus músculos voluntários são capazes de fazer movimentos minúsculos fora de sua percepção consciente. Quando os movimentos de todos os jogadores chegam a um consenso (mais uma vez, inconscientemente), a prancheta corre para uma letra, depois para outra, e assim por diante. O efeito ideomotor explica outros fenômenos sobrenaturais, inclusive a rabdomancia, a escrita automática e a comunicação facilitada. Os movimentos são gerados pelo próprio sujeito, mas a ilusão de uma força externa é imperiosa.

Você pode experimentar por si o efeito ideomotor. Suspenda com a mão um pêndulo sobre uma folha de papel na qual tenha escrito as palavras "sim", "não" e "talvez". Faça todo e qualquer tipo de perguntas e o pêndulo lhe dará respostas.

Se você quiser desmascarar a ilusão do tabuleiro Ouija, peça aos jogadores que vendem os olhos antes de moverem a prancheta. As mensagens soletradas por eles serão um palavrório incoerente.

Teller, o parceiro silencioso da famosa dupla Penn & Teller e mestre na correlação ilusória, entrou no palco do simpósio A Mágica da Consciência.* Ele é baixo, porém mais alto do que você imaginaria, uma vez que sempre aparece ao lado do imponente Penn Jillette, que tem quase dois metros, na televisão ou no show que eles apresentam no palco do Rio Hotel and Casino, em Las Vegas – e é ágil e tem uma personalidade endiabrada. De calças pretas, mocassins pretos e camisa preta com dragões bordados nas costas, parece um rei dos elfos de *O senhor dos anéis*. Teller quase sempre exibe uma expressão divertida, como se escondesse uma piada particular, e claramente adorou a oportunidade de explicar o ilusionismo aos cientistas ali reunidos.

– Uma das coisas que os mágicos fazem – disse ele – é tirar proveito da nossa inclinação natural para estudar aquelas coisas que vemos se repetirem inúmeras vezes e então achar que estamos aprendendo algo. É que, na vida real, quando se vê algo ser feito uma vez após a outra, estuda-se isso e, aos poucos, apreende-se um padrão. Fazer o mesmo com um mágico pode ser um grande erro.

Teller começou a andar pelo palco:

– Vamos supor que eu produza uma moeda – disse. Levantou bem alto a mão direita acima da cabeça e tirou do nada uma reluzente moeda

* Ver http://sleightsofmind.com/media/magicsymposium/Teller.

de prata. Deixou-a cair em um balde de latão que segurava com a mão esquerda. Ouviu-se um tilintar alto. Ele esticou a mão direita em outra direção e tirou mais uma moeda do ar. *Tlim*. Depois, mais uma. *Tlim*. E outra. Mordeu-a e disse: – Esta é real – antes de jogá-la no balde. *Tlim*. – Quem sabe, mais uma dali. – *Tlim*. Com esta última moeda, Teller abriu bem a mão e os dedos, para a plateia ver que não estava escondendo nada.

Depois, aproximou-se do público e, passando os dedos pela cabeça branca de um homem, tirou mais uma moeda e a jogou no balde. *Tlim*. Tirou os óculos de um sujeito e inclinou as lentes sobre a borda do balde. *Tlim, tlim*. Pegou a bolsa de outra pessoa, vasculhou-a e tirou mais moedas. *Tlim, tlim, tlim*. Por fim, levou a mão ao rosto e tossiu, e caiu outra moeda, que foi para o balde junto com as demais. *Tlim!*

Esse efeito, chamado de sonho do avarento, é um número clássico. Remonta ao menos a 1852 e ao mágico Jean-Eugène Robert-Houdin, que o chamava de chuva de dinheiro. Mais tarde, o truque ficou conhecido como tesouro aéreo, até que, em 1895, T. Nelson Downs deu à sua versão o nome de sonho do avarento, uma denominação que pegou. Nesse truque, o mágico retira, de maneira contínua, moedas do ar, aparentemente do lugar que bem entender, e as joga em um recipiente. Tradicionalmente, o número é feito em silêncio, exceto pelo tinido alto das moedas que se acumulam no recipiente.

– A inclinação natural de vocês, como observadores, é supor que estou fazendo a mesma coisa, uma atrás da outra – disse Teller. – Agora, vou lhes contar exatamente o que fiz, para vocês verem como somos ardilosos.

ALERTA DE SPOILER! A SEÇÃO SEGUINTE DESCREVE SEGREDOS DA MÁGICA E SEUS MECANISMOS CEREBRAIS!

Teller explicou que inicia o truque empalmando cinco moedas na mão direita. A esquerda segura outras seis, que são pressionadas pelos dedos contra a parede interna do balde. Algumas moedas caem de sua mão direita e outras da esquerda (que não podemos ver), enquanto ele finge largá-las com a direita. Neste último caso, ele apenas finge o gesto de jogar com a mão direita e usa o movimento do punho para baixo para

Teller confia no despistamento e na agilidade manual para criar uma ilusão chamada de "sonho do avarento". (Fotografias © Misha Gravenor)

tornar a esconder a moeda. Mas esse ato fingido capta os neurônios especulares, que faz com que fiquemos predispostos a vê-lo como o mesmo ato natural de jogar que nós mesmos fazemos, todos os dias, com moedas, chaves do carro e de casa, ingredientes culinários etc. O tinido da moeda que cai da mão esquerda no balde cria a ilusão de que a moeda falsamente jogada com a direita aterrissou no recipiente. O que de fato vemos é a mesma moeda cintilar repetidas vezes na mão direita. Nossas suposições nos enganam.

Teller diz que a primeira moeda faz surgir uma pergunta na cabeça: de onde ela veio? Após quatro moedas, você acha que sabe. Ele só pode estar empalmando-as na mão direita. É nesse momento que Teller revela que a mão direita está completamente vazia, a não ser por uma única moeda, presa entre o polegar e o indicador. Você conclui que não há moedas ocultas. Mas espere. Ele continua a jogá-las no balde, *tlim, tlim*, só que agora elas vêm da mão esquerda.

– Toda vez que vocês pensam que sabem o que está acontecendo, eu mudo o método – disse ele. Cada moeda é uma nova pequena explosão de visão e som – você a vê e a ouve, e tudo acontece tão depressa que se deixa enganar. Você pensa que toda repetição é real.

FIM DO ALERTA DE SPOILER

Teller prosseguiu:

– A inclinação natural de vocês, como observadores, é presumir que o que estou fazendo é a mesma coisa, uma vez após a outra. Presumimos que uma repetição é uma repetição [mesmo] quando ela não o é. Todos inferimos causa e efeito na vida cotidiana.

Quando A precede B, concluímos que A causa B. O mágico habilidoso se aproveita dessa inferência, certificando-se de que A (a jogada falsa da moeda) sempre preceda B (um tinido alto). Na verdade, porém, A não causa B.

A apresentação do sonho do avarento feita por Teller revela a compulsão humana por descobrir padrões no mundo e os impor, mesmo quando eles não existem de fato. O mágico se utiliza desse instinto de inferir relações de causa e efeito. Isso se assemelha ao modo como os mágicos usam nossas expectativas contra nós (como discutimos no Capítulo 8). Aqui, no entanto, estamos falando de como os mágicos nos fazem ver correlações que não existem de verdade. Eles se apropriam de nossa poderosa capacidade de identificar padrões no mundo natural e nos induzem a extrair correlações, de maneira errônea, entre o inesperado, o ridículo e o absurdo. Depois, jogam nossos processos cognitivos no chão enquanto nos debatemos com as contradições que nossas mentes inventaram.

Como você viu no incidente do tabuleiro Ouija, esse é o efeito da *correlação ilusória*. Na maioria das situações, nosso instinto inato de inferir relações de causa e efeito nos é muito útil. Você quer um ovo? Procure em um ninho de pássaro. Há nuvens escuras se acumulando no céu? É provável que chova, vá procurar abrigo. Até aí, tudo bem, mas a inferência causal é uma faculdade sumamente imperfeita e eminentemente falível. Erra o tempo todo e nos leva a acreditar em toda sorte de coisas.

A correlação ilusória está na raiz do motivo por que algumas pessoas acreditam, sinceramente e com toda a boa-fé, que têm poderes mediúnicos. O telefone toca e, naquele exato momento, você estava pensando na pessoa que ligou. Você se senta diante do computador para enviar um e-mail para um amigo e descobre que ele acabou de lhe escrever sobre o mesmo assunto. Talvez você conheça alguém que acredite ter previsto o futuro em um sonho – um desastre de avião, digamos. Mas o que ele não lhe conta é que tem premonições sobre desastres de avião várias vezes por semana. Tende a não notar ou a não se lembrar dessas falsas previsões, mas aquela que coincide com um acidente de verdade dispara sinetas desvairadas de alerta no cérebro dele. Seu detector mental de correlações grita *Certo! Verdadeiro! Válido!* Em casos extremos, a correlação ilusória pode levar a convicções extraordinárias, como a antiga teoria asteca de que era preciso fazer um sacrifício humano todas as manhãs para que o sol nascesse. Pode parecer macabro, e é fácil de condenar em retrospectiva, mas funcionava todas as manhãs, conforme anunciado.

Na segunda temporada do seriado de televisão *Lost*, os sobreviventes do desastre aéreo presos em uma ilha tinham de apertar um misterioso botão a cada 108 minutos para "salvar o mundo" (impedir a ocorrência de um evento catastrófico em escala mundial). Como o fim do mundo ainda não chegou, o botão deve estar funcionando. Contudo, ninguém jamais deixa de apertá-lo para descobrir ao certo.

Um efeito semelhante no cérebro é chamado de *viés de disponibilidade*. Essa ilusão, causada por uma falha da memória, surge com frequência na vida cotidiana. Por exemplo, segundo Steve, "Eu troco *muuuito* mais as fraldas do nosso bebê do que Susana. Evidentemente, porque ela é mais preguiçosa que eu". O intrigante é que Susana pensa exatamente o inverso.

Acha que troca as fraldas do Brais mais do que Steve. A verdade é que nós dois estamos errados. Trocamos as fraldas do Brais com uma frequência mais ou menos igual. Em nossa mente, porém, nossas contribuições e sacrifícios são ampliados pelo fato de nos lembrarmos melhor de nossos atos do que dos de outras pessoas. De modo incorreto, traçamos correlações mais fortes entre os fatos de que nos recordamos do que entre os fatos fornecidos por terceiros.

Os mágicos têm plena ciência dessas pequenas fraquezas do cérebro e as exploram como um rato de laboratório apertando uma alavanca que libera cocaína. "Grande parte da nossa vida é dedicada à compreensão de causa e efeito", diz Teller. "O ilusionismo proporciona um parque de diversões para essas habilidades racionais. Ele é a vinculação de uma causa a um efeito que não tem base na realidade física, mas que, no fundo, achamos que tem que ter. É muito parecido com uma piada. Há uma progressão lógica, mesmo que absurda. Quando se chega ao clímax de um truque, há uma pequena explosão de prazer que dá calafrios, no instante em que aquilo que vemos se choca com o que sabemos da realidade física."

Essa "pequena explosão de prazer que dá calafrios" pode ser estudada em laboratório. Em 2009, uma equipe de neurocientistas cognitivos, chefiada por Ben A. Parris e Gustav Kuhn, das universidades de Exeter e Durham, na Inglaterra, usou truques de mágica para investigar os correlatos neurais de relações causais gravadas no cérebro pela experiência. No estudo, eles assinalaram que o mágico confunde a cabeça do observador quando põe uma moeda na mão direita, fecha-a, abana a mão esquerda sobre o punho fechado e em seguida abre lentamente a mão direita. A moeda, que você sabe que ainda devia estar lá, desapareceu. Seu sistema implícito de conhecimento de causa e efeito lhe diz que as moedas não podem desaparecer assim.

Então, o que acontece no cérebro das pessoas que assistem a truques desse tipo? Para descobrir a resposta, os pesquisadores escanearam o cérebro de 25 pessoas, usando a ressonância magnética funcional, enquanto elas assistiam a videoclipes de vários truques de mágica e a duas situações de controle estreitamente correlatas. Por exemplo, o truque podia ser como o que acabamos de mencionar: moeda na mão, mão fechada, aceno da outra mão, abertura da mão em que a moeda foi vista pela última vez, desaparecimento da moeda. A situação de controle seria: moeda na mão, mão fechada, aceno da outra mão, abertura da mão em que a moeda foi vista pela última vez, moeda ainda presente nela. Uma situação de surpresa seria: moeda na mão, mão fechada, mão aberta, mágico mostra a moeda na boca.

A principal descoberta foi que duas regiões cerebrais cujos nomes parecem palavrões – *córtex pré-frontal dorsolateral* (CPFDL) e *córtex cingulado anterior esquerdo* (CCAE) – se acendiam quando as pessoas assistiam aos truques de mágica. As pesquisas mostraram que uma dessas áreas, o CCAE, identifica o conflito, ao passo que a outra, CPFDL, tenta resolver conflitos – exatamente o que se esperaria ao ser violada uma relação de causa e efeito. Na situação de surpresa, a área identificadora de conflitos, CCAE, acende-se junto com outra região do córtex pré-frontal, chamada *faixa ventrolateral*, que se constatou registrar a surpresa. Na situação simples de controle, nenhuma dessas áreas exibiu um aumento de atividade. Os pesquisadores concluíram que nossa capacidade de identificar informações que contradizem ou questionam nossas crenças estabelecidas é crucial para aprendermos coisas sobre o mundo. O circuito que se iluminou parece desempenhar uma função importante na neurobiologia da incredulidade.

Carolina, irmã de Susana, já crescida e transformada em uma beldade esguia de cabelos castanhos, é supervisora de crupiês no cassino de León, na Espanha. Ela já viu um sem-número de clientes cujo pensamento é dominado por uma ilusão cognitiva peculiar, que é adorada por mágicos e charlatães do mundo inteiro: a *falácia do jogador.*

"É comum os clientes perguntarem quanto tempo faz desde a última vez que deu o número 20", diz Carolina. "Bem, como crupiês, nós ficamos de olho em cada giro da roleta, e, como não há nenhuma regra contra isso, respondemos com veracidade: faz 96 bolas." E por que isso seria contra as regras? É benéfico para a casa que os clientes sejam levados pela ilusão de que conhecer o passado os ajudará a prever o futuro. Carolina explicou que as roletas modernas são equipadas com contadores que, de maneira conveniente, fornecem vários dados estatísticos "em benefício" dos jogadores, como os números correspondentes às últimas quinze bolas, a percentagem de números pretos *versus* vermelhos, os números "quentes" ou mais frequentes, ou as dúzias mais frequentes (números de 1 a 12, 13 a 24 ou 25 a 36). É claro que nenhum desses dados estatísticos altera o fato de que a bola tem exatamente uma chance em 36 de cair em determinado número na próxima rodada.* Não é à toa que Carolina, assim como muitos crupiês, não joga.

A falácia do jogador é a crença equivocada de que a probabilidade de um evento aumenta quando se passa um longo período desde que ele ocorreu pela última vez. Quando se está em um período de seca, parece mais provável que deva chover amanhã. Se você e seu cônjuge tiveram quatro filhas em sucessão, parece provável que tenham um menino da próxima vez. E, se o sujeito é jogador e faz muito tempo desde que a bola caiu no número 20 da roleta, a probabilidade de um 20 iminente parece alta.

Um dos exemplos mais memoráveis da falácia do jogador ocorreu no suntuoso cassino de Monte Carlo, em 1913. Jogadores vestidos com elegância viram a bola cair no preto 26 vezes seguidas. Com empolgação crescente, alguns clientes começaram a apostar no vermelho. Ele simplesmente *tinha* que sair da próxima vez. A roleta era aleatória, é claro, mas tinha que "se corrigir", certo?

* Contrariando a falácia do jogador, um número da roleta que tenha ocorrido com maior frequência no passado pode ter mais (e não menos) probabilidade de sair de novo no futuro. A razão é que nenhuma roda de roleta é fabricada com perfeição. Às vezes, as rodas da vida real são ligeiramente tendenciosas e exibem uma inclinação muito pequena a parar mais em certos números. No início da década de 1990, os Pelayo, uma família de jogadores espanhóis, registraram em segredo os resultados das roletas e, durante longos períodos, em cassinos espanhóis, holandeses e até de Las Vegas, conseguiram prever com sucesso que alguns números teriam uma probabilidade um pouquinho maior de sair do que outros. Eles acumularam uma pequena fortuna com rapidez, e, com igual velocidade, foram proibidos de jogar em cassinos.

Errado. Todos sucumbimos à superstição de que, quando observamos um processo aleatório com um desvio, é lógico que o desequilíbrio terá que se desfazer. Por exemplo, pergunte a si mesmo: se você jogar uma moeda sete vezes, qual será o resultado mais provável – cara, cara, cara, cara, cara, cara e cara? Ou coroa, coroa, coroa, coroa, coroa, coroa e coroa? Ou cara, coroa, coroa, cara, coroa, cara e cara?

Resposta: é tudo a mesma coisa. Todo lance é independente. A moeda não tem memória. Se você jogar vinte coroas, a probabilidade de tirar outra coroa é de uma em duas. Você pode escolher os mesmos números da loteria todas as vezes, ou mudá-los em todas as apostas, mas, de um modo ou de outro, terá a mesma probabilidade de acertar um sorteio. Você poderia usar os números que saíram na véspera e ter a mesma probabilidade de ganhar. O universo não guarda uma recordação de resultados passados que favoreçam ou desfavoreçam resultados futuros.

DUAS CABRAS E UM CARRO

Em setembro de 1990, a coluna de conselhos "Ask Marilyn", da revista *Parade*, publicou o quebra-cabeça a seguir. Digamos que você está em um programa de disputa de prêmios e lhe oferecem uma escolha entre três portas. Atrás de uma delas há um carro; atrás das outras, cabras. Você escolhe uma porta – a número 1, digamos –, e o apresentador, que sabe o que está atrás de todas elas, abre outra porta – digamos, a número 3 –, que ele sabe esconder uma cabra. Você olha para a cabra e ele lhe diz: "Quer continuar com a porta número 1 ou trocar pela número 2?" O que você deve fazer? Será vantajoso alterar sua escolha?

Esse quebra-cabeça, conhecido como o problema de Monty Hall, graças ao nome do apresentador de um programa televisivo popular nos Estados Unidos chamado *Let's Make a Deal* ["Vamos fazer um trato"], testa a sua capacidade de avaliar probabilidades. Você não sabe qual das duas portas restantes esconde o prêmio e em função disso talvez pense: ei, a chance é meio a meio. Vem a sensação de que é bom ficar com a porta número 1. Mas você estaria errado. De acordo com os especialistas em probabilidade, você sempre deve trocar. Escolher a porta número 2 duplica a probabilidade de tirar o carro, fazendo-a passar de 1/3 para

2/3. O problema de Monty Hall surge porque o candidato acredita, corretamente, que há uma chance em três de escolher a porta do carro na escolha inicial. Mas, em seguida, o apresentador retira uma porta com uma cabra das duas restantes. Ora, se o candidato tivesse realmente escolhido a porta do carro na rodada inicial (uma probabilidade de um em três), a porta restante teria uma cabra. Mas, se ele tivesse escolhido uma porta com uma cabra na rodada inicial (uma probabilidade de dois em três), a porta restante conteria o carro. Portanto, é duas vezes maior a probabilidade de que sua escolha original tenha sido uma cabra e não o carro, e, como é certo que uma das portas restantes tem que esconder o carro, é sempre de interesse do candidato fazer a troca.

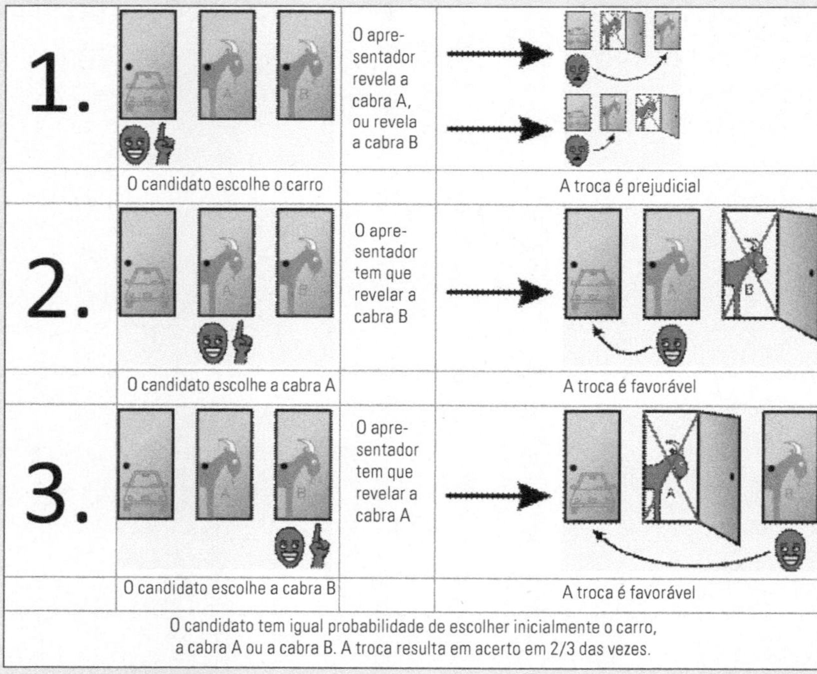

O problema é que a solução não parece correta. Não combina com a sua intuição. E você não está sozinho. Quando esse quebra-cabeça foi publicado pela primeira vez, muitos cientistas, inclusive um ou dois vencedores do Prêmio Nobel, indignaram-se com a solução correta, por ela também não lhes parecer certa. A igualdade da probabilidade está profundamente arraigada na intuição.

A falácia do jogador pode se manifestar quando um apostador desconfia que a roleta foi preparada. Quando não aparece nenhum vermelho depois de uma longa série de pretos, ele pode presumir que a roleta não está dentro dos padrões. Deve ter alguém trapaceando. Os mentalistas levaram a sério essa observação e inventaram o que chamam de teoria do "excesso de perfeição" no ilusionismo. Ao produzirem uma série de previsões sucessivas (por exemplo, adivinhar o que está escrito em uma porção de cartões recolhidos na plateia), é comum os mágicos optarem por errar algumas previsões. Seu raciocínio é que a capacidade mediúnica deve ser imperfeita. Afinal, se o mágico ou o médium acertar todas as previsões com exatidão, o número deixará de parecer sobrenatural. Se o mentalista nunca errar, a plateia presumirá que o truque foi "armado" e não é mediúnico.

QUAL É A PROBABILIDADE?

Em 1937, o avô de Susana, Enrique García Casal, na época com 22 anos, foi recrutado para a Guerra Civil espanhola, uma luta épica de três anos entre um exército comandado pelo general Francisco Franco e o governo democraticamente eleito, a Segunda República espanhola. Durante os últimos dias da guerra, Enrique viu-se a bordo de um navio em uma armada que se dirigia a Cartagena, um paraíso na costa do Mediterrâneo e um dos últimos baluartes republicanos. Ele e seus companheiros de armas tinham sido informados de que Cartagena acabara de se render. A guerra estava quase no fim, e a tarefa desses homens seria ocupar a cidade derrotada.

Para infelicidade deles, o exército republicano, ainda que em fuga, havia mantido o controle das baterias costeiras de Cartagena, e o navio de Enrique, o *Castillo de Olite*, estava em sua mira. A marinha de Franco exigiu que a armada recuasse, mas o rádio do *Castillo de Olite* estava quebrado e o navio prosseguiu em direção ao porto com a intenção de desembarcar sua tropa.

Um hidroavião descreveu círculos e acenou. "Que surpresa maravilhosa de boas-vindas!", pensou Enrique. Na verdade, o hidroavião fora mandado pelos republicanos em um esforço de última hora, para alertar o navio a se afastar. Lembre-se de que essa era uma guerra civil: ninguém queria destruir um navio enorme, cheio de presas fáceis, quando elas eram todas compatriotas. Poderia haver familiares a bordo!

Por fim, o comandante das baterias costeiras ordenou que se afundasse o navio. Ao primeiro disparo dos canhões, Enrique e os outros soldados ficaram radiantes com a portentosa saudação de boas-vindas. Assim, foi uma grande surpresa quando uma saraivada dos enormes canhões Vickers atingiu a água a uma pequena distância. Uma gigantesca nuvem de água e espuma foi borrifada no ar.

Enrique estava na popa do navio quando uma carga atingiu a proa. Uma segunda explosão fez destroços e pedaços de corpos voarem em todas as direções. A tripulação e os soldados começaram a abandonar o navio. Enrique baixou os olhos e descobriu que fora ferido de leve por estilhaços, na altura da cintura. Ficou sangrando enquanto considerava que, se estivesse cinco centímetros mais para o lado, provavelmente estaria morto.

Atordoado, ele saiu correndo e pulou do navio em um verdadeiro salto ornamental. Era um nadador vigoroso e se afastou depressa. Dos 636 homens que conseguiram sair do navio afundado, Enrique foi um dos últimos a saltar.

E foi então que a situação passou de pavorosa a absurda. Um primo de Enrique, de sua cidade natal de La Coruña, no extremo noroeste da Espanha, deteve-o no meio do Mediterrâneo e lhe assinalou que ele estava nadando em direção à África, e não às praias mais próximas da Espanha. Enrique ficou perplexo ao ver esse parente próximo. Os dois deram meia-volta, nadaram para uma ilhazinha no porto de Cartagena e foram resgatados pelo vigia do farol e sua mulher. O exército republicano os capturou e os manteve prisioneiros pelo breve período restante da guerra.

A família de Susana conta essa história como se ela fosse uma prova da intervenção divina. Qual é a probabilidade, eles se perguntam, de alguém participar do maior desastre marítimo da história espanhola, em um navio com milhares de soldados reunidos aleatoriamente, e se deparar por acaso com (bem, nadar em direção a) um primo que ele nem sabia que estava a bordo? É uma probabilidade pequena, com certeza. Mas será que é tão minúscula quanto parece?

Considere que Enrique era um de oito filhos e que seu pai também tinha sete irmãos. Enrique tinha dezenas de primos de primeiro e segundo graus, todos mais ou menos da mesma idade, vivendo em uma mesma cidade ou nos arredores dela. Metade desses primos compunha-se de homens, muitos dos quais teriam sido recrutados na mesma época. Além disso, era comum os militares recrutarem soldados às bateladas e os manterem mais ou menos agrupados em suas unidades conforme sua região de origem. Aliás, a vasta maioria dos homens do navio de Enrique vinha da mesma região da Espanha, de forma que a probabilidade de ele encontrar um primo na água poderia chegar a 10%.

É extremamente fácil calcular mal as probabilidades e atribuir significados desproporcionais a eventos apenas improváveis. Nos espetáculos de mágica, os mentalistas são mestres em promover eventos improváveis, a ponto de eles parecerem impossíveis. Com isso, somente a mágica ou alguma outra intervenção divina parece capaz de explicar o efeito. No entanto, se você examinar com atenção a série de pequenas coincidências que conduziu ao desfecho, verá que a situação não se afigura tão surpreendente assim.

De todas as maneiras de sermos tapeados pelo sobrenatural, pode-se argumentar que confiar em um paranormal vem em primeiro lugar na lista. A adivinhação ou leitura do pensamento, tal como praticada pelos mágicos, é uma coisa; eles dominam truques complexos que lhes permitem exercer pleno controle sobre os acontecimentos. Em suas adivinhações com informações prévias, ou *hot readings* (mencionadas no Capítulo 7), eles descobrem tudo o que podem sobre você antes do espetáculo, vasculhando a internet ou registros do governo, entreouvindo conversas ou até batendo a sua carteira para uma espiada rápida. Como vimos no Capítulo 9, também o enganam, fazendo você escolher palavras ou números que parecem escolhas voluntárias e livres. Munidos desse conhecimento, eles parecem adivinhar seu pensamento, regurgitando o que sabem a seu respeito.

Os médiuns, videntes etc., por outro lado, não são mágicos. Embora, vez por outra, possam confiar em informações prévias, eles são, fundamentalmente, mestres da chamada adivinhação baseada em conjecturas, ou *cold reading*, que não tem a intenção de divertir o observador, mas de conquistar sua confiança e, não raro, aplicar-lhe um golpe. Em uma adivinhação por conjecturas, o mágico, mentalista ou médium extrai informações de você para lhe dar a impressão de estar lendo seus pensamentos. O método se baseia na capacidade de intuir o comportamento inconsciente e de produzir afirmações vagas, que se encaixam na situação de qualquer pessoa. O embuste é todo linguístico. Nada tem de sobrenatural.

Apesar disso, nós nos perguntamos se os médiuns e similares teriam algo a nos ensinar sobre a neurociência do comportamento humano. Embora o que eles fazem seja apenas tapeação e contrassenso, ocorreu-nos que esses indivíduos talvez sejam, fundamentalmente, gênios da mente, como os mágicos e mentalistas, e também devamos estudá-los para aprimorar as neurociências.

Em abril de 2010, pegamos nossas camisetas tingidas no estilo *tie-dye* e partimos para Sedona, no Arizona, a fim de visitar uma feira espiritualista. Pudemos sentir a "energia positiva" ao nos aproximarmos das belas formações rochosas vermelhas, criadas pela erosão na paisagem rica em ferro. Médiuns, curandeiros e empresários da Nova Era povoam essa região e afirmam que Sedona é um dos catorze pontos de força da Terra capazes de "receber as frequências vibratórias" vindas de fontes extraterrestres. (Os outros locais "quentes" são o parque Haleakala, no Havaí, o monte Shasta e a ponte Golden Gate, na Califórnia, as Montanhas Negras de Dakota do Sul, o Central Park, na cidade de Nova York, Machu Picchu, no Peru, o monte Olimpo e Delfos, na Grécia, o monte Fuji, no Japão, as Grandes Pirâmides do Egito, Popocatepetl e Palenque, no México, e o rio Ganges, na Índia.)

Chegamos ao Radisson Poco Diablo Resort na expectativa de encontrar barracas e tendas cheias de incenso, círculos de tambores e CDs da banda Grateful Dead. Mas não havia nada disso. Ao contrário, encontramos um grupo de pessoas mais velhas, com roupas da Target e da T.J. Maxx. Elas se encaixariam perfeitamente no shopping de pontas de estoque perto da nossa casa.

Ir a esse evento era meio parecido com ir a um cassino. Na maioria dos cassinos que visitamos (um boa quantidade deles nos últimos tempos!), os frequentadores não são pessoas despreocupadas curtindo suas férias. Ao contrário, muitos parecem apreensivos e desesperados para ganhar. É impossível não nos perguntarmos se a pessoa parada ao nosso lado está vivendo o pior dia de sua vida. A feira espiritualista transmitia uma sensação semelhante de desespero. Muitas pessoas pareciam imbuídas da vã esperança de que um médium as ajudaria a se recuperar de uma grande desgraça pessoal. Como cientistas, com a perspectiva profissional e pessoal de que cada serviço e produto oferecidos na feira não passavam de um monte de esterco, aquilo nos pareceu muito deprimente.

Os produtos oferecidos eram espantosos. Podia-se comprar lanternas, pingentes e ponteiras laser, tudo "com aceleração quântica", para proteger contra as frequências negativas de telefones celulares, laptops e ondas de rádio. Podia-se adquirir uma pulseira de silicone para trazer equilíbrio, saúde e força, "alinhando os prótons do corpo" (o que, se fosse verdade, transformaria o indivíduo em um ímã, embora os vendedores não soubessem desse fato). Havia cremes e pomadas à venda para tirar a energia negativa de ferimentos e diferentes tipos de câncer. Um homem chamado Elvis tinha uma câmera Polaroid dentro de uma caixa em que havia uma lâmpada cujas cores se alternavam rapidamente. Ela produziu uma imagem de Steve cercado por místicas manchas coloridas, que Elvis explicou serem os anjos da guarda, espíritos e energias de Steve. Elvis sorriu e disse: "Trinta e três dólares, por favor."

Os demais vendedores eram médiuns, videntes ou astrólogos que faziam leituras, por tarifas que iam de quinze dólares por quinze minutos a 35 dólares por meia hora. Alguns usavam baralhos de tarô ou de outros tipos, outros seguravam as mãos do cliente e entravam imediatamente em transe. Também havia pessoas que faziam massagens de estilo ocidental ou asiático para livrar o corpo de frequências negativas. Você sabia que a cura quântica quintidimensional é extremamente eficaz na ativação do terceiro olho e do DNA?

Para evitar a possibilidade de uma adivinhação baseada em informações prévias, não revelamos nossos sobrenomes (para ter certeza de que os médiuns não fizessem uma simples busca na internet e descobrissem dados a nosso respeito) nem fornecemos informações detalhadas sobre nós.* A história que usamos foi que estávamos ali em busca de orientação sobre como criar nossos filhos em harmonia com a natureza,

* Embora alguns médiuns ou videntes possam argumentar que não têm como fazer um trabalho com precisão se os clientes mentirem para eles, apresentamos um argumento contrário: um médium não deveria ser capaz de discernir a verdade mesmo assim? Se eles são capazes de adivinhar quantos filhos você teve há 4 mil anos, em uma vida pregressa, desmascarar uma afirmação inexata deveria ser brincadeira de criança.

neste mundo carregado de tecnologia. Também queríamos descobrir mais coisas sobre um objeto pertencente a Susana. Temos uma pequena coleção de soldadinhos em miniatura, alguns dos quais muito antigos e valiosos. O acréscimo mais recente fora um brinquedo de alumínio que retratava um soldado britânico da década de 1760, marchando de mosquete no ombro. Susana o encontrou como prêmio em um ovo de chocolate Kinder, comprado em uma loja de doces em algum momento da década de 1980.

Mas não contamos nada disso aos nossos quatro médiuns. Ao contrário, Susana lhes disse ter encontrado o soldadinho alojado entre duas tábuas de madeira de seu antigo apartamento alugado, em Boston, e ter sentido uma ligação especial com o brinquedo. Disse também estar pensando em voltar a estudar (Susana tem doutorado em medicina e cirurgia, não precisa de novos estudos universitários) e pediu orientação sobre o que fazer.

Cada um dos adivinhos teve um método ligeiramente distinto para ler os pensamentos dela. Uns trabalharam com cartas, outros cantarolaram, segurando as mãos dela do outro lado da mesa. Fitaram-na com atenção, seguraram o soldadinho e se concentraram em fazer a leitura "psicométrica" da história e da importância do brinquedo.

ALERTA DE SPOILER! A SEÇÃO SEGUINTE DESCREVE SEGREDOS DA MÁGICA E SEUS MECANISMOS CEREBRAIS!

COMO FAZER UMA ADIVINHAÇÃO POR CONJECTURAS

Teller diz que a adivinhação baseada em conjecturas envolve arrancar informações do cliente por meio de perguntas enunciadas como afirmações. "Sinto que você tem uma questão ou um problema que o está preocupando." É claro que sim. De outro modo, por que o sujeito estaria ali? Todo mundo se preocupa com a saúde, dinheiro, amor e a morte. Logo, se você disser "Sinto que há um problema com a sua saúde", e a pessoa não reagir, você segue em frente, sem a menor pausa: "Não me refiro à sua saúde física. Mas à sua saúde afetiva... ou financeira." E por aí vai. Cada afirmação é feita com uma inflexão ascendente, constituindo uma afirmação em termos gramaticais, mas convidando à conclusão como uma pergunta. Na maior parte das vezes, o adivinho erra, mas as pessoas se esquecem dos erros e se lembram dos acertos.

Lisonjeie descaradamente o sujeito. Lembre-se, o médium ou vidente logra êxito dizendo à pessoa aquilo em que ela quer acreditar. Carregue nas tintas. Não vá logo dizendo "Você gosta de sorvete". Olhe fundo na bola de cristal, na palma da mão do sujeito, em folhas de chá, cartas de tarô, manchas de comida na camisa dele – qualquer coisa – e, devagar, exiba uma expressão de compreensão e descoberta. "A sua Lua ascendente na Via Láctea me diz que você gosta de sorvete." Quanto maior a dramaticidade, mais o indivíduo será capaz de jurar que você tem poderes especiais. "Isso é incrível! Eu *adoro* sorvete!"

Baseie as perguntas na etapa da vida do cliente. De acordo com o mentalista Derren Brown, as pessoas na casa dos vinte anos costumam estar muito envolvidas consigo mesmas, querendo saber no que consiste o seu verdadeiro eu. As mais velhas podem se preocupar mais com a doença e a morte. Faça com que truísmos vazios – "Às vezes você é introvertido" – pareçam substanciais. Deixe tudo absolutamente em aberto. Por exemplo, diga algo como "Você é muito criativo, mas não é que você *pinte*, digamos, e sim que a sua criatividade se mostra de maneiras mais sutis". Se a pessoa pintar, pimba, é que você adivinha pensamentos. Caso contrário, estará lisonjeando a criatividade interna dela.

Sempre pergunte quem é Michael, ou Linda, ou outro nome bastante comum, e a vítima provavelmente conhecerá, ou para o qual ela sugerirá uma variação, como Mike ou Mitch, Lynn ou Lynette etc. Nunca pergunte "Quem é Betsabá?". A não ser, é claro, que você tenha acertado tudo 100% e queira partir para um final em grande estilo. Lembre-se, como médium, você não é cerceado pelo tempo nem pela verdade. Se não houver ninguém com esse nome no presente, você pode perguntar se a pessoa conheceu alguém no passado, e, se isso não funcionar, parta para o futuro com uma expressão apreensiva, dizendo: "Tome cuidado quando conhecer alguém chamado Betsabá. Eu intuo dificuldades, talvez uma traição..."

FIM DO ALERTA DE SPOILER

Houve adivinhações por toda parte. Um médium disse que o soldadinho não era um brinquedo de criança, em absoluto, e sim uma peça de xadrez moldada na década de 1940 e, na época, pertencente a um senhor chamado Aiken. Outro afirmou que a ligação sentida por Susana se devia ao fato de ela ter vivido no mesmo lugar da Alemanha de onde vinha o soldado, na época em que fora uma criadinha de copa em uma vida passada. "Isso foi na época em que você era César, não, espere, um dos generais de César. Quem era mesmo César? Era uma espécie de rei?"

Quanto ao futuro imediato de Susana, dois médiuns disseram que seus espíritos guardiães queriam que ela voltasse para a escola, enquanto os outros notaram que tínhamos ido à exposição com nossos dois filhos pequenos e disseram que os espíritos queriam que Susana ficasse em casa com eles. Considerando-se que Susana gastou catorze anos em sua formação e nunca pensou em desistir da carreira, os dois prognósticos foram ridículos – mas poderiam ter sido razoáveis para muitas novas mães.

Concluímos que, se os mágicos são artistas da atenção e da consciência, os médiuns e videntes são fingidores que posam de falsos magos. Os que conhecemos em Sedona mostraram pouca perspicácia ou sofisticação. Seu método era procurar sondar os clientes para determinar seus segredos e, em seguida, por um preço, vender-lhes a promessa desses desejos. Trata-se de uma indústria próspera, porque as pessoas ficam desesperadas para confirmar que tudo correrá bem, que suas decisões foram e continuarão a ser acertadas e que elas se reencontrarão com seus entes queridos "do outro lado".

Como é possível você se defender de paranormais, impostores, vendedores insistentes, sacerdotes, políticos e qualquer outra pessoa que use técnicas de adivinhação por conjecturas para tirar o seu dinheiro? Não estamos dizendo que todas as pessoas que escolhem essas esferas de atividade sejam conscientemente fraudulentas. Muitas acreditam em seus métodos e acham sinceramente que estão ajudando almas perdidas. Se as pessoas saem do encontro com um médium sentindo-se melhor a respeito de si mesmas, não há mal nenhum nisso. Mas alguns médiuns e videntes são embusteiros que usam técnicas de adivinhação por conjecturas para mentir e tirar dinheiro dos clientes. Como em todos os assuntos comerciais, tome cuidado.

É comum mentalistas e médiuns dizerem exatamente o que o indivíduo quer ouvir. Os médiuns que adivinharam o "futuro" de Susana foram alterando sua história com base na linguagem corporal e nas expressões faciais dela. Quando ela sorria e balançava a cabeça, os "clarividentes" se animavam e se estendiam sobre um dado tema; porém, quando ela levantava ou franzia as sobrancelhas, eles revisavam sua afirmação anterior. "Estou vendo sucesso no seu futuro", disse um dos médiuns. Susana franziu o cenho e fez sua expressão mais intrigada. "Não profissionalmente", corrigiu de imediato o "vidente". "Quero dizer que você terá relações pessoais significativas e bem-sucedidas." Susana sorriu e relaxou os ombros. O autoproclamado visionário também relaxou.

Alguns vendedores usam métodos semelhantes para "adivinhar pensamentos". Da próxima vez que você for comprar um produto caro e desconfiar que o vendedor não está sendo propriamente sincero, experimente mudar sua história no caminho: por exemplo, diga-lhe que você se interessa mais pelos equipamentos de segurança de determinado carro do que pelo *design*, e então, depois de algum tempo, mude de ideia e diga que na verdade está mais interessado no *design* do que na segurança. Se os melhores aspectos do carro se modificarem de acordo com as necessidades enunciadas por você, o vendedor não está sendo honesto sobre o produto, mas sim dizendo o que você quer ouvir.

Uma última pergunta: se a adivinhação por conjecturas é tão pouco convincente, por que as pessoas acreditam nela? O que torna o cérebro vulnerável a toda essa lisonja e aos truques linguísticos? As pessoas caem nessa conversa porque, na verdade, a adivinhação por conjecturas é um componente fundamental de todas as interações sociais humanas. O discurso educado normal exige que procuremos determinar as necessidades de nossos interlocutores em qualquer conversa. Almejamos ser sensíveis, sedutores, bons ouvintes. É assim que tratamos os outros com civilidade. Os médiuns e videntes capitalizam essa tendência natural e a ampliam.

MANCADAS MEDIÚNICAS

Houdini foi um dos primeiros desmascaradores de impostores e charlatães do ilusionismo e da ciência. Ele participou de uma comissão supervisionada pela revista *Scientific American* para investigar cientificamente os chamados paranormais. Seu ceticismo fervoroso veio de suas próprias desesperadas tentativas anteriores de entrar em contato com sua falecida mãe. Houdini tentou diversas maneiras de falar com ela; todas falharam. Em uma, que ficou famosa, a médium (esposa de *Sir* Arthur Conan Doyle) recebeu o espírito da mãe dele, que disse a Harry o quanto o amava e se orgulhava dele. Pena que o nome verdadeiro de Harry fosse Ehrich e que sua mãe nunca falasse com ele senão em alemão. Desiludido e amargurado com essa experiência, Harry Houdini assumiu a responsabilidade de desmascarar os médiuns e provar que não passavam de meros impostores.

Uma visão icônica do mágico ameaçador envolve a indução de um pobre integrante da plateia a um transe hipnótico. Como Svengali. Você está ficando com *soooono*... Um embuste, certo?

Não tão depressa. De acordo com nossos colegas que estudam o cérebro de pessoas propensas a estados semelhantes ao transe, a hipnose não é necessariamente uma embromação. Essa prática antiquíssima altera os circuitos neurais envolvidos na percepção e na tomada de decisões, modificando o que as pessoas veem, ouvem, sentem e acreditam ser verdade. Alguns experimentos recentes levaram pessoas hipnotizadas a "ver" cores onde elas não existiam. Outras perderam a capacidade de tomar decisões simples. Algumas olharam para palavras comuns da língua inglesa e acharam que eram uma algaravia.

Esses experimentos foram conduzidos por Amir Raz, neurocientista cognitivo da Universidade McGill, em Montreal, que é mágico amador. Nunca o conhecemos pessoalmente, mas já gostamos dele. Raz queria fazer algo realmente impressionante, que os outros neurocientistas não pudessem ignorar. Assim, hipnotizou pessoas e as submeteu ao teste de Stroop. Nesse teste clássico, mostram-se ao sujeito palavras grafadas em letra de forma nas cores vermelho, azul, verde ou amarelo. Mas é aí que mora o problema.

Às vezes, a palavra "vermelho" tem a cor verde. Ou a palavra "amarelo" é exibida em azul. A pessoa tem que apertar um botão para dizer a cor certa. Ler é uma atividade tão profundamente arraigada em nosso cérebro que o indivíduo demora um pouquinho mais para desprezar a leitura automática de uma palavra como "vermelho" e apertar um botão que diz "verde".

Dezesseis pessoas, metade delas altamente hipnotizável e metade resistente, entraram no laboratório de Raz. (O objetivo do estudo, segundo foram informadas, era investigar os efeitos da sugestão no desempenho cognitivo.) Depois de todas serem submetidas a indução hipnótica, Raz deu-lhes as seguintes instruções:

> Daqui a pouco você vai brincar com um jogo de computador dentro de um aparelho de varredura cerebral. Toda vez que ouvir minha voz pelo sistema de comunicação, você perceberá de imediato que vão surgir símbolos sem sentido no meio da tela. Eles parecerão letras de uma língua estrangeira que você não conhece, e você não tentará atribuir-lhes nenhum significado.
>
> Essa algaravia estará impressa em uma dentre quatro cores de tinta: vermelho, azul, verde ou amarelo. Mesmo atentando apenas para a cor, você verá com nitidez todos os símbolos misturados. Sua tarefa será apertar, com rapidez e exatidão, o botão correspondente à cor exibida. Esse jogo não exige nenhum esforço. Assim que parar o barulho do escâner, você relaxará e voltará ao seu estilo usual de leitura.

Feito isso, Raz encerrou a sessão de hipnose e deixou em cada pessoa o que se chama de *sugestão pós-hipnótica* – a instrução de praticar um ato já não estando hipnotizada. Dias depois, cada sujeito experimental entrou no aparelho de ressonância magnética.

Nos sujeitos altamente hipnotizáveis, quando veio a instrução pelo sistema de comunicação, o efeito Stroop foi obliterado, nos dizeres de Raz. Eles viram palavras em inglês como uma algaravia e forneceram imediatamente os nomes das cores.

Mas os indivíduos resistentes à hipnose não conseguiram ignorar o conflito, disse ele. O efeito Stroop prevaleceu, tornando-os significativamente mais lentos na denominação das cores.

Quando as imagens cerebrais dos dois grupos foram comparadas, surgiu um padrão característico. Nos sujeitos hipnotizáveis, constatou Raz, a área visual do cérebro que costuma decodificar palavras escritas não foi ativada. E uma região na parte frontal do cérebro, que em geral detecta conflitos, ficou similarmente atenuada. Os processos de cima para baixo ignoraram os circuitos dedicados à leitura e à identificação de conflitos. Na maioria das vezes, as pessoas veem o que esperam ver e acreditam naquilo em que já acreditavam – a menos que a hipnose confunda os circuitos cerebrais. As informações de baixo para cima correspondem, na maior parte das ocasiões, às expectativas de cima para baixo, mas a hipnose cria uma discrepância. Imagina-se uma coisa diferente, portanto ela é diferente.

A natureza de cima para baixo da cognição humana contribui muito para explicar não só a hipnose, mas também os poderes extraordinários dos placebos (um comprimido de açúcar que faz a pessoa se sentir melhor), dos nocebos (aquilo que permite que um feiticeiro faça o indivíduo adoecer), da terapia da fala, da meditação e das artes mágicas no palco. Não estamos dizendo que a hipnose possa curar o câncer, mas todos esses efeitos demonstram que a sugestão é capaz de alterar fisicamente a função cerebral.

Os mágicos usam a sugestionabilidade, a hipnose e a ilusão da escolha para controlar o rumo do nosso comportamento durante uma apresentação. Saímos perplexos, perguntando como eles podiam saber o que faríamos em determinada situação, quando na verdade eles controlavam nossa mente o tempo todo.

Décadas de pesquisa sugerem que entre 10 e 15% dos adultos são hipnotizáveis. Até os doze anos de idade, antes de amadurecerem os circuitos de cima para baixo, entre 80 e 85% das crianças são altamente hipnotizáveis. Um em cada cinco adultos é completamente resistente à hipnose. Os demais ficam em um ponto intermediário, propensos a estados hipnóticos ocasionais, como perder toda a noção de tempo e do meio circundante ao dirigir em uma estrada monótona, ou ao assistir a um pôr do sol espetacular. Ninguém sabe o que torna uma pessoa mais hipnotizável ou menos, embora alguns subtipos de um gene chamado COMT possam conferir suscetibilidade.

As imagens do escaneamento cerebral mostram que os mecanismos de controle para decidir o que fazer diante do conflito se desvinculam quando as pessoas são hipnotizadas. Nessas condições, elas ficam acessíveis à sugestão. Achar que um medicamento aliviará a dor é o suficiente para instigar o cérebro a liberar seus analgésicos naturais. As pessoas que têm a expectativa de que uma dor não seja tão forte quanto de fato é experimentam uma redução dessa dor equivalente à obtida por uma injeção de morfina. Crianças hiperativas que recebem um "prolongador da dose", com pleno conhecimento de que se trata de uma pílula inativa, são capazes de reduzir à metade sua medicação regular, sem nenhum efeito nocivo. A hipnose e os placebos são anestésicos eficazes. São usados no tratamento da angústia, da tensão, da depressão, de fobias, vícios, asma, alergias, hipertensão e muitos outros problemas de saúde.

Em todos esses casos, os processos de cima para baixo ignoram as informações de baixo para cima. As pessoas supõem que as visões, os sons e as percepções táteis do mundo externo constituem a realidade. Mas o cérebro constrói aquilo que percebe com base na experiência anterior.

A hipnose proporciona uma abertura para se explorar a condição humana. Todos colorimos a realidade, com base em nossas experiências, expectativas, sugestões e crenças. O fato de, em grande parte, elas serem moldadas pela cultura, pela criação familiar, pela propaganda, pela pressão dos pares e pela inclinação espiritual será matéria para muitos estudos fascinantes no futuro.

Paul Zak, neurocientista, mágico amador e diretor do Centro de Estudos Neuroeconômicos da Universidade Claremont de Pós-Graduação, em Claremont, Califórnia, gosta de contar uma história sobre seus tempos de adolescente. Louco por carros, Zak foi trabalhar em um posto de gasolina nos arredores de Santa Bárbara, também na Califórnia. "A gente vê muitas coisas interessantes quando trabalha no turno da noite em um bairro proletário", disse ele. "Era constante eu ver pessoas tomarem decisões ruins: motoristas embriagados, integrantes de gangues, policiais infelizes e vigaristas. Aliás, fui vítima de um golpe clássico, chamado golpe do pato."

Zak lembrou-se de ter encontrado um homem que saía do banheiro com um colar de pérolas:

– Achei-o no chão do banheiro – disse o sujeito. – Puxa, parece bom. Quem será que o perdeu?

Nesse instante, o telefone tocou e um outro homem perguntou se alguém tinha achado um colar de pérolas. Ele acabara de comprá-lo para seu aniversário de casamento. Ofereceu uma recompensa de duzentos dólares pela devolução do colar. Feliz por ajudar, Zak disse ao homem que um cliente acabara de achar a joia.

– Está bem, estarei aí em trinta minutos – disse o homem.

Zak lhe deu o endereço do posto de gasolina e o homem lhe forneceu seu número de telefone.

Mas nem tudo estava bem. O homem que havia encontrado o colar disse que estava atrasado para uma entrevista de emprego e não poderia esperar a chegada do outro. Que fazer?

– Hmm, que tal se eu lhe entregar o colar e nós dividirmos a recompensa?

Zak sentiu o "cobiçômetro" disparar em sua cabeça, reprimindo qualquer pensamento racional.

– É – disse –, você deixa o colar guardado comigo e eu lhe dou cem dólares.

O negócio foi fechado. Zak, que ganhava salário mínimo, não tinha cem dólares, por isso tirou o dinheiro do caixa – apenas como empréstimo, é claro.

O resto é previsível. O homem do colar perdido nunca apareceu. Não atendeu às ligações telefônicas. Por fim, Zak chamou a polícia, que lhe disse que o colar era uma falsificação de dois dólares e que seus telefonemas tinham ido para um telefone público das imediações. Arrasado, Zak confessou ao patrão o que fizera e devolveu o dinheiro ao receber seu pagamento seguinte.

Zak, que hoje é uma grande autoridade na neurobiologia da confiança, busca descobrir por que esses contos do vigário, tais como o golpe do pato, funcionam. E também se pergunta por que as pessoas suspendem sua incredulidade na presença de mágicos.

A resposta talvez esteja na *oxitocina*, o hormônio que é liberado no parto, na amamentação, no reconhecimento social e na cooperação. Zak e seus colaboradores conduziram inúmeros estudos para mostrar que a oxitocina faz com que os atos de cooperação tragam uma sensação demasiado prazerosa. Quando a pessoa sente que confiam nela, seu cérebro libera oxitocina e isso a faz retribuir a confiança. Se você inalar oxitocina em um experimento laboratorial, sua generosidade para com estranhos dará um salto.

Zak afirma que os golpistas e os mágicos são igualmente peritos em fazer com que o cérebro esguiche oxitocina, a fim de levar as pessoas a confiar neles. Nessa sedução, porém, eles usam técnicas distintas e visam a objetivos diferentes.

A chave de um conto do vigário, diz Zak, não está no fato de você confiar no golpista, *mas em ele demonstrar que confia em você*. Os golpistas exercem sua atividade fingindo ser frágeis ou necessitados de ajuda, parecendo vulneráveis. Por causa da oxitocina e de seu efeito em outras partes do cérebro, nós nos sentimos bem ao ajudar outras pessoas. A frase "Preciso de sua ajuda" é um estímulo poderoso. Quanto ao golpe do pato, a primeira fisgada foi o desejo de Zak de ajudar o pobre sujeito a levar aquele belo presente para a esposa. A segunda foi o homem que queria devolver o colar mas estava atrasado para uma entrevista. Que bom se Zak pudesse ajudá-lo a conseguir esse emprego! A oxitocina do organismo de Zak entrou em alta atividade, instando-o a retribuir a confiança que lhe fora demonstrada e a ajudar essas pessoas. Só então a cobiça entrou em jogo. "Puxa", pensou Zak, "posso ajudar esses dois homens, deixar uma esposa feliz e ainda sair com cem paus – grande negócio!" Sim, bastava suspender toda a desconfiança e entregar o dinheiro. É comum os golpistas trabalharem melhor quando um cúmplice se faz passar por um espectador inocente que "só quer ajudar", segundo Zak. Afinal, somos criaturas sociais e costumamos fazer o que os outros acham que devemos fazer.

FRAUDE NO BOXE – ACIMA DE QUALQUER DÚVIDA RAZOÁVEL

E se você recebesse um e-mail de um analista que dissesse ter um sistema para prever, com 100% de precisão, os vencedores de certas lutas de boxe? Ele se diz capaz de prever apenas o resultado de algumas lutas, mas sabe exatamente quais delas é possível prever, e, nesses casos, a previsão pode ser feita com vários dias de antecedência, com base nas características dos lutadores e em outros fatores sigilosos. Ele não espera que você acredite e não lhe pede nada, mas vai lhe provar que o sistema funciona, enviando-lhe as previsões de antemão. Você não precisa responder e pode fazer o que quiser com a previsão, inclusive ignorá-la ou apostar nela. Por exemplo, daqui a dois dias haverá uma luta e o boxeador A vai derrotar o boxeador B.

Você não responde ao e-mail, mas, por curiosidade, verifica na internet o resultado da luta e constata que, de fato, o boxeador A venceu.

Nas três semanas seguintes, você recebe novos e-mails que preveem com exatidão o resultado de determinadas lutas. A probabilidade de se adivinhar por acaso o resultado de todas as quatro lutas é de uma em dezesseis. Muito bom!

Na semana seguinte, chega outro e-mail, porém esse vem com uma indicação de alta prioridade. O analista fez mais uma previsão, e dessa vez o rateio divulgado para a luta é de 10:1 a favor do lutador que o analista diz que vai perder. Um prêmio adicional de 2:1 será oferecido pelo agenciador de apostas dele a quem apostar alto no azarão (que o analista prevê que vai ganhar). Ele precisa da maior aposta possível para maximizar os lucros. Se você contribuir com 5 mil dólares, terá um retorno de 100 mil.

É muita grana, e o histórico de apostas do sujeito parece sólido. Você segue as instruções do e-mail, faz a remessa do dinheiro e vai examinar a seção de imóveis do jornal, antecipando seus ganhos.

Dias depois, seu lutador vence! Mas você nunca mais ouve falar do analista. O que houve?

Não havia sistema nenhum, Poindexter!* Você foi tapeado. Veja como.

O analista pega uns cem endereços de e-mail no Google e envia mensagens como a primeira que você recebeu. Mas há uma pequena diferença. Em exatamente

* Poindexter é o amigo gênio do Gato Félix no desenho animado homônimo criado pelo cartunista Otto Messmer. (N.T.)

metade dos e-mails, ele prevê que o vencedor será o boxeador B. Na semana seguinte, o analista remete apenas cinquenta e-mails, para os destinatários ganhadores da semana anterior (o grupo do boxeador A). Metade dessas mensagens prevê que o boxeador C vencerá esta semana e metade prevê que o vencedor será o boxeador D. Na semana seguinte, são enviados apenas 25 e-mails, para os destinatários que receberam a previsão correta na semana anterior, e assim sucessivamente. No fim, você faz parte de um seleto grupo de seis pessoas que recebem a previsão final e o pedido de dinheiro. Duas pessoas efetivamente remetem a grana. Uma delas vence e uma perde, mas, de um modo ou de outro, o "analista" fica com os 10 mil dólares.

Nosso sistema judicial se fundamenta na ideia de que os criminosos podem ir para a prisão quando sua culpa é provada sem que haja qualquer dúvida razoável. Para o mágico ou para o golpista, o conceito de dúvida razoável é vago. Eles sabem que as pessoas aceitam as provas como sólidas quando não percebem que estão sendo tapeadas. Os golpes desse tipo mostram como é fácil enganá-las com base em sua avaliação falha das probabilidades.

Bernie Madoff, o rei dos fraudadores, que aplicou o maior golpe da história, usando o esquema Ponzi, utilizava clubes de golfe privados e outros estabelecimentos exclusivos para atrair investidores. Cultivava a ilusão de que apenas pessoas muito especiais podiam investir com ele, pessoas em quem ele confiava e que, por sua vez, podiam confiar nele. Fazia-se de difícil: "Não preciso do seu dinheiro. Investir é arriscado. Não sei se você quer fazer parte do meu círculo íntimo." Aos olhos de suas vítimas, Madoff era um dos mocinhos, um defensor dos interesses dos pequenos investidores. Enquanto isso, ele ia ativando os circuitos de oxitocina dessas pessoas, a caminho do banco.

Zak tem um bom conselho para evitarmos golpes. Os efeitos da oxitocina, diz ele, são modulados pelo grande córtex pré-frontal, que abriga as regiões "executivas" do cérebro. A oxitocina é toda emoção, ao passo que o córtex pré-frontal é deliberativo. Se você souber como é fácil para um charlatão acionar seu sistema de oxitocina, deverá, prestando atenção, ficar menos vulnerável a pessoas que queiram se aproveitar de você. Mas não seja vigilante *demais*, ele adverte. A oxitocina faz com que tenhamos empatia pelos outros, e essa é a chave da construção das relações sociais.

Os mágicos também provocam a descarga de oxitocina no cérebro dos integrantes da plateia, mas com objetivos diferentes. Querem que confiemos neles para que eles também finjam ser vulneráveis. Lembra-se do teste do livro de Randi? Coitadinho do velhote! Estava todo desajeitado, perdido. Não conseguia adivinhar o pensamento daquela mulher, por mais que tentasse. Todos os espectadores do teatro exsudavam oxitocina.

É por isso que, muitas vezes, a arenga dos ilusionistas é sobre a necessidade de ajuda, diz Zak: "Não sei direito se isso vai funcionar", ou "Isso é tecnicamente impossível", ou "Estou correndo um grande risco". Eles induzem a liberação de oxitocina, puxando-nos para a ilusão, e nós, por nossa vez, confiamos em que nos conduzirão para fora dela em segurança. É comum eles tocarem nos voluntários chamados ao palco, porem o braço no ombro deles e lhes darem presentinhos. Os mágicos tendem a ser extremamente amáveis e, como Mac King, desconcertantemente ingênuos. Com o mágico, você sabe que está sendo tapeado, diz Zak, mas deixa a coisa acontecer assim mesmo, porque o efeito da oxitocina é gostoso demais.

· 11 ·

O Castelo Mágico

Susana olhou para a escuridão, a partir do pequeno palco de um *pub* minúsculo chamado Hat and Hare. Ali estava ela, a nossa grande noite, 7 de junho de 2010, o apogeu de nosso esforço de um ano para aprender a fazer truques de mágica. Estávamos no Castelo Mágico, uma mansão extravagante e cheia de *pubs*, aninhada no bairro de Hollywood Hills, para tentar obter acesso à prestigiosa Academia de Artes Mágicas como mágicos de palco – só que nos anunciávamos como os primeiros neuromágicos do mundo. Será que conseguiríamos? Poderíamos convencer a comissão de nove ilusionistas profissionais sentados no escuro à nossa frente – que incluía Shoot Ogawa, o mais famoso ilusionista asiático do mundo, e Goldfinger, também conhecido como Jack Vaughn, integrante do Hall da Fama da Sociedade de Mágicos Norte-Americanos e talvez o mais destacado ilusionista afro-americano da história – de que merecíamos fazer parte de seu círculo íntimo?*

Misture a Escola Hogwarts de Magia e Feitiçaria com um *pub* inglês e a Mansão Mal-Assombrada da Disney e você terá o Castelo Mágico. O prédio é o quartel-general secreto do ilusionismo e se intitula o clube de mágicos mais exclusivo do mundo. É nesse santuário que muitos dos maiores ilusionistas mundiais tiram os cavanhaques postiços, reúnem-se e relaxam. Uma vez por mês, convidam alguns aspirantes a mágicos para uma audição. Faríamos nossa prova em um grupo de seis pessoas, que era maior do que de praxe. Não se consegue uma audição sem o

---

* Os outros juízes eram Dove, a parceira de Goldfinger, Scott Smith, Tim Vient, Allan Rosson, Bill Koppany, Amos Levkovitch e Mike Elkin.

patrocínio de um membro atual, e mesmo assim apenas cerca de metade dos candidatos obtém aprovação na primeira tentativa. Muitos outros são incentivados a tentar de novo, após mais alguns meses de prática. Às vezes, o Castelo fornece um instrutor para dar aulas semanais, até o candidato atingir os padrões necessários. Os aprovados se habilitam a se tornar sócios do Alfinete de Ouro, que dá acesso à vasta biblioteca de artes mágicas, assim como a palestras e shows, e garante direito de voto nos assuntos acadêmicos.

Durante todo o ano anterior, tínhamos treinado um número que elaboramos com a ajuda de Magic Tony, nosso amigo íntimo e professor. Nos últimos meses, à medida que se aproximava nossa apresentação, tínhamos nos encontrado em lojas da Starbucks, da IHOP e outras lanchonetes de café da manhã, em enotecas e até em uma grande sala de aula vazia no prédio do Instituto de Psicologia da Universidade Estadual do Arizona, onde Tony é aluno de pós-graduação. Ele nos ensinara truques clássicos – com baralhos, cordas, pedaços de papel, gelatina e dispositivos diversos – e nos ajudara a revesti-los com uma roupagem moderna. No palco, usaríamos nossos jalecos brancos de laboratório, com nossos nomes e o título "Neuromágico(a)" bordado no bolso esquerdo do peito.

Em nosso número, demonstraríamos saber fazer uma réplica exata de um cérebro humano, usando uma câmera Polaroid especial e uma panela originalmente concebida para guardar pombos vivos. Daríamos explicações falsas sobre o funcionamento da tecnologia, usando truques com cordas e artefatos de mágicos. Adivinharíamos pensamentos. E então, no final, faríamos uma cirurgia no cérebro, que era feito de gelatina, para retirar dele uma carta de baralho que um voluntário "teria em mente" durante todo o número. Nossa arenga seria feita sobretudo de disparates, enunciados com ar de autoridade e, segundo esperávamos, com humor.

Susana pigarreou e começou:

– Olá, senhoras e senhores, obrigada por virem ao Show de Maravilhas desta noite. Como os senhores devem saber, esses espetáculos foram uma das maneiras pelas quais os cientistas e inventores da era pré-industrial disseminaram suas descobertas junto ao público. No século XIX, as fotografias eram proibitivamente caras, e a alfabetização, por sua vez, ainda não era ubíqua. Por isso, os cientistas pegavam a estrada para exibir as maravilhas da época e as descobertas que estavam mudando o mundo.

ONDE ESTÃO AS ILUSIONISTAS?

Susana dirigiu-se à plateia por "senhoras e senhores", mas pouquíssimas são as mulheres, pelo menos nos Estados Unidos e na Europa, que ganham a vida fazendo mágicas. Perguntamos a muitos mágicos a razão disso. As respostas que recebemos servem mais para divertir do que para esclarecer. As mulheres não sabem mentir. As mulheres não aprendem truques. As mulheres não sabem fazer contas. As mulheres não sabem impor respeito. As meninas não ganham jogos de mágica de presente de aniversário.

A ausência de mulheres no ilusionismo se perpetua. Teller assinalou que, cinquenta anos atrás, praticamente não havia nenhuma mulher na comédia. Agora, quase metade de todos os comediantes é mulher. Portanto, a questão maior que está em jogo talvez seja a falta de uma tradição cultural e de modelos para as aspirantes a ilusionistas. Na Ásia, por exemplo, as praticantes de mágica são muito mais comuns. Em um chá durante a Olimpíada da Mágica de 2009, em Pequim, Max Haven nos disse que, historicamente, era frequente as asiáticas praticarem rituais religiosos que envolviam a magia, e que as gueixas incorporavam o ilusionismo em seus requintados números dedicados ao entretenimento.

Quando chegou sua vez no centro do palco, Steve embaralhou cartas com ar displicente e disse:

– Os Shows de Maravilhas quase não existem mais, substituídos por publicações de alta qualidade e documentários de televisão. Até aí, tudo muito bem. Mas, na página impressa e na tela falta alguma coisa que só pode ser plenamente vivenciada em experimentos ao vivo com inocentes vít... hmm, digo, com pessoas reais. Hoje, reviveremos a forma de discurso científico dos Shows de Maravilhas. Vamos mostrar-lhes as maravilhas da nossa era moderna, com ênfase especial na ciência do cérebro.

Deu um passo à frente e fitou a plateia:

– Começaremos pedindo um voluntário.

Oito jurados apontaram ao mesmo tempo para a única outra pessoa na sala: o nono integrante da comissão, Scotto (também conhecido como Scott Smith, mágico profissional que trabalhava de dia como engenheiro de segurança de qualidade na Escola Marshall de Administração, na Universidade do sul da Califórnia). Ele foi o primeiro a gerenciar nosso processo de audição, assim como a pessoa que havia marcado nosso teste e nos enviado as normas do espetáculo: *Nada de fogo. Tenha quinze minutos de espetáculo prontos. Se você se apresentar em dupla, certifique-se de que as duas pessoas façam um número suficiente de mágicas para serem avaliadas individualmente.*

O fundamental, que ele *não* nos dissera, era o que os juízes estariam buscando. Presumimos que eles quereriam ver habilidades de prestidigitação, arenga, humor, originalidade e manejo do tempo. Só mais tarde soubemos quais eram os três requisitos principais segundo os quais eles nos julgariam. Precisávamos ser bons o bastante para jamais causar constrangimento ao Castelo da Mágica. Não deveríamos revelar segredos do ilusionismo pelo mau desempenho. E o nosso manejo do tempo deveria indicar que compreendíamos quando a mágica ocorria para a plateia – indicar que não estávamos apenas seguindo um roteiro.

CATEGORIAS DOS TRUQUES DE MÁGICA

Todos os truques de mágica seguem certos temas centrais:

- Aparição: produz-se alguma coisa do nada – um coelho de uma cartola, uma moeda do ar, um pombo de uma panela.
- Desaparição: faz-se algo desaparecer – o coelho, a moeda, o pombo, a Estátua da Liberdade, qualquer coisa.
- Transposição: faz-se algo se mover de um lugar para outro – como quando Tamariz transporta cartas de uma mesa para o bolso do paletó de alguém de quem nunca se aproximou.
- Restauração: destrói-se um objeto e depois se faz com que ele retome sua forma original – o mágico rasga uma nota de cem dólares e depois a devolve intacta.

- Transformação: um objeto muda de forma, como quando uma moeda se transforma em outra diferente, ou três comprimentos distintos de corda se transformam em três comprimentos iguais.
- Telecinese (levitação ou animação de um objeto): desafia-se a gravidade, fazendo alguma coisa se elevar no ar – como a clássica mulher em torno da qual se passa um aro. Outro exemplo é Teller fazendo uma bola vermelha pairar no ar e segui-la no palco. Ou então, dobra-se uma colher apenas com a força do pensamento.
- Feitos mentais ou físicos extraordinários, ou habilidades extrassensoriais: para-se um projétil com os dentes, ou se adivinha o que uma pessoa vai escolher. O truque de precognição de Thompson, do Capítulo 7, é um bom exemplo.

Pobre Scotto! Ele parecia destinado a suportar todos os abusos que viéssemos a produzir durante nossa apresentação.

Steve se aproximou dele e disse, em voz baixa e cantarolante, ao estilo dos mágicos:

– Estou certo em dizer que nunca nos encontramos antes desta noite e que você está agindo como meu assistente por livre e espontânea vontade?

Scotto respondeu que só tinha falado com Steve por meio de correspondências por e-mail, como parte do processo de audição, e que Steve nunca lhe pedira que servisse de escada no número que estava prestes a se desenrolar.

– Obrigado. Nesse caso, vou lhe pedir, primeiramente, que escolha uma carta, enquanto corro o polegar por elas. Você pode me mandar parar no ponto em que desejar.

Steve cortou o baralho e estendeu a mão direita na frente de Scotto, correndo o polegar pelo canto do monte. O clique de cada carta era claramente audível no bar minúsculo. Nem mesmo as cortinas de veludo vermelho que cobriam as paredes conseguiam absorver os estalidos altos.

Mais ou menos a meio caminho do monte, Scotto disse "Pare". Steve retirou as cartas acima do ponto de parada e deixou Scotto pegar a carta escolhida, que ficou então no topo do meio baralho.

ALERTA DE SPOILER! A SEÇÃO SEGUINTE DESCREVE SEGREDOS DA MÁGICA E SEUS MECANISMOS CEREBRAIS!

É claro que se tratava de forçar uma carta. Estávamos preparando um truque complexo, em que transportaríamos magicamente uma carta para o meio de um cérebro de gelatina. No entanto, primeiro precisávamos que Scotto escolhesse uma carta idêntica à que havíamos inserido, na noite anterior, no falso cérebro de gelatina. Era o valete de ouros.

Para forçar a escolha dessa carta, Steve pôs o valete de ouros como a carta superior do monte, depois embaralhou as outras sem mover o valete. Concluído esse falso embaralhamento, cortou o baralho na mão esquerda, pondo o valete no meio do monte, mas enfiou o mindinho da mão esquerda logo acima dele, para saber com exatidão onde estava a carta. Vistas pela frente do baralho, as cartas pareciam planas, mas, por trás, havia um claro intervalo causado pela "parada do mindinho". Um mestre não teria que introduzir realmente o dedo no baralho. O mindinho simplesmente manteria aberta uma pequena separação. Apesar de meses de prática, ficou claro para Steve (e provavelmente para todas as pessoas da sala) que ele não era um mestre.

Com o dedo mindinho posicionado no lugar certo, Steve correu o polegar esquerdo pela borda frontal do baralho (a "folheada") e esperou Scotto dizer "Pare". Mas onde quer que Scotto resolvesse parar, Steve levantaria as cartas a partir do fundo do monte, na parada do mindinho, para garantir que a "escolha" fosse o valete de ouros. O despistamento de Steve envolveu olhar Scotto nos olhos ao levantar as cartas, para manter a atenção dele afastada do truque manual.

A aprendizagem de truques desse tipo, surpreendeu-nos descobrir, tem tanto a ver com o que se faz com os olhos e o corpo quanto com o que se faz com as mãos. Para nós, a parte mais complicada foi aprender a fazer coisas sem prestar atenção – ou, mais exatamente, prestando atenção a algo diferente. Executar esses truques simples de prestidigitação exige mais ou menos a mesma destreza de que precisamos ao aprender a embaralhar cartas pela primeira vez. Mas aprender a prestar atenção a coisas irrelevantes, deixando especificamente de atentar para os métodos secretos, sem nunca exibir um ar de culpa, é muito difícil.

FIM DO ALERTA DE SPOILER

Se houve algo que aprendemos durante nossa formação em mágica foi que o caminho para o sucesso é praticar, praticar e praticar mais. Isso se aplica a todas as habilidades motoras que adquirimos ao longo da vida – aprender a andar, a chutar uma bola de futebol, a tocar piano, a rebater uma bola de tênis, a deter um golpe no *tae kwon do*, a descer uma trilha de esqui do nível mais difícil ou a introduzir uma parada do mindinho em um baralho. Naquela hora, porém, não estávamos apenas direcionando uma bola para um ponto específico em um momento específico, mas também usando nosso próprio foco de atenção para despistar.

As habilidades motoras humanas são inúmeras e muitas vezes incríveis. Pessoas nascidas sem braços conseguem se vestir e escrever cartas – com os dedos dos pés. Malabaristas de contato, como o personagem de David Bowie no filme *Labirinto*, são capazes de manipular bolas de vidro com as mãos e os braços e criar a ilusão de que elas flutuam no ar.* Acrobatas conseguem fazer a parada de mão sobre cavalos galopando. Mas adquirimos todas as nossas habilidades motoras da mesma maneira.

Nosso cérebro possui faixas de um tecido chamado *córtex motor*, que mapeiam todos os movimentos que podemos fazer. Nosso mapa motor primário envia ordens do cérebro pela espinha dorsal e dela para todos os músculos. Quando esse mapa é ativado, o corpo pode se movimentar. Temos outros mapas motores envolvidos no planejamento e na imaginação dos movimentos, mas, por ora, examinemos como se desenvolve uma habilidade mais familiar.

Digamos que você esteja aprendendo a tocar piano. Enquanto é novato, a região do seu cérebro que mapeia os dedos – sim, você tem mapas dos dedos – cresce em uma exuberância de novas conexões, procurando e reforçando qualquer padrão conectivo que maximize seu desempenho.

---

* Ver http://sleightsofmind.com/media/contactjuggler.

Se você parar de se exercitar, seus mapas digitais pararão de se adaptar e voltarão a se encolher até o tamanho original. Porém, se você continuar praticando, chegará a uma nova fase de mudança estrutural de longo prazo nos mapas. Muitas das novas ligações neurais feitas no início já não serão necessárias. Ocorrerá uma consolidação: a habilidade se integrará melhor ao circuito básico de seus mapas e todo o processo se tornará mais eficiente e automático.

Há um outro nível nisso tudo, que é o da mestria ou virtuosismo. Se você praticar uma habilidade motora complexa dia após dia durante anos a fio, sempre em busca da perfeição, seus mapas motores tornarão a aumentar de tamanho. Os pianistas profissionais (e os mágicos!) possuem, incontestavelmente, mapas ampliados das mãos e dos dedos. Esses mapas são maiores do que a média, porque estão repletos de circuitos neurais finamente aperfeiçoados, que lhes dão um controle primoroso (e duramente adquirido) do tempo, da força e do direcionamento de todos os dez dedos. Os violinistas também têm mapas aumentados das mãos – porém apenas um. O mapa que controla a mão encarregada dos dedilhados é igual ao dos pianistas. Mas o da mão que movimenta o arco, embora ela seja hábil e coordenada, não cresce além do tamanho normal.

Eis mais um fato interessante sobre o virtuosismo: à medida que você vai dominando uma habilidade complexa, os "programas motores" que ela exige migram de maneira gradual para baixo, das áreas superiores para as áreas inferiores dos circuitos motores. Imagine um sujeito que se matricule em uma academia de dança para aprender a sambar. Como todos os novatos, no começo ele é terrível. Durante as primeiras aulas, processa suas combinações de movimentos relacionados com a dança em suas regiões motoras superiores, como a área motora suplementar. Essa é uma área importante para a execução de qualquer tarefa motora complexa e desconhecida. A princípio, os passos de dança são muito difíceis para o indivíduo. Ele precisa prestar bastante atenção, e mesmo assim erra as sequências diversas vezes.

Mas ele insiste e, passados uns dois meses, começa a ficar bem mais desenvolto. Usa muito menos a área motora suplementar para dançar. Muitas das sequências de comando motor usadas já foram transferidas para baixo na hierarquia cortical, passando a residir primordialmente no córtex pré-motor. O indivíduo se torna um dançarino competente. Não é um Fred Astaire, mas agora precisa prestar menos atenção aos fundamentos. Comete muito menos erros. Sabe improvisar por mais tempo e com sequências mais longas.

Por fim, se ele praticar com frequência por meses, que podem se estender para anos, seu córtex pré-motor acaba delegando grande parte de suas sequências relacionadas com a dança ao córtex motor primário. Agora, nosso aluno pode ser chamado de um grande sambista. A dança se misturou intimamente com os circuitos motores primitivos de seu mapa motor fundamental. A dança se tornou parte de seu ser.*

Susana experimentou a aquisição gradativa da mestria quando praticou a arte marcial do *tae kwon do* durante todo o curso secundário e a faculdade. Ela é faixa marrom e, em certa ocasião, foi campeã júnior da Galícia, a região da Espanha em que foi criada. Ela constatou que, no dojô de treinamento, os novatos em artes marciais deixam transparecer claramente suas intenções, por meio dos movimentos oculares e da linguagem corporal. O mesmo se aplica aos novatos do ilusionismo, que precisam pensar em seus truques ao executá-los, o que faz com que o desempenho seja precário.

Os mágicos competentes não precisam prestar atenção a seus gestos durante os truques, pois os movimentos surgem como uma segunda natureza, tão naturais quanto andar ou falar, e isso os deixa livres para dirigir a atenção para outras coisas e lugares. Juan Tamariz afirma, em tom de brincadeira, que todo espectador é "telepata". Segundo ele, quando o mágico pensa, mesmo por um breve instante, "é aqui que eu faço o truque", a plateia consegue perceber. Por isso, os ilusionistas têm de ser capazes de executar seus números de cor, sem necessidade de utilizar nenhum processo consciente. Quando isso é alcançado, a plateia não consegue isolar o instante ou a localização crucial do método secreto que está por trás do truque. De certa forma, todos agimos assim na vida real. Se você tem algo

* Uma outra estrutura, o *cerebelo*, situada na base do cérebro, está envolvida na coordenação, na precisão e no controle exato do tempo dos movimentos especializados.

a esconder de seu sócio na empresa, de seu cônjuge ou de um policial, é melhor não pensar no assunto enquanto estiver na presença deles, para que sua voz, seu olhar ou sua postura não o traiam.

O TRUQUE DA DESAPARIÇÃO DA MOEDA OU O MOVIMENTO BIOLÓGICO ENGANADOR

Arturo de Ascanio, pai da cartomagia espanhola, disse certa vez que a prestidigitação deve ser boa a ponto de o despistamento da atenção não ser necessário, e que o despistamento deve ser tão perfeito que a prestidigitação se torne supérflua.

Até aqui, falamos muito de como os mágicos despistam nossa atenção. E quanto à prestidigitação? Como o mágico aprende a executar truques manuais impecáveis? Será que há partes da manobra mais importantes do que outras?

A prestidigitação implica tornar ambíguos os movimentos manuais, de tal modo que a pessoa pareça estar fazendo uma coisa quando, na verdade, está fazendo outra. Por exemplo, a "desaparição da moeda" [*French drop*] é um truque clássico, no qual uma moeda é aparentemente retirada de uma das mãos pela outra e deslocada para outra posição no espaço antes de se revelar que a moeda desapareceu. Os gestos exigem muita prática para serem perfeitos, mas ninguém, até agora, havia examinado cientificamente os aspectos cruciais das manobras.

ALERTA DE SPOILER! A SEÇÃO SEGUINTE DESCREVE SEGREDOS DA MÁGICA E SEUS MECANISMOS CEREBRAIS!

Nesse famoso número, o mágico segura uma moeda em uma das mãos e aproxima a outra como se fosse pegá-la. No entanto, em vez de pegar a moeda, ele a deixa cair na palma da mão que a segura e usa a mão que iria pegar a moeda para encobrir esse movimento. Quando ele afasta a mão de pegar (que o espectador tem certeza de conter a moeda), logo se vê que ela está vazia. Na verdade, a moeda fica escondida na palma da mão que a segurava, de uma maneira que faz a mão parecer vazia.

FIM DO ALERTA DE SPOILER

Michael Natter e Flip Phillips, pesquisadores do Departamento de Psicologia e Neurociências do Skidmore College, estudaram recentemente a desaparição da moeda, exibindo vídeos de mágicos novatos e experientes executando o truque. Eles dividiram os movimentos em três fases: a fase de Abordagem, na qual a mão que vai pegá-la se aproxima da mão que a segura; a fase da Meia Captura, em que a mão de pegar parece apanhar a moeda; e a fase de Retirada, quando a mão de pegar parece se afastar com a moeda.

Qual das fases é mais importante para o sucesso do truque? Os cientistas pediram a observadores leigos que assistissem aos vídeos das fases individuais e adivinhassem qual das mãos segurava a moeda ao fim do vídeo. Descobriram que a fase de Abordagem não era crucial. Os sujeitos experimentais não conseguiram adivinhar a resposta ao verem os vídeos dessa fase, quer o truque fosse executado por novatos, quer por especialistas. Já a fase da Meia Captura se revelou crucial. Nela, a maioria dos indivíduos adivinhou a posição final da moeda quando o truque era executado por mágicos inexperientes, mas não quando feito por mágicos exímios. O mesmo se aplicou à fase da Retirada, embora o efeito não fosse tão grande quanto na de Meia Captura.

Esses resultados sugerem que os mágicos tarimbados são mais eficientes do que os amadores na execução de gestos manuais ambíguos durante a fase de Meia Captura. Eles são tão competentes que as partes do cérebro que percebem o movimento biológico não conseguem identificar a diferença entre uma captura real e uma captura falsa.

Steve dirigiu-se a Scotto:

– Bem, não há necessidade de você guardar essa carta só para si. Mostre-a para todos enquanto preparamos nossa primeira demonstração tecnológica, nossa primeira parte do Show de Maravilhas. Faça o que fizer, Scotto, é crucial que você *guarde em mente sua carta* durante todo o espetáculo. Parte da tecnologia depende disso.

Susana entregou a Steve a máquina Polaroid.

Steve disse:

– Para garantir que você não se esquecerá, vamos tirar uma foto sua com a carta. Muito bem, segure-a bem ao lado do rosto, de frente para mim. Ótimo. Pense na carta e diga xis.

Steve apertou o disparador e a câmera cuspiu uma imagem de Polaroid.

Ele tornou a se virar para Scotto e disse:

– Esta câmera Polaroid foi especialmente modificada para captar a imagem dos seus dois hemisférios cerebrais. Nós a chamamos de "Hemi-roid". Podemos usar a imagem para criar uma réplica exata do seu cérebro. Por favor, continue sentado enquanto sua Hemi-roid é revelada.

A foto mostrou Scotto com a carta junto ao rosto. Mas em sua testa apareceu a silhueta desenhada de um cérebro.

Para fazer isso acontecer, tínhamos posto uma transparência de um cérebro sobre a caixa do filme, entre este e a lente, dentro da câmera. Com isso, todas as fotos tiradas pela máquina teriam a superposição de um grande desenho preto de um cérebro. O truque, nesse caso, era saber como alinhar a imagem cerebral com a cabeça do sujeito fotografado. Como todo o resto, isso exige certa prática.

Convém dizer que fomos meio inexpressivos em nossas habilidades cênicas. Uma coisa é ficar de pé diante de um grupo de cientistas e falar de pesquisas. Fizemos isso tantas vezes que falar em público se tornou algo natural. O problema que tivemos com nosso número de mágica foi o roteiro. Quando falamos de ciência, podemos construir as frases específicas à medida que vamos falando. Durante um truque, porém, há certas falas que precisam ser ditas em determinada ordem e com determinadas inflexões e emoções. Representar é uma habilidade crucial para os mágicos. Certa vez, Robert-Houdin disse: "O mágico é um ator que finge ter poderes reais."

Susana se aproximou de Scotto enquanto Steve voltava para o palco:

– Pode me dar a sua carta?

Scotto a entregou.

– Agora a lembrança de sua carta está gravada em seu cérebro, de modo que podemos simplesmente nos desfazer da carta física real – disse Susana, picando a carta em pedacinhos. – Mas, só como um lembrete adicional, vou lhe dar um pequeno recibo para segurar – e devolveu a Scotto um fragmento da carta.

ALERTA DE SPOILER! A SEÇÃO SEGUINTE DESCREVE SEGREDOS DA MÁGICA E SEUS MECANISMOS CEREBRAIS!

Por que rasgar a carta de Scotto nesse momento? Porque, enquanto a rasgava, Susana executou um truque clássico de prestidigitação – a *troca*. Segurava em segredo um fragmento da carta duplicada por nós – a que estava dentro do cérebro de gelatina – entre os dedos indicador e médio. Uma vez que a carta de Scotto foi completamente rasgada, Susana lhe entregou o fragmento da carta inserida no cérebro, como se ele viesse do valete recém-picado. Mais tarde, quando retirássemos o valete do cérebro, Scotto descobriria que o fragmento em suas mãos, de uma forma impossível, combinava exatamente com o canto que faltava na carta do cérebro. Puro teletransporte!

Susana precisara de várias aulas de muitas horas com Magic Tony, sempre destruindo dois ou três baralhos, para aperfeiçoar esse truque. Executou-o com brilhantismo em nosso teste, erguendo os olhos para encarar Scotto e desviar a atenção dele no momento crucial da troca. Mais tarde, Scotto lhe diria ter sabido que ela devia estar fazendo uma troca ao rasgar a carta. Contudo, nem assim ele conseguiu detectar o momento em que isso aconteceu.

FIM DO ALERTA DE SPOILER

Depois de rasgar a carta, Susana voltou para perto do centro do palco, onde uma mesinha sustentava uma taça de cristal.

– Lembre-se de guardar sua carta em mente – disse, e depositou os fragmentos da carta de Scotto na taça, cobrindo-a com um pano.

Steve estufou o peito e anunciou:

– Senhoras e senhores, agora Susana apresentará a tecnologia em destaque em nosso espetáculo. Trata-se da Neuroimpressora Digital Óptica Avolumadora Eletrônica de Acesso aos Pósitrons, ou, abreviando, a Dovepan.*

* A sigla é formada pelas iniciais do "aparelho" em inglês, "Digital Optical Volumizing Electronic Positron-Accessing Neuroprinter", e corresponde à denominação da clássica panela de pombos usada no ilusionismo, descrita logo adiante no texto. (N.T.)

ALERTA DE SPOILER! A SEÇÃO SEGUINTE DESCREVE SEGREDOS DA MÁGICA E SEUS MECANISMOS CEREBRAIS!

Essa era uma piada destinada a uma plateia formada por mágicos. A *Dovepan*, ou panela de pombos, é um dispositivo feito de duas panelas encaixadas, com uma tampa grande de borda alta, que na verdade forma o bojo da panela interna – espaçosa o bastante para conter pássaros vivos, bolos de aniversário ou o que mais se quiser. Você pode comprá-la em qualquer loja de artigos de ilusionismo. O mágico exibe a panela inferior, que está vazia. Coloca a tampa e agita sua varinha mágica. A panela superior cai automaticamente na inferior, graças a um mecanismo de mola que é acionado quando a tampa e a panela inferior se juntam. Em seguida, ele retira a tampa e, *voilà,* sai um pombo voando. Ou então um coelho salta dela. Ou – você adivinhou – aparece um cérebro de gelatina. Parece mágica.

FIM DO ALERTA DE SPOILER

Nossa panela de pombos estava em uma mesinha, coberta por um pano cirúrgico. Nós a havíamos enfeitado com uma alça enorme e vários dispositivos eletrônicos que se projetavam da tampa. Ciência maluca: confere.

Steve disse:

– Agora a Dovepan vai analisar a hemorroida... perdão, a Hemi-roid do Scotto e usá-la para criar uma réplica exata do cérebro dele.

Steve aproximou-se de Scotto e disse:

– Posso pegar sua Hemi-roid?

Finalmente ouvimos uns risinhos na plateia (que não era fácil de agradar nem de enganar). Achamos que era um bom sinal.

Steve levantou a foto para os jurados e a entregou a um deles para circulá-la, dizendo:

– Observem que esta Hemi-roid é uma representação verdadeira e factual do cérebro de Scotto.

Pegou a foto de volta e colocou-a sobre a panela de pombos, e Susana esclareceu:

– Agora, a Dovepan vai usar a Hemi-roid para fazer uma réplica exata do cérebro de Scotto!

Ela esfregou as mãos, no estilo cientista louca, e acrescentou:

– Teremos de acrescentar umas matérias-primas para construir um cérebro. O cérebro precisa de muita gordura.

Steve pegou uma concha própria para sorvetes, tirou uma porção generosa de margarina Crisco de um pote e a jogou na parte inferior da panela. A margarina bateu na borda e a fez retinir como um sino.

Em seguida, Steve disse "Precisamos de proteína" e entregou a Susana uma caixa grande de proteína em pó para fisiculturistas. Ela tirou a tampa e sacudiu a "proteína" na panela. Steve pegou então um açucareiro cheio, que havia furtado recentemente de uma lanchonete de caminhoneiros. Susana derramou tudo na panela, exclamando "Açúcar!".

– E agora o mais importante: sal – disse Steve. – O sal é crucial, porque seus íons, o sódio e o cloreto, permitem que os neurônios se comuniquem a longas distâncias.

Desatarraxou a tampa de um saleiro e, com grande exagero, jogou um punhado de sal no punho esquerdo.

– Os sinais neurais vão desta extremidade do neurônio – disse, movendo a mão direita pela via de atividade, que saía de sua mão esquerda, subia pelo braço esquerdo e atravessava o peito, até chegar à mão estendida de Susana – até o neurônio pós-sináptico, representado pela mão direita da Susana.

Nesse ponto, Steve iniciou uma apresentação incrivelmente desajeitada do passo clássico de *break* em que um movimento de onda começa na ponta de um dos braços e flui até a ponta do outro.

– Esse processo é chamado de "condução saltatória" – disse ele, enquanto os dois davam-se as mãos e a onda prosseguia pelo corpo de Susana.

ALERTA DE SPOILER! A SEÇÃO SEGUINTE DESCREVE SEGREDOS DA MÁGICA E SEUS MECANISMOS CEREBRAIS!

Quando a mão direita de Steve passou por seu corpo, na verdade ele estava pegando uma ponta falsa de polegar – um dispositivo de borracha que parece um polegar de verdade – que tinha sido usada para recolher o sal em seu punho esquerdo. Sua mão direita entregou a falsa ponta de polegar à mão esquerda enluvada de Susana, que estava à sua espera. Terminado o dueto ondulatório, Steve retirou a luva esquerda de Susana, o que serviu para ele se livrar da ponta do polegar. Susana também estava usando, embaixo da luva direita, uma ponta falsa de polegar cheia de sal. Ao final do número de dança, ela tirou a luva direita, empalmou a ponta de polegar no punho direito e virou seu suprimento de sal na panela.

Foi como se o sal tivesse passado através dos dois corpos.

FIM DO ALERTA DE SPOILER

Já com o sal na mão direita, Susana disse:

– E agora o neurônio pós-sináptico foi ativado.

Levantou as lapelas do jaleco de laboratório e se deslocou em passos de *moonwalk* até a panela, enquanto Steve tocava uma música de Michael Jackson em seu iPhone. Steve ouviu alguns integrantes do júri dizerem "Coreografia!", como se riscassem de uma lista um elemento da apresentação.

A música parou quando Susana verteu o sal na panela. Ela tampou o dispositivo, apertou o botão de três segundos no cronômetro e disse:

– Agora, esperaremos um pouco.

Ao enfeitarmos nossa panela de pombos antes de ir para o Castelo Mágico, percebemos que, essencialmente, não existem truques novos na mágica. Quase todas as ilusões vistas nos atuais espetáculos de ilusionismo foram inventadas no século XIX ou antes, por artistas da Europa, da Ásia e das Américas. Os mágicos contemporâneos vêm atualizando e aprimorando os mesmos truques básicos desde então.

Além disso, faz muito tempo que os mágicos se sobressaem na engenharia. No século II a.C., Heron de Alexandria, um inventor greco-egípcio, fazia as portas do templo se abrirem e fecharem de maneira mágica em cerimônias religiosas. O mecanismo secreto foi um predecessor da máquina a vapor. Os mágicos também ganharam fama por terem inventado

O "Templo de Heron". Heron de Alexandria inventou a abertura automática de portas. O mecanismo secreto, chamado eolípila, consistia em um recipiente ligado a dois tubos recurvados. Quando a água do recipiente fervia, o vapor saía dos tubos e ativava um mecanismo de cordas que fazia as portas se abrirem de forma lenta e majestosa. (Ilustração de Victor Escandell para a exposição museológica "Abracadabra, Ilusionismo y Ciencia", da Fundación "la Caixa")

máquinas que operavam sozinhas, chamadas autômatos, com partes móveis puramente mecânicas. Por exemplo, em 1739, Jacques de Vaucanson inventou o pato que digeria – um autômato que parecia ter a capacidade de comer grãos, metabolizá-los e defecar.*

Em meados do século XIX, Jean-Eugène Robert-Houdin, que é considerado o pai do ilusionismo moderno (e a principal inspiração de Ehrich Weiss, mais conhecido como Harry Houdini), usou suas habilidades de engenharia como relojoeiro para construir incríveis engenhocas mecâ-

* O alimento era recolhido em um recipiente interno e as "fezes" previamente armazenadas eram produzidas a partir de um segundo recipiente.

nicas que pareciam funcionar por mágica. Um dispositivo semelhante a dois famosos autômatos diferentes de Robert-Houdin, chamados "laranjeiras", apareceu no filme *O ilusionista*, de 2006. Robert-Houdin também inventou o primeiro alarme elétrico de segurança para residências e outras engenhocas *à la* Rube Goldberg,* como um sistema despertador em três etapas, que disparava alarmes em pontos distintos da casa e em horários diferentes, ao mesmo tempo que acionava a liberação da aveia matinal para sua égua no celeiro. Outros mágicos famosos, como André-Jacques Garnerin e John Nevil Maskelyne, foram responsáveis por avanços tecnológicos importantes, tendo inventado o paraquedas (Garnerin), a primeira máquina de datilografia sem fita, a trava operada por moedas nas máquinas de venda automáticas e, infelizmente, os toaletes pagos (Maskelyne).

Lemos a autobiografia de Robert-Houdin, de 1860 – *Memórias de Robert-Houdin, embaixador, escritor e mágico, escritas por ele mesmo* –, a fim de aprender mais sobre aquele período. A história da vida dele parece um animadíssimo romance vitoriano. Um de seus truques é um perfeito exemplo de como os mágicos são ardilosos e de quão poucas coisas se modificaram nos últimos cem anos.

Quando visitava um ilustre xeque local em uma remota fortaleza no deserto, Robert-Houdin demonstrou seu truque do projétil. Penn & Teller têm um truque genial com uma bala de revólver que se baseia nessa versão anterior.

No truque, que ele demonstrava para grandes plateias em Argel, Robert-Houdin desafiava um voluntário da plateia a lhe dar um tiro à queima-roupa. Tendo preparado seu equipamento de antemão, ele "pegava" a bala com os dentes.

No deserto, porém, foi apanhado de surpresa. Um cético o desafiou na mesma hora:

---

* Reuben Lucius Goldberg (1883-1970), artista plástico, engenheiro, escritor, inventor e cartunista norte-americano, ganhou fama por cartuns populares em que retratava, entre outras coisas, máquinas de enorme complexidade criadas para executar as tarefas mais elementares. (N.T.)

– Vou mostrar duas pistolas. Você escolhe uma. Nós a carregamos e eu vou derrotá-lo.

Robert-Houdin tinha de ganhar tempo:

– Preciso de um talismã para ficar invulnerável – respondeu. – Deixei o meu em Argel. Mesmo assim, se eu passar seis horas em oração, posso prescindir do talismã e desafiar a sua arma. Amanhã cedo, às oito horas, eu o deixarei atirar em mim.

ALERTA DE SPOILER! A SEÇÃO SEGUINTE DESCREVE SEGREDOS DA MÁGICA E SEUS MECANISMOS CEREBRAIS!

Nessa noite, o mágico passou duas horas garantindo sua invulnerabilidade. Tirou do estojo da pistola um molde para fabricar projéteis. Depois, pegou cera amolecida de uma vela, misturou-a com um pouco de negro de fumo e moldou uma bala de cera. Deixou-a oca, para que não ficasse dura. Depois, fez uma segunda bala e a encheu de sangue. Em uma ocasião posterior, Robert-Houdin explicou que certa vez um irlandês lhe ensinara a tirar sangue do polegar sem causar nenhuma dor.

Na manhã seguinte, ele parou a quinze passos do xeque, que segurava a pistola carregada. A arma disparou e a bala apareceu entre os dentes de Robert-Houdin. Furioso, o xeque atirou-se para a segunda arma, porém o mágico a apanhou primeiro. "Você não conseguiu me ferir", disse, "mas agora verá que a minha mira é mais perigosa do que a sua. Olhe para aquela parede." O francês apertou o gatilho, e em uma parede recém-caiada apareceu uma grande mancha de sangue.

Robert-Houdin tinha usado a prestidigitação para inserir a bala de cera no primeiro revólver, e ela se desfez em pedaços ao ser disparada. Ele segurou uma bala de verdade na boca, e pronto. Com igual destreza, tinha posto a bala cheia de sangue no segundo revólver, antes de dispará-lo. O xeque quase desmaiou.

FIM DO ALERTA DE SPOILER

O TURCO MECÂNICO

O primeiro invento mágico a ganhar fama mundial foi o "Turco", um autômato que jogava xadrez no nível dos mestres, criado pelo barão húngaro Wolfgang von Kempelen em 1769. Oferecia-se aos espectadores a possibilidade de verem a máquina de calcular no interior de sua caixa, após cada espetáculo. As histórias sobre o Turco, especialmente sobre quem descobriu seus segredos, são inúmeras. Uma delas diz que o verdadeiro funcionamento do autômato foi revelado em 1827, quando dois jovens céticos de Baltimore se esconderam nos bastidores do teatro e viram um homem sair de um compartimento oculto. O jornal local divulgou a história de que o "autômato" que jogava xadrez era um embuste.

É possível que jamais venhamos a saber toda a verdade, mas a versão dada à sua origem por Robert-Houdin é tão plausível quanto qualquer outra. Ele escreveu que em 1769 eclodiu uma revolta em um regimento militar meio russo, meio polonês, que estava lotado em Riga, no que é hoje a Letônia. O líder dos rebeldes era um oficial chamado Worousky, homem de grande talento e vigor. Enviaram-se tropas para sufocar a rebelião, e na luta as coxas de Worousky foram destroçadas por uma bala de canhão. Ele se jogou em uma trincheira atrás de uma cerca e, ao anoitecer, arrastou-se até a casa adjacente de um médico bondoso, chamado Osloff. Quando a gangrena se instalou, as pernas de Worousky foram amputadas.

Não muito depois, Wolfgang von Kempelen, um célebre inventor vienense de dispositivos mecânicos, visitou Osloff. Juntos, os dois conceberam um plano para ajudar Worousky a fugir, já que ele estava com a cabeça a prêmio. Worousky era um enxadrista brilhante, o que deu a Von Kempelen a ideia de um autômato que jogasse xadrez. Em três meses, eles construíram o aparelho – um autômato representado pela parte superior do corpo de um turco, sentado atrás de uma caixa em formato de cômoda. No centro do tampo da caixa havia um tabuleiro de xadrez.

Antes de cada partida, Von Kempelen abria as portas da caixa para que as pessoas pudessem ver suas diversas rodas, polias, cilindros, molas e assim por diante. A roupa do Turco era levantada, para que se pudesse inspecionar o "corpo".

Depois de fechadas as portas, Von Kempelen dava corda em uma das rodas, usando uma chave. O Turco balançava a cabeça em uma saudação, colocava a mão em uma das peças de xadrez, levantava-a e a depositava no tabuleiro. O inventor dizia que o autômato não sabia falar. Ele expressaria o "xeque" ao rei com três acenos da cabeça e o xeque à rainha com dois.

Worousky, que não tinha pernas, ficava escondido no corpo do Turco, que também não as tinha. Assim que a roupa baixava, ele entrava na parte superior do tronco do boneco, enfiando os braços e as mãos nos dele e a cabeça dentro da máscara.

De acordo com Robert-Houdin, a máquina deu a Worousky uma maneira de fugir e um meio de vida. O Turco mecânico fez longas turnês pela Europa e venceu quase todas as partidas de xadrez.

"O Turco." O operador podia se esconder sob a casca externa do autômato. (Ilustrações de Victor Escandell para a exposição museológica "Abracadabra, Ilusionismo y Ciencia", da Fundación "la Caixa")

Ao longo de todo o século XIX, os ilusionistas estiveram na dianteira da tecnologia e das invenções. Em algum ponto, porém, o desenvolvimento de novos efeitos parou e os mágicos se agarraram a suas tradições e tecnologias (agora) antigas. Grande parte dos frutos que pendiam dos galhos mais baixos tinha sido colhida, e era mais fácil continuar fazendo os mesmos velhos truques. Mais recentemente, alguns mágicos, como Jason Latimer, vencedor do Campeonato Mundial de Ilusionismo de 2003, promovido pela FISM,* abraçaram tecnologias modernas – raios laser, holografia, fibras ópticas, eletrônica e robótica – e as usaram para criar mágicas inteiramente modernas e efeitos especiais ao vivo nos palcos.** Os efeitos básicos no cérebro são os mesmos (ao que saibamos, ainda não se desenvolveram categorias de fato novas de efeitos mágicos), mas eles criam, usando a tecnologia de ponta, variações modernas e empolgantes de velhos truques.

MÁGICOS E ESPIÕES, UNI-VOS!

Em 1952, a CIA pediu ajuda a um dos ilusionistas mais respeitados do país, John Mulholland. Será que o mestre das mágicas de perto ensinaria um ou dois truques aos espiões norte-americanos para que utilizassem em seu jogo de gato e rato com os espiões soviéticos?

O raciocínio fazia sentido. Tanto os espiões como os mágicos têm que evitar ser detectados. Os muitos ardis da CIA – dardos envenenados, pós que causavam desmaio, drogas, venenos, câmeras minúsculas – seriam inúteis, em termos operacionais, se os agentes de campo não conseguissem manipulá-los. Se Mulholland era capaz de enganar plateias que estudavam cada gesto seu a um metro de distância, deveria ser possível usar truques similares para ministrar secretamente um comprimido ou uma poção em um alvo desavisado.

Mulholland atendeu ao pedido e escreveu dois manuais ilustrados de espionagem. O primeiro descreve e ilustra (com desenhos encantadores) inúmeros truques de prestidigitação e dissimulações feitas de perto, para esconder, transportar e ministrar pequenas quantidades de líquidos, pós ou comprimidos. O segundo apresenta métodos usados pelos mágicos e por seus assistentes para transmitir informações em segredo.

---

* Fédération Internationale des Sociétés Magiques [Federação Internacional das Sociedades Mágicas]. (N.T.)

** Ver http://sleightsofmind.com/media/#jasonlatimer.

Os George Smileys* da época abraçaram as técnicas e, a julgar pela leitura dos relatos modernos, tornaram-se peritos em despistamento, cegueira para a mudança, escapologia e criação de ilusões cognitivas. À medida que a Guerra Fria esquentou, os agentes da CIA se tornaram mais e mais criativos, sob a orientação de Mulholland.

Na década de 1970, porém, as tentativas de assassinar Fidel Castro com charutos explosivos e outras aventuras similares começaram a embaraçar a CIA. Em 1973, o diretor da agência, Richard Helms, ordenou que todos os exemplares dos manuais secretos de mágica fossem destruídos. Os resultados dessas trapaças eram imprevisíveis demais.

Durante décadas, circularam boatos sobre a existência dos manuais nos círculos do serviço secreto, até que partes deles foram desencavadas e publicadas no final da década de 1990 e no começo dos anos 2000. Em 2007, um alto funcionário aposentado da CIA, Robert Wallace, descobriu um jogo completo dos manuais perdidos e os publicou, com o historiador H. Keith Melton, com o título de *CIA: Manual oficial de truques e espionagem*.

O livro revela que os espiões norte-americanos entendiam de cegueira para a mudança. Um agente secreto sempre estacionava o carro junto ao meio-fio, bem na porta de casa. No dia em que era preciso deixar uma "entrega" para outro agente, ele o estacionava em frente à sua casa, mas do outro lado da rua. O outro agente notava a mudança e fazia a coleta da mensagem ou objeto secreto, mas a equipe de vigilância do inimigo não via nada fora do comum.

Esse estratagema obteve êxito em Moscou, sede do coração das operações de vigilância da KGB. O agente secreto norte-americano adotava padrões invariáveis de movimentação diária pela cidade e seus arredores. Passados alguns meses desse padrão inalterável de deslocamentos, ele "desaparecia" por um breve período durante seu trânsito "normal" – o suficiente para deixar uma informação em um local secreto ou enviar uma carta –, antes de ressurgir no destino de praxe, com apenas alguns minutos de atraso. Os vigias, embalados pela monotonia da rotina do espião, não se alarmavam.

No ilusionismo, uma ação maior encobre outra menor, desde que a primeira não desperte suspeitas. Um dos agentes da CIA levava seu cão para longos passeios à noite (a ação grande), o que lhe dava diversas oportunidades de marcar locais secretos

* Smiley é o personagem principal de um romance de John le Carré, *O espião que saiu do frio*.

e deixar entregas (as ações menores). As equipes de vigilância se acostumaram com esse padrão e nunca desconfiaram.

Os ilusionistas usam "linhas de visão" para criar ilusões. O ponto de observação do espectador na plateia pode ser usado para enganar seu sistema visual, como vimos na ilusão de profundidade de Vernon, no Capítulo 2. Um agente da CIA descobriu que, quando andava por áreas urbanas em trajetos que usava com frequência, a equipe de vigilância que o seguia ficava sempre alguns passos atrás. Quando uma virava à direita a pé, ele passava despercebido – ficava "na brecha" – por alguns segundos. Usava essa brecha para praticar seus atos clandestinos sem ser visto.

Mulholland também deu aulas sobre despistamento. Em uma época em que muitas pessoas fumavam, ele instruiu os agentes a riscar um fósforo para acender o cigarro de seu alvo, enquanto usavam a outra mão para deixar cair um comprimido em sua bebida.

Para fazer uma câmera em miniatura "desaparecer" depois de tirar uma foto secreta, os espiões pegaram emprestado um utensílio dos mágicos chamado retentor [*holdout*] – um simples pedaço de elástico que puxa o objeto para dentro da manga. Eles escondiam kits de utensílios e microfilmes em botões, moedas, saltos de botas e supositórios.

Houdini inspirou muitas das técnicas empregadas pelos espiões, inclusive a ilusão dos gêmeos idênticos (que eles chamavam de "transferência de identidade"), que consiste em disfarçar duas pessoas para que elas pareçam ser a mesma. Um espião foi além e se vestiu como um gigantesco são-bernardo para que, ao ser "levado ao veterinário" (na verdade, um esconderijo), pudesse entregar documentos, antes de voltar para casa em sua roupa de cachorro. Ele tinha um autêntico são-bernardo de 82kg em casa.

Quando soou o cronômetro, Susana levantou a tampa da panela e revelou que os ingredientes tinham se transformado em um cérebro humano. Bem, não em um cérebro de verdade, mas em um órgão tão realista quanto pode parecer algo feito de gelatina.*

* Nosso cérebro de gelatina era mesmo muito realista. Tínhamos corrido para nossa audição no Castelo Mágico, em meio ao trânsito pesado de Los Angeles, com o ar-condicionado do carro no máximo para manter o cérebro, que estava no colo de Susana, o mais gelado e estruturalmente intacto possível. Susana brincou sobre um possível

GELATINA E MÁGICA

Fizemos um cérebro humano de gelatina usando uma receita clássica de cérebros do Dia das Bruxas:

1. Borrife uma pequena quantidade de óleo de cozinha no interior de um molde cerebral de plástico.*
2. Coloque o conteúdo de duas caixas grandes de pó para gelatina (sabor pêssego ou melão) em uma tigela grande.
3. Acrescente duas xícaras e meia de água fervendo. Mexa a gelatina com um batedor, durante cerca de três minutos, até ela se dissolver por completo.
4. Acrescente uma xícara de água fria e mexa.
5. Adicione uma lata de leite em pó integral desnatado e mexa por dois minutos.
6. Pingue algumas gotas de corante culinário verde (para tornar o cérebro rosa-acinzentado); mexa.
7. Verta a mistura de gelatina no molde cerebral de plástico.
8. Deixe o molde na geladeira de um dia para o outro.
9. Insira a carta de baralho no cérebro quando ele estiver firme, ainda dentro do molde. O pequeno corte do ponto de inserção passará despercebido na base do cérebro.
10. Acrescente artérias cerebrais usando cobertura vermelho brilhante para decorar bolos.

Steve disse:

– E aqui está, senhoras e senhores: uma réplica exata do cérebro de Scotto!

Retirou-o da panela e o colocou em uma segunda mesinha, à vista de todos.

– Vocês todos devem estar se perguntando como funciona essa incrível tecnologia da Dovepan – disse Susana. – Bem, ela se baseia na manipu-

acidente de automóvel em que uma equipe de paramédicos muito confusos chegaria ao local e encontraria Steve e Susana inconscientes (mas com o crânio intacto) e o cérebro de uma terceira pessoa, esta ausente, esparramado no asfalto.

* Esses moldes podem ser encontrados em www.shindigz.com/party/Gory-Brain-Mold.cfm.

lação genética, que leva a um rápido crescimento neural, orientado pelo modelo fornecido pela Hemi-roid de Scotto.

Nesse momento, cada um de nós fez um truque com barbantes, para ilustrar diversos aspectos de como o DNA fora manipulado na panela de pombos, a fim de provocar o rápido crescimento de uma réplica exata do cérebro de Scotto. Os fios de barbante representavam hélices de DNA, e nossas explicações científicas foram amalucadas, mas lidamos bem com os barbantes.

Estávamos nos sentindo bastante bem com o espetáculo. Tendo passado um pouco da metade dele, já havíamos concluído os truques mais complexos do número. Os métodos usados até então tinham sido o cardápio-padrão do ilusionismo e começávamos a parte do show em que haveria os truques elegantes de mentalismo.

Por isso, foi um choque ouvirmos um dos jurados dizer:

– Acho que já vimos o bastante.

Mais tarde, estávamos em um bar muito maior, no segundo andar do Castelo Mágico, buscando consolo em um champanhe caro, Perrier-Jouet. Magic Tony juntou-se a nós e lhe contamos que tínhamos acabado de ser sumariamente dispensados de nossa audição, a meio caminho do espetáculo. Agora sabíamos o que deviam sentir aqueles pobres bocós sem talento do *The Gong Show*. Mas estávamos decididos a comemorar, apesar do imprevisto. Nosso embaraço era tão grande que fomos tomados por acessos de riso, como aquele pobre político espanhol que havia elogiado o "equipamento" dos bombeiros.

Como seria inevitável, a conversa se voltou para o que dera errado. Sabíamos que não éramos nenhuma dupla Penn & Teller, mas de fato achávamos que tínhamos conseguido realizar o que nos propuséramos a fazer. Houve uns pequenos senões, é claro, mas nada de pavorosamente ruim. Teríamos deixado de conquistar a confiança deles? Seríamos uma vergonha para o profissionalismo dos integrantes do Castelo Mágico? Teríamos estragado nossos truques?

Nem havíamos chegado a mostrar nossos melhores truques, que decepção! O restante da nossa apresentação era um barato. Eis o que havíamos planejado.

Pretendíamos chamar dois voluntários ao palco e fazê-los jogarem nossa versão de um quebra-cabeça mentalista chamado *kirigami*, inventado por Max Maven. Ele consistiria em dobrar e recortar papel com as letras do alfabeto para descobrir palavras de quatro letras. Os voluntários se suporiam livres para encontrar uma variedade de palavras, mas nós tínhamos preparado o quebra-cabeça para forçá-los a escolher apenas duas: "gaiola" [*cage*] e "cabeça" [*head*].

Levaríamos nossos "capacetes de ler pensamentos", feitos com escorredores de macarrão enfeitados com lâmpadas pisca-pisca e campainhas – pareciam as bombas Acme compradas pelo Coiote para deter o Papa-Léguas –, e cada um de nós apertaria um botão secreto de controle remoto no bolso do jaleco para fazer os capacetes apitarem quando os voluntários se concentrassem em suas palavras, que estariam sendo "transmitidas" pelo ar para a panela de pombos.

Após três segundos, Susana levantaria a tampa da panela, e o que veríamos? Ora, a confluência das palavras "head" e "cage": nossa tecnologia teria gerado a cabeça do ator Nicolas Cage! (É incrível o que se pode comprar na internet.)

Por último, Susana tiraria a coberta de cima da taça que continha os pedacinhos da carta de baralho picada, mas eles teriam desaparecido. Teriam sido substituídos por massa cinzenta – pedacinhos de gelatina, um dos quais Susana provaria, só para ter certeza. Sim, decididamente, massa cinzenta humana.

ALERTA DE SPOILER! A SEÇÃO SEGUINTE DESCREVE SEGREDOS DA MÁGICA E SEUS MECANISMOS CEREBRAIS!

Na verdade, a taça era feita de duas metades separadas por um espelho de dupla face. Metade continha a carta picada em pedacinhos, metade, a massa cinzenta. Susana girava a taça sob a cobertura de pano cirúrgico no momento em que desejava promover a transformação.

FIM DO ALERTA DE SPOILER

Nós nos mostraríamos intrigados com esse evento inesperado. Se a carta se transformara em massa cinzenta, o que teria acontecido no interior do cérebro? Diríamos a Scotto que era preciso fazer uma cirurgia exploratória em seu cérebro de gelatina para descobrir.

No cérebro, encontraríamos a carta de Scotto com um pedaço faltando, e este corresponderia com exatidão ao fragmento picotado que ele ainda teria nas mãos. Scotto teria literalmente guardado sua carta *na mente* e nossos dispositivos teriam produzido uma réplica de seu cérebro, suas lembranças, seus pensamentos e tudo o mais!

Ah, se tivessem nos deixado terminar! Tínhamos certeza de que esse final impressionaria os juízes.

Nesse momento, Tim, o chefe da comissão, aproximou-se de nós no bar. Sim, houvera alguns problemas em nosso número – decididamente, não deveríamos abrir mão de nossos empregos –, mas nada que nos impedisse de nos tornarmos membros do Castelo Mágico com o Alfinete de Ouro.

Em resposta a nossas expressões confusas, Tim disse que eles haviam interrompido nosso número porque já mostráramos nossa proficiência e eles ainda tinham de assistir a quatro testes naquela noite.

– Parabéns! – disse ele, dando-nos um aperto de mão.

– Conseguimos! – exclamamos nós, fazendo tintim com nossas taças.

• 12 •

A mágica vai acabar?

> E agora, por ser relevante e por a bruxaria estar tão visivelmente aprimorada pela arte da prestidigitação, julguei que valeria a pena explicá-la. Sinto por ser eu a fazê-lo, e lamento qualquer efeito que isto possa surtir sobre aqueles que ganham a vida executando tais truques apenas com o objetivo de entretenimento, cujo trabalho é não apenas tolerável, mas bastante louvável. Eles não abusam do nome de Deus nessa ocupação nem afirmam que seus poderes vêm d'Ele, sempre reconhecem que aquilo que fazem são truques. E, na verdade, por meio deles é possível desmascarar farsantes ilegítimos e ímpios.
>
> Reginald Scot, *O desvendamento da bruxaria*, 1584.

Quando dizemos às pessoas que estamos estudando a neurociência do ilusionismo, surgem sempre as mesmas perguntas. Foi difícil fazer os mágicos revelarem seus segredos? Depois de tudo que aprendemos, ainda apreciamos a mágica? Ao explicar de que modo os ilusionistas burlam nosso cérebro, não temos medo de estragar o mistério para os fãs? Será que a mágica vai acabar?

Tivemos a sorte de trabalhar com alguns dos maiores ilusionistas do mundo, que generosamente compartilharam suas ideias sobre a essência da mágica e, sim, muitas vezes, se dispuseram a revelar seus segredos. A razão é que o grande ilusionismo não tem a ver com segredos. Também não tem a ver com os truques nem com os métodos por trás deles. Você pode encontrar na internet descrições completas e explicações de quase todos os truques de mágica já inventados.*

Um grande mágico nos faz experimentar o impossível ao promover a ruptura das relações normais de causa e efeito. Ele pode usar métodos secretos, é claro, porém sua arte será ainda mais mágica se você conhecer os segredos e, mesmo assim, o impossível ocorrer. Os ilusionistas de sucesso sequestram os mecanismos cerebrais da atenção sem que saibamos – acreditamos ter prestado atenção o tempo todo. Não importa que truques eles façam, a verdadeira ilusão está em nossa cabeça, de modo que o sigilo não é tão importante quanto as pessoas pensam.

Como já observamos, os ilusionistas são mestres de apresentações ao vivo que passam milhares de horas praticando sua arte. Aprendemos a fazer alguns truques de mágica muito bem, mas não somos bons o bastante para ter a expectativa de que alguém pague para nos ver. Considere uma analogia com os espetáculos musicais: qualquer um pode aprender a tocar uma canção dos Beatles no violão, mas nem todos podem ser Paul McCartney. Ser um grande mágico envolve muitas coisas, e conhecer os segredos por trás de certos truques é apenas uma delas.

Noel Daniel, editor da Taschen Books e autor de *Magic: 1400s-1950s*, escreveu, "O ilusionismo faz algo que nenhum outro tipo de arte cênica é capaz de fazer: manipula o aqui e agora – nossa realidade. Quando assistimos a um filme, não achamos que aquilo que estamos vendo é real. Sabemos que não é. Olhamos, de uma sala escura, para uma tela iluminada. No ilusionismo, porém, vemos alguém manipular uma moeda, ou cartas de baralho, ou o fogo, ou serrar uma mulher ao meio, bem ali no palco, diante de nossos olhos. E esse é o poder da mágica."

---

* Fundamentalmente, o sigilo do ilusionismo terminou no século XVI, com a publicação de *O desvendamento da bruxaria*. Esse livro, que revela que a mágica de espetáculo é feita por meios naturais, pretendeu constituir um argumento contra a existência das bruxas e um protesto contra a caça às mesmas. Hoje, a indústria de livros acerca do ilusionismo é imensa. A Amazon.com tem à venda 79.119 livros sobre mágica (quase sete vezes mais do que os "romances", que hoje somam 11.653 no mesmo site). E isso nem leva em conta os DVDs com instruções. Muitos outros vídeos do YouTube revelam truques de mágica e fornecem instruções passo a passo de como executá-los.

Muitos ilusionistas de sucesso nos disseram que a "divulgação", ou a revelação dos segredos, não constitui problema para sua atividade. Eles têm seus espetáculos, seu público, seus fãs, e não têm receio de conversar sobre seu trabalho com cientistas. Muitos deles vendem livros e kits de mágica ao público em grandes lojas de brinquedos e livrarias, assim como nas lojas de suvenires de seus próprios espetáculos. Ainda assim, são cautelosos, pois a mágica é seu ganha-pão. Além disso, quando um mágico é percebido como alguém que revela demais, que levanta o véu do sigilo, ele pode ser evitado pela comunidade de ilusionistas.* O risco não vale a pena.

Na verdade, isso é uma contradição – ao mesmo tempo há e não há problema em revelar os segredos –, e nós nos solidarizamos com os mágicos apanhados no meio dessa questão. Ao longo de todo este livro, usamos os "alertas de spoiler" para avisar aos leitores sempre que havia segredos prestes a ser revelados. Fizemos isso para garantir uma adesão rigorosa às diretrizes éticas das associações de mágicos a que pertencemos, que insistem que o público não deve aprender um segredo se não o quiser. Somos membros da Academia de Artes Mágicas, da Sociedade de Mágicos Norte-Americanos, da Confraria Internacional dos Mágicos e do Círculo Mágico, este na Inglaterra.

As diversas organizações que representam ilusionistas consideram a divulgação uma violação ética passível de punição e têm normas para determinar se um mágico é responsável por revelação maldosa. Essas normas parecem destinadas a proteger o público das "devastações" do conhecimento da magia, como se protegessem virgens do conhecimento carnal. Ou talvez isso tenha mais a ver com a consideração mais importante. As afirmações da ética moderna estipulam que os segredos só devem ser distribuídos em troca de pagamento (vender um livro, dar uma aula), para que não se espalhem de maneira desenfreada pela sociedade e impossibilitem os espetáculos de mágica. Por ironia, nenhuma associa-

* O popular seriado de televisão intitulado *Magic's Biggest Secrets Finally Revealed* ["Os maiores segredos do ilusionismo enfim revelados"] apresentava um mágico mascarado anônimo, por medo das repercussões. No Brasil, o quadro foi apresentado no programa *Fantástico*, da Rede Globo. (N.T.)

ção de ilusionistas de que tenhamos conhecimento dispõe de comitês de ética dedicados a proteger o público de falsas afirmações de habilidades paranormais feitas por seus integrantes.

Certa noite, já tarde, sentado na área externa no Rio Hotel and Casino, em Las Vegas, depois de seu show com Penn, Teller disse que o código de ética apresenta uma mentalidade ultrapassada. É como se o ilusionismo fosse uma espécie de guilda medieval que precisasse guardar seus segredos, disse ele, só transmitindo seu esoterismo de mestre para aprendiz. De fato, Teller foi criticado por alguns de seus pares por ter revelado, em fotografias passo a passo, o truque do sonho do avarento em uma reportagem do *New York Times* sobre a nossa colaboração neuromágica.* Ele duvida que tenha prejudicado os negócios de algum ilusionista.

BOICOTE DE MÁGICOS

Recentemente, David Pogue, redator de tecnologia do *New York Times*, escreveu uma matéria a respeito de um curioso programa de iPhone chamado iForce.** Este é apresentado como um programa de desenho chamado Doodle vl.2, mas é, na verdade, um truque sofisticado que usa os acelerômetros internos do iPhone para criar um efeito mentalista baseado no reconhecimento. Depois de comprar esse programa por três dólares, você escreve uma previsão na tela do iPhone, usando o dedo em um programa de pintura. Em seguida, põe o telefone na mesa, virado para baixo. Pede a um amigo que escolha um número entre 1 e 8. Ou que tire uma cédula da carteira. Ou que jogue uma moeda três vezes e grave a sequência de caras e coroas.

Em seguida, você pede a seu amigo que lhe diga o número, mostre a nota ou revele a sequência dos lances da moeda. E então desvira o telefone, e – será que as maravilhas não têm fim? – é exatamente isso que você tinha escrito na tela. Pode ser o 7, ou 20 dólares, ou coroa, coroa, cara. Sua previsão estava certa.

* As fotografias são semelhantes às do Capítulo 10, página 213.

** Pogue's Posts, "The Magic Behind Rating Apps", *New York Times*, 27 de maio de 2010.

ALERTA DE SPOILER! A SEÇÃO SEGUINTE DESCREVE SEGREDOS DA MÁGICA E SEUS MECANISMOS CEREBRAIS!

O programa funciona porque, quando você parece estar fazendo a previsão, na verdade desliza dois dedos lado a lado pela face do iPhone, o que abre uma janela secreta do programa. Você escolhe o tipo de truque de que se trata (números 1-8, tipo de nota, lançamento da moeda etc.) e põe o telefone virado para baixo, como que para esconder sua previsão. No momento em que desvira o aparelho para revelá-la – note que só existem oito respostas possíveis para cada pergunta –, você pode desvirá-lo para a esquerda ou a direita, para cima ou para baixo, depressa ou devagar. Em outras palavras, você tem oito maneiras possíveis de desvirar o telefone, dependendo da resposta de seu amigo.

O telefone interpreta o modo como é virado e o programa iForce desenha a resposta correta na tela.

FIM DO ALERTA DE SPOILER

Curiosamente, Grigor Rostami, criador do programa, notou que, não muito depois de este ser lançado, sua classificação no iTunes caiu de uma média de cinco estrelas (a melhor) para uma média de três (razoável). Ao ver essas classificações ruins, Pogue constatou que as pessoas diziam as melhores coisas possíveis sobre seu programa.

"Esse programa é incrível!" (uma estrela).

"Programa genial! Um dos melhores e mais divertidos de todos os tempos. Grande trabalho!" (uma estrela).

"Uau! São os melhores três dólares que já gastei! Continuem com as classificações baixas!" (uma estrela).

Então, por que um programa tão fabuloso recebia avaliações esplêndidas mas classificações baixas?

Rostami começou a ler os fóruns de ilusionismo e descobriu que os mágicos estavam dando uma classificação de uma estrela (a pior) a seu programa, no intuito de mantê-lo em segredo para todas as outras pessoas no site de programas. Os mágicos conspiraram para reduzir as vendas de Rostami, sabotando as classificações por estrelas. Isso reduziria a divulgação e manteria o truque viável (para eles) pelo maior tempo possível. As avaliações verbais não afetam as classificações que o programa tem nas listagens, e por isso eles eram francos em seus elogios escritos.

Rostami, que é mágico, disse a Pogue que, quando a classificação de uma estrela começou a surgir, suas vendas sofreram uma queda substancial.

Infelizmente, esse tipo de mentalidade, que se propõe a arruinar a concorrência, é muito disseminado entre os mágicos que consideram a divulgação o pior pecado do ilusionismo. No entanto, as organizações de mágicos profissionais não emitem nenhuma norma ética a respeito desse tipo de conduta, o que é uma indicação de que a preocupação avassaladora com a revelação talvez seja, fundamentalmente, um movimento que acaba por ser autodestrutivo e que visa maximizar os próprios lucros enquanto reduz o sucesso de terceiros – como se o ilusionismo fosse um jogo de soma negativa.

Alguns truques, é claro, resistem mais à divulgação do que outros. Por exemplo, a panela de pombos que usamos em nosso número no Castelo Mágico é um recurso clássico. Depois que se descobre como ele funciona (ver Capítulo 11), perde-se a sensação de deslumbramento. Ele é banalizado, deixa de ser intrigante.

Mas Teller descreveu um truque que se tornava mais intrigante à medida que ele o conhecia. Trata-se do famoso truque dos copos e bolas, uma forma de prestidigitação que já era praticada por ilusionistas romanos há 2 mil anos. O truque tem muitas variações, porém a mais comum usa três bolas e três copos. O mágico faz as bolas passarem pelo fundo dos copos, saltarem de um para outro, desaparecerem de um copo e ressurgirem em outro lugar, transformarem-se em outros objetos e assim por diante. Os copos costumam ser opacos, e as bolas, de cores vivas.

Teller recordou que, certo dia, estava sentado em uma lanchonete do Centro-Oeste dos Estados Unidos com Penn, brincando com um copo vazio de água e guardanapos de papel amassados que serviam de bolas. Emborcou um copo e pôs uma bola em cima dele, depois o inclinou para que a bola caísse em sua outra mão. A bola em queda foi tão cativante que chegou a afastar sua própria atenção da outra mão, que, com destreza e automaticamente, punha uma segunda bola embaixo do copo. Teller tinha tanta prática que já não precisava controlar as mãos de forma consciente.

Na verdade, ele descobriu que o truque havia acontecido tão depressa que ele próprio não se dera conta de ter enchido o copo transparente. O grande mágico havia despistado a si mesmo!

A ILUSÃO DA DIVULGAÇÃO

Apollo Robbins encontrava-se no palco com Susana, discutindo o ilusionismo e o cérebro no Centro Cultural de Chicago. Estava inserindo um grande lenço de seda em seu punho. Com uma sobrancelha levantada *à la* dr. Spock, mostrava à plateia como os ângulos dela, ou seja, sua linha de visão, eram cruciais para o sucesso do ilusionismo. O público tinha a sensação de estar aprendendo técnicas secretas da mágica. Era a divulgação como entretenimento.

Depois de inteiramente inserido o lenço de seda, Apollo abriu o punho e, pimba, o lenço se transformara em um ovo. E então ele tirou o lenço de seda do bolso, como se o objeto tivesse se transportado magicamente de sua mão para lá.

– É um truque fácil – explicou. – Vocês só precisam de um ovo falso e dois lenços de seda idênticos.

Virou o ovo no sentido oposto e revelou que ele tinha um buraco, no qual o lenço fora introduzido. A plateia riu, enquanto ele recolocava lentamente o lenço no buraco.

– É por isso que os ângulos são importantes. Primeiro, a preparação – disse Apollo. Tornou a dobrar um dos lenços e o colocou no bolso da calça, junto com o ovo falso. Pôs o outro lenço no bolso do paletó. Estava pronto para repetir o truque.

– Passo número um, empalmar o ovo – disse, enquanto o retirava disfarçadamente do bolso. – Mas, do lugar onde estão sentados, vocês não conseguem ver isso – explicou. Sua mão ficou na posição de quem segura um sorvete de casquinha, com o ovo bem encaixado nela. – Depois, eu tiro o lenço do bolso do paletó e o enfio no ovo, assim – e tornou a inserir o lenço no punho. – Certifiquem-se de que não haja ninguém atrás de vocês, ou em um ângulo que permita ver o ovo em sua mão.

– Aqui está o ovo, exatamente como antes – disse, abrindo o punho. O lenço de seda havia sumido, como se esperava. – No entanto, se olharem bem, verão que há outra maneira de impedir que as pessoas vejam o buraco.

Virou o ovo e revelou a pequena abertura. E então, para espanto de todos, descascou o buraco do ovo, mostrando que não se tratava de um buraco de verdade, mas de um adesivo. Porém, o lenço tinha desaparecido! Apollo retirou o lenço de seda do bolso da calça e jogou fora o adesivo com um piparote. Para provar que o ovo era real, pegou um copo na mesa e o quebrou dentro dele.

Os ilusionistas chamam esse truque do lenço e do ovo de truque de otário – o mágico faz um truque e, em seguida, parece revelar seu método secreto, mas logo depois mostra que a explicação era conversa-fiada. A coisa se assemelha à repetição aparente, só que agora a plateia supõe saber como é feito o truque. Os truques de otário se baseiam em uma aparente divulgação, e não na divulgação real feita por Mister M.

O ilusionista Whit Haydn diz que, se a divulgação for melhor do que o truque, deve-se ir em frente e divulgá-la. É possível que uma das razões da popularidade dos truques de otário seja que a revelação aprofunda a apreciação da plateia pela arte da mágica e pela habilidade e esperteza do artista – mesmo que a revelação em si seja uma ilusão.

Teller percebeu que tudo aquilo havia acontecido embora ele devesse ser capaz de ver a bola secreta ao ser carregada para baixo do copo. A imagem dela estava em sua retina, mas mesmo assim ele a deixara passar despercebida, por estar com a atenção totalmente cativada pela bola em queda. Ele deduziu que, se aquilo havia funcionado para ele com um copo transparente, funcionaria com uma plateia. A transparência dos copos tornaria o truque ainda mais mágico para o público. E foi assim que a dupla Penn & Teller teve a ideia do número de copos e bolas que usa a transparência. Eles dizem que sua versão do truque viola quatro regras da mágica: não diga à plateia como é feito o truque, não faça o mesmo truque duas vezes, não mostre ao público a preparação secreta e nunca faça o truque dos copos e bolas com copos plásticos transparentes. É a revelação que faz desse truque um grande sucesso.

No simpósio de mágica em Las Vegas, Teller disse aos cientistas que "a essência de um truque bem-sucedido é uma ideia interessante e bonita, que recorre a algo que o sujeito gostaria que acontecesse. Uma das coisas que faço em nosso show ao vivo é espremer punhados de água que se transformam em cascatas de dinheiro. É uma ideia interessante e bonita. A ilusão é secundária, na verdade. A ideia vem primeiro, pois a ideia precisa captar a imaginação".

Há uma outra razão, fora a lisura para com os colegas, pela qual os mágicos deveriam ser generosos na revelação de seus métodos: a mágica pode ajudar a aumentar o ritmo das descobertas na ciência do cérebro. A descoberta da cegueira por desatenção e da cegueira para a mudança, nas últimas décadas (já detalhadas no Capítulo 5), trouxe um grande avanço para as ciências cognitivas. É evidente que os mágicos tinham um conhecimento implícito desses fenômenos há séculos, a julgar pela concepção de seus truques, e portanto, sem querer, os cientistas reinventaram a roda. Estudando o ilusionismo, eles poderiam ter obtido esses avanços mais cedo. Defendemos que o estudo da mágica tem condições de contribuir para gerar novos princípios que otimizem os recursos da atenção em pessoas com um declínio cognitivo, assim como de criar uma heurística que aprimore a educação em nossas escolas.

Em um outro exemplo de ajuda do ilusionismo à ciência, David Copperfield, por intermédio de sua fundação, concebeu e financiou generosamente um programa chamado Projeto Mágica. Equipes de mágicos e terapeutas ocupacionais trabalham juntas para ensinar a prestidigitação a deficientes físicos, a fim de contribuir para sua reabilitação e melhorar sua autoestima.

Se o ilusionismo é capaz de promover as descobertas científicas e a prática clínica, os mágicos devem sentir-se moralmente obrigados a tornar seus segredos disponíveis para uso. Não estamos dizendo que devam abrir mão de seus conhecimentos de maneira gratuita. Como todos os especialistas, eles merecem reconhecimento e remuneração por sua criatividade e competência. Talvez possam pensar nisso como um egocentrismo esclarecido.

Alguns anos atrás, nenhum de nós dois jamais tinha ido a um espetáculo de mágica nem dado a essa antiga arte um nanossegundo de atenção. No entanto, agora que compreendemos como funciona o ilusionismo, somos fãs declarados. Quanto mais aprendemos sobre a mágica, mais nos interessamos como consumidores. Vamos a shows de mágica sempre que temos uma oportunidade, porque adoramos ser enganados, ainda que tenhamos lido as explicações de muitos truques. A experiência de ver um mestre do ilusionismo jogar com a nossa atenção como se fosse uma isca de pescador, forçando-nos a fisgá-la e depois nos puxando, não se assemelha a nenhuma outra experiência cognitiva que tenhamos experimentado fora da ciência que praticamos em nossos laboratórios. É como se alguém pegasse todas as coisas geniais que estudamos dia após dia e as tornasse, de um momento para outro, belas e dramáticas. Gostamos tanto de alguns espetáculos que assistimos a eles repetidas vezes, e nunca saímos desapontados. Já corremos o mundo conhecendo mágicos, aprendendo com eles, colaborando com eles e quebrando a cabeça para encontrar maneiras de explicar o que e como fazem. Tivemos aulas de mágica e compramos milhares de dólares em parafernália ilusionista.

Ao regressarmos da linha de frente, podemos dizer que ter um conhecimento especializado da mágica a deixa ainda mais atraente. Para compreender por quê, você precisa saber um pouco mais sobre os *neurônios especulares*. Lembre-se de que eles são as células cerebrais que se ativam ao executarmos uma ação e ao observarmos outra pessoa executar essa mesma ação. Quando acenamos um adeus, os neurônios especulares do córtex pré-motor disparam. Ao vermos outra pessoa acenar, esses mesmos neurônios disparam, embora não movamos o corpo. Em outras palavras, os neurônios especulares ligam a ação à percepção.

O sistema de neurônios especulares fica mais ativo conforme o indivíduo se especializa em determinada habilidade. Quando um pianista ouve a execução de outra pessoa ao piano, as áreas referentes aos dedos em seu córtex primário e no córtex pré-motor aumentam acima da linha de atividade basal. Seu sistema de neurônios especulares executa automaticamente os toques do pianista nas teclas, imitando-os. O mesmo não acontece no cérebro daqueles que não são músicos. Embora eles possam ter uma profunda apreciação pela música, sua experiência é, de maneira inevitável, mais superficial do que a do pianista em pelo menos um aspecto, pois eles não têm a experiência do que é de fato produzi-la.

O mesmo se aplica a práticas atléticas: quanto melhores são as qualificações do indivíduo, mais profunda é a sua compreensão das apresentações qualificadas a que ele assiste. Por exemplo, quando bailarinos clássicos e especialistas em capoeira, que mistura artes marciais e dança, assistiram a videoclipes de cada tipo de modalidade, o cérebro dos profissionais exibiu padrões distintos. As duas disciplinas exigem posturas precisas dos membros, movimentos coreografados, extrema força muscular e anos de prática. Seria de se supor que sua atividade dos neurônios especulares fosse equivalente, mas, quando os bailarinos clássicos observaram os movimentos da capoeira, sua atividade neuronal especular foi mais fraca, comparada a quando assistiram a outros dançarinos de balé, e vice-versa. As ações que o indivíduo espelha mais vividamente são as que ele conhece melhor.

Estamos dispostos a apostar que o mesmo se aplica aos mágicos. Se Teller vir Mac King fazer um falso lançamento da moeda, seus neurônios especulares darão respostas robustas. Se uma pessoa comum vir Mac fazer o mesmo truque, vai se divertir, mas suspeitamos que seus neurônios especulares não reagirão com a mesma intensidade.

Agora, imagine que todas as pessoas do mundo soubessem fazer um truque e o executassem bem. Será que o ilusionismo sofreria com esse vasto aumento da divulgação? As vendas de ingressos para os espetáculos cairiam? Ao contrário, quanto mais o público aprendesse, mais interessante se tornaria a mágica, pois o espectador e sua via cerebral de controle motor teriam uma empatia mais profunda por essa atividade.

Acreditamos que o mistério permanente a respeito da mágica está em como o cérebro constrói ilusões e se deixa levar por elas. Nesse aspecto, defendemos uma posição minoritária entre nossos colegas cientistas da visão. Para a geração que nos precedeu, as ilusões eram consideradas erros de percepção. O falecido Richard Gregory, psicólogo britânico largamente conhecido como um dos mais fecundos cientistas da percepção no mundo, gostava de dizer que as ilusões eram o ponto em que o aparelho visual se equivocava.

Nós discordamos. As ilusões não constituem exceções e não necessariamente são erros. São parte integrante da percepção e representam aspectos fundamentais do processamento visual e cognitivo. São atalhos adaptativos criados pelo cérebro para acelerar esse processamento ou para reduzir a quantidade de processamento necessária para nos dar as informações de que precisamos para sobreviver e prosperar, ainda que não sejam tecnicamente exatas.

Experimente o seguinte: olhe para esta página dentro de um recinto fechado, depois leve-a para o lado de fora e olhe-a sob a luz direta do sol. É uma coisa notável, na medida em que não é notável. A página parece exatamente a mesma – letras pretas sobre fundo branco. Como é possível? Dependendo da natureza da iluminação no interior do ambiente, haverá entre um milhão e 20 milhões de vezes mais luz* sob a luz solar direta do que na iluminação do recinto fechado. Do lado de fora, há milhões de vezes mais fótons refletindo nas letras pretas do que havia no papel branco dentro de casa; então por que as letras pretas, do lado de fora, não parecem mais vivas do que a cor branca?

Além disso, é provável que as cores dos fótons (as distribuições dos comprimentos de onda) também sejam diferentes no interior e no exterior. O aparelho visual só consegue enxergar a cor e o brilho em função do número de fótons que incidem sobre a retina, bem como de seus comprimentos de onda. Portanto, não é possível que a página seja "branca" no interior e ao ar livre.

Se os fótons dentro e fora são tão distintos (e nós lhe garantimos que são), por que a página parece a mesma nos dois ambientes? A resposta é que o sistema visual massageia os dados visuais com dois processos, chamados *constância de luminosidade* e *constância de cor*, de modo que a página parece a mesma em condições de iluminação muito diferentes. Mas isso é uma ilusão, o que significa que a realidade física não corresponde à percepção. Na verdade, o livro tem uma aparência física distinta** em cada um dos meios, embora o vejamos como se fosse o mesmo.

As ilusões visuais ajudam o indivíduo a sobreviver em um mundo visualmente complexo quando ele sai da caverna. Ajudam-no a reconhecer

---

* Medida por unidade de área. Chamamos a isso *densidade de fóton*.

** O termo científico é *refletância*.

frutas maduras e verdes nas árvores, ou à luz da fogueira. De forma similar, as ilusões cognitivas nos ajudam a continuar vivos. Fazemos suposições, fabulamos recordações e só atentamos para uma coisa de cada vez, porque esse é um modo eficiente de circularmos pelo mundo e de encontrarmos os recursos de que necessitamos. É mais eficiente do que a alternativa, que seria tentar processar tudo o que se encontra. A exatidão não costuma ser necessária e é difícil de conseguir. Precisaríamos de uma cabeça muito maior para abrigar um cérebro suficientemente grande para ser sempre exato, e os seres humanos já têm problemas suficientes de parto por causa do tamanho do crânio.

Os mágicos recorrem ao poder das ilusões cognitivas com mais eficiência do que os cientistas, embora de maneira menos sistemática. O objetivo do ilusionista é despistar o espectador e criar um sentimento de assombro (embora alguns vigaristas usem os mesmos truques para roubar). Nosso objetivo é levar o ilusionismo para o laboratório de neurociências e usá-lo para o mal... Não, não, queremos usá-lo para acelerar o ritmo das descobertas acerca de nossos processos cognitivos. Acreditamos que os métodos mágicos se mostrarão de valor inestimável na determinação dos circuitos cerebrais que processam a cognição, assim como na revelação de perspectivas novas e importantes sobre como o cérebro funciona.

E a coisa também poderia funcionar no sentido inverso. Temos planejado uma colaboração com Mac King, que faz aquele fantástico falso lançamento da moeda. Ele é tão rápido que não conseguimos apanhá-lo na execução do truque. Mac nos mostrou como o faz, mas o arremesso continua a parecer quase idêntico a um lançamento verdadeiro de uma moeda. Ele é capaz de lançá-la (ou fingir que a lança) inúmeras vezes antes de sermos capazes de diferenciar um lançamento verdadeiro de um falso.

A meta de nosso projeto será determinar se princípios conhecidos do processamento visual poderiam aumentar a percepção de um truque de mágica. Por exemplo, será que Mac pode ajustar intencionalmente o ponto para onde as pessoas olham e aumentar a sensação de magia? Será que ele tem que ajustar a velocidade com que lança a moeda para otimizar o processamento visual? E, se é assim, será que esse ajuste de fato contribui para criar a ilusão? As respostas exatas só poderão ser obtidas por meio da experimentação científica direta. Ao respondê-las, determinaremos se a percepção da mágica está ligada de forma direta à maneira como percebemos otimamente os estímulos com os olhos.

Para determinar se os mágicos descobriram perspectivas do cérebro que tenham escapado aos cientistas, pretendemos testar as intuições deles em nossos laboratórios. Por exemplo, como descrevemos no Capítulo 5, Apollo Robbins intui que, em algumas circunstâncias, o movimento curvo é mais eficaz para o despistamento do que o movimento reto, ao passo que este é mais eficaz em outras situações. Nossa hipótese neurocientífica subjacente é que o movimento curvo *versus* o reto resulta em tipos diferentes de movimentos oculares, e que esses movimentos oculares têm efeitos diferentes na atenção. Se isso estiver correto, a intuição de Apollo poderá revelar uma importante nova perspectiva sobre a relação entre a cognição e o sistema oculomotor.

Será que toda essa ciência fará a magia desaparecer? Acreditamos que o deslumbramento e o assombro da percepção da mágica desaparecerão tão pouco quanto a beleza da aurora após Copérnico descobrir que a Terra é uma esfera que gira em torno do Sol. As duas revelações – a de que giramos em volta do Sol e a de que o ilusionismo funciona porque nosso cérebro é intrinsecamente limitado – são inspiradoras de humildade e assombro. E isso aprofunda o mistério, em vez de desfazê-lo.

Alguns anos atrás, Steve postou-se no cume do Haleakala, um monte sagrado que se eleva a 3 mil metros acima do nível do mar, em Maui, no Havaí, para assistir ao nascer do sol. Em certa época, seu pai dirigiu um observatório no mesmo local e disparava raios laser em espelhos deixados na Lua, a fim de medir o tempo que a luz levaria para retornar à Terra. A duração da viagem de ida e volta se alterava de uma medição para outra, pois Maui se movia com o deslocamento das placas tectônicas terrestres.*

* Os geólogos usam esses dados contínuos da astronomia para medir os movimentos das placas tectônicas da Terra. A borda oriental da placa havaiana faz parte da famosa falha de San Andreas, na Califórnia, e os dados mostram que ela vem se movendo na direção nordeste, rumo à América do Norte. Assim, os dados do pai de Steve nos ajudarão a

Antes de morrer, o pai de Steve pediu que suas cinzas fossem espalhadas no Haleakala, e foi assim que, nessa manhã em particular, Steve se descobriu parado ali, pensando no pai e vendo os raios do sol abrirem buracos nas nuvens, vindos de quase 150 milhões de quilômetros de distância.

Imagine-se parado junto a Steve. Você estaria na elevação mais alta daquela longitude específica da Terra. Isso significa que, no momento do alvorecer, vocês seriam as duas pessoas a se mover com maior velocidade, em relação ao Sol, no planeta. Estariam disparando em direção a ele a mais de 1.600 quilômetros por hora,* o que equivale a mais do dobro da velocidade de fuga necessária para sair da órbita terrestre. Se nosso planeta parasse de girar de repente, durante o nascer do sol, e sua velocidade passasse a ser de 1.600 quilômetros por hora em relação à Terra, assim como em relação ao Sol, você não "veria" nada, a não ser esse alvorecer, até se incendiar na heliosfera, a caminho do centro do nosso sistema solar – aproximadamente onze anos depois. Agora, imagine toda essa ciência enquanto aprecia a incrível beleza natural do momento, e tente não ficar de queixo caído.

Uma explicação trivial desse mesmo alvorecer é que você estaria de pé em uma posição arbitrária de um planeta não muito especial, que por acaso gira uma vez a cada 24 horas, de modo que o terminadouro solar da estrela local passa por cima de uma ilha, no meio de um dos oceanos do planeta, a cada doze horas. E daí? Para Steve, os fatos científicos extraordinários só fizeram enriquecer o que já era uma experiência muito comovente.

E o mesmo se aplica ao ilusionismo, ou a qualquer outra coisa. A ciência contribui para a experiência, torna-a mais profunda, mais plena, mais satisfatória. Quando vemos um grande truque e podemos sentir o efeito que ele exerce nos circuitos neurais que se encontram no cerne do nosso ser, isso é tão arrebatador quanto o nascer do sol no Haleakala.

---

definir em quanto tempo Los Angeles e San Francisco afundarão, pressionadas para o interior da Terra na zona de subducção de Cascadia.

* Velocidade angular do nosso planeta nessa altitude, perto do equador.

As bases da ciência são o amor e a curiosidade pela natureza. O ilusionismo manipula profundamente a natureza da nossa experiência consciente. Como tal, abriga a promessa de revelar algumas das mais instigantes descobertas científicas que se possa imaginar.

Talvez você se pergunte se a mágica, com todas as suas complexidades, seus componentes afetivos, de atenção e cognitivos, não seria complexa demais para ser usada como instrumento para descobrir os princípios fundamentais da neurociência da cognição. Mas achamos que quem adota esse ponto de vista talvez não perceba que tais argumentos já foram apresentados na biologia, na psicologia e na física e se revelaram errados.

Por exemplo, o estudo da base neural da consciência costumava ser considerado um campo de investigação impossível. Agora, as coisas se modificaram e dezenas de laboratórios, inclusive os nossos, investigam a atividade dos neurônios em relação à percepção consciente *versus* a inconsciente. Christof Koch e Francis Crick,* que defenderam o estudo neurobiológico da consciência no tempo em que isso era considerado inculto, fizeram uma analogia com a questão da vida como tema científico. Ela parecia um problema de dificuldade insuperável, até que a descoberta da estrutura do DNA por James Watson e Crick revelou o quanto, na verdade, ela era compreensível.

O simples fato de você não conseguir imaginar como algo funciona não significa que seja impossível descobrir.

Na história da ciência, muitas vezes o mesmo processo se repete: um assunto em teoria inabordável se revela, pouco depois, perfeitamente abordável. Filósofos como Immanuel Kant afirmaram que a mente humana não era passível de mensuração, e por conseguinte era impossível existir uma ciência da psicologia. Depois, Gustav Fechner, físico alemão, contraiu uma doença ocular que o fez renunciar à cátedra na Universidade de Leipzig. Uma vez recuperado, ele voltou seus estudos para a quantificação de processos mentais e descobriu a relação matemática exata entre um estímulo físico e a percepção subjetiva a ele associada,

* Crick, que é codescobridor da dupla hélice, escreveu o primeiro livro popular sobre a consciência, *A hipótese espantosa*.

e com isso inventou o novo campo da psicofísica, uma pedra angular fundamental da psicologia.

No desenvolvimento de uma ciência do ilusionismo, a questão é a mesma. Se os seres humanos são capazes de construir um aparelho como o grande acelerador de hádrons para examinar o bóson de Higgs, a efêmera partícula que constitui a própria base da massa, também deve ser possível descobrir os mecanismos cerebrais relacionados à mágica.

Se conseguirmos fazer isso, se pudermos compreender plenamente a mágica no nível dos circuitos cerebrais, conheceremos as vias neurais subjacentes à própria consciência.

Se há uma coisa que aprendemos ao nos tornarmos mágicos foi que a atenção, a apercepção, as intuições e as suposições do espectador, tudo isso é passível de ataque. Até nós, iniciantes no campo do ilusionismo, somos hábeis o bastante para lhe passar a perna, sem dificuldade. E o que o fato de alguém ser iludido com tanta facilidade informa a respeito do cérebro?

Demos algumas respostas sobre por que todos nós somos tão crédulos: nossos cérebros criam pós-imagens sensoriais, nossa memória é falha, fazemos previsões que podem se cumprir, e assim por diante. Porém, ao refletirmos acerca das razões, somos atraídos por uma que se destaca acima de todas as demais na explicação da neurobiologia da mágica – o foco da atenção.

Lembre-se de que seu sistema visual tem um foco de atenção. Trata-se da região da percepção visual em que você realça tudo que ocorre. Esse princípio também é válido para a audição, o tato, outros sistemas sensoriais e até para as funções cognitivas – para tudo o que o cérebro faz. O foco é direcionado para uma região do córtex e intensifica a atividade realizada nessa região.

Mas a atenção também exerce outro efeito no cérebro. Além de aumentar os sinais neurais no centro do foco, ela reprime a atividade da região circundante. No aparelho visual, isso pode criar o chamado foco de atenção centro-periferia no campo visual. Enxergamos melhor no centro, enquanto os dados circundantes são eliminados.

No sistema do tato, a atenção cria um foco centro-periferia na pele. O tapinha dado por Apollo Robbins no ombro do espectador obriga-o a prestar atenção a esse local específico, ao mesmo tempo eliminando as sensações mais sutis produzidas pela retirada do seu relógio, a uma pequena distância dali. Nas áreas cognitivas do cérebro, a atenção cria uma região centro-periferia em todo e qualquer tipo de espaço que seja computado por essa região. O indivíduo pode se fixar em determinada ideia e eliminar todas as outras que poderiam competir com ela.

Nossas pesquisas mostram que o foco de atenção afeta o processamento visual desde os primeiros estágios do trajeto da visão, o que significa que é um fator importantíssimo naquilo que vemos ou não. Acreditamos que ele também determina o que ouvimos, sentimos e temos consciência em um espetáculo de mágica, e, na verdade, no resto da nossa vida de vigília.

Nossos estudos mostram, ainda, que, quanto mais o indivíduo procura atentar para alguma coisa, mais ele a acentua e mais elimina as informações circundantes. Essa dinâmica de eliminação *versus* acentuação se torna realmente interessante ao pensarmos na tomada de decisões, assim como na relação entre intuição e pensamento racional.

Malcolm Gladwell, em seu livro *Blink: A decisão num piscar de olhos*, enaltece as virtudes da tomada de decisões baseada em intuições profundas. Em determinado exemplo, ele nos fala de um museu que comprou uma estátua. A instituição mandou que peritos a examinassem durante meses e eles a declararam autêntica. Mas, então, o curador mostrou a estátua a um arqueólogo, que deu uma olhada na peça e lhe recomendou: "Tente recuperar seu dinheiro." Por fim, a estátua era mesmo uma falsificação. O arqueólogo pôde identificar de pronto o que o exame prolongado de um comitê não havia conseguido detectar.

Por outro lado, Christopher Chabris e Daniel Simons, em seu livro de 2010 intitulado *O gorila invisível*, afirmam que devemos confiar no pensamento racional profundo e não nas intuições para guiar nossas decisões. Por exemplo, alguns pais optam por não vacinar os filhos, graças a sua intuição profundamente arraigada de que as vacinas levam ao autismo. Chabris e Simons afirmaram que essa ligação aparente nada mais é do que uma correlação ilusória. O exame racional revela que não existem relações causais entre as vacinações e o autismo.

Quem tem razão? Com base em nossa exploração da neuromagia, acreditamos que as duas abordagens estão corretas, se combinarmos suas ideias sob a luz da neurobiologia da atenção.

Em termos de seu mecanismo cerebral subjacente, uma intuição pode resultar da atividade neural fraca em um determinado circuito do cérebro. A atividade não é forte o bastante para ser acessível à mente lógica do sujeito e orientar seus processos racionais de tomada de decisões.

Os sinais cerebrais podem ser fracos por diversas razões. Talvez as informações provenientes dos sistemas sensorial ou mnêmico sejam vagas, como no teatro negro, em que o contraste entre o objeto e o fundo é tão fraco que, para todos os efeitos, o objeto se torna invisível.

Ou então os sinais cerebrais podem ser fracos porque os mecanismos de atenção do sujeito eliminam sinais que, de outro modo, seriam fortes. Por exemplo, quando Apollo Robbins tira uma moeda de 25 centavos do bolso do espectador e a desloca elegantemente em um arco diante do rosto dele, o espectador a segue como se fosse a bola de uma partida de tênis. Não percebe que, ao mesmo tempo, Apollo lhe retira os óculos de leitura do mesmo bolso, bem embaixo de seu nariz, ainda que a imagem da mão que furta incida diretamente sobre suas retinas.

Nesse sentido, a racionalidade e a intuição constituem dois extremos de um *continuum*, com sinais fracos (intuitivos) em uma ponta e sinais fortes, que podem ser usados para raciocinar, na outra. A atenção pode servir para modificar a intensidade de qualquer sinal, para mais ou para menos, ao longo desse *continuum*. Portanto, nenhuma decisão é puramente racional, pois, mesmo que você enxergue com clareza no centro do foco, existe obscuridade logo ao redor dele. Você não só é influenciado por seus preconceitos, suas expectativas e suas suposições, como também elimina e ignora ativamente informações cruciais. De maneira inversa, as mais vagas intuições e pressentimentos se tornam acessíveis à sua mente "racional" quando você lança sobre eles seu foco de atenção, que os deixa mais destacados e mais fáceis de serem examinados.

O yin e o yang da atenção afetam todas as nossas decisões. Por exemplo, quando abrimos nossos primeiros laboratórios, contratamos uma técnica que havia chorado durante sua entrevista para o cargo, preocupada com a possibilidade de vir a sentir saudades de sua terra natal. Ignoramos nossa intuição de que isso não era um bom sinal e confiamos no fato de que, no papel, ela era perfeitamente adequada e experiente para a posição e de que nos dissera querer o emprego, apesar de sua explosão emocional. O desfecho se revelou ruim para ela e para nossos laboratórios. Se tivéssemos analisado todas as informações de que dispúnhamos, em vez de suprimir as partes não racionais, poderíamos ter tomado uma decisão melhor e mais produtiva.

Uma lição crucial desta jornada pela neuromagia é que, ao se ver diante da incerteza de uma decisão complexa, com inúmeras variáveis, nem sempre você sabe prever qual fator se revelará mais importante, por causa dos efeitos supressores e intensificadores de sua atenção. Para superar isso, você deve voltar seu foco de atenção para cada detalhe da decisão, um após outro, ainda que, a princípio, alguns pareçam insignificantes ou efêmeros. Raciocinar sobre tudo até o fim é crucial, mas igualmente fundamental é abordar suas intuições, para que seu foco de atenção possa se concentrar em cada fragmento e destacá-lo para análise. Só então você será capaz de enxergar o panorama completo.

Após nossos anos vivendo magicamente, nunca mais voltaremos a assistir a um truque ilusionista da mesma forma. Nossa valorização da mágica se aprofundou, e ela foi elevada ao enésimo grau de importância pelo conhecimento de que toda ilusão, todo pequeno truque de prestidigitação, acontece na verdade em nossa mente. Aprendemos que o despistamento e outras ilusões são importantes para nós, seres humanos, dentro e fora do palco do ilusionismo.

Agora revelaremos um último segredo. De certo modo, nós despistamos você, leitor, a cada passo. Talvez você tenha comprado este livro para ler sobre mágicos e seus truques, destreza manual e métodos secretos, mas na verdade veio aprendendo, o tempo todo, a neurociência fundamental que se encontra no cerne do seu ser. E é aí que realmente ocorre toda a mágica: no interior de uma massa de carne de um quilo e meio – o seu próprio cérebro.

EPÍLOGO

Lições para a vida: levando a mágica para casa

Ao nos tapearem tão completamente, os mágicos nos ensinaram a pensar a neurociência de novas perspectivas. Eis algumas lições que aprendemos com eles e que você pode usar em sua vida. Divulgaremos outras delas em nosso endereço na internet – http://sleightsofmind.com – à medida que novas descobertas forem feitas; portanto, volte a consultá-lo com frequência para se atualizar.

1. Os mágicos sabem que a execução de tarefas múltiplas é um mito, e por isso usam uma abordagem de "dividir para conquistar". Dividem a atenção do espectador para que ele não possa se concentrar inteiramente em nenhuma parte do palco em determinado momento. Quando você tem uma longa lista de coisas por fazer, talvez sinta a tentação de realizar duas ou mais tarefas simultaneamente, como responder a e-mails enquanto participa de uma reunião de equipe. A maior probabilidade é que não faça nenhuma das duas coisas bem-feita. Para seu melhor desempenho, faça uma coisa de cada vez.
2. Os mágicos sabem que a memória é falível e que, quanto maior o tempo decorrido entre a aquisição e a recuperação de uma lembrança, menos precisa ela é. Saiba disso a seu respeito e guarde registros das informações e conversas importantes *imediatamente* depois de elas ocorrerem.
3. Embora vivam cometendo erros, os mágicos os deixam de lado e seguem adiante, e a plateia raras vezes os percebe. Você deve fazer o mesmo.
4. Alguns vendedores e paranormais "leem seus pensamentos", dizendo-lhe exatamente o que você quer ouvir. Da próxima vez que for comprar

um produto caro e desconfiar que o vendedor o está engrupindo, procure modificar sua história no meio do caminho. Por exemplo, diga ao vendedor que está mais interessado no contraste e no brilho do seu próximo televisor. Depois de lhe ser mostrado um modelo, informe ao vendedor que, na verdade, está mais interessado na longevidade do aparelho. Se os pontos fortes do modelo que lhe é apresentado se modificarem de acordo com a sua solicitação, o vendedor não está sendo franco a respeito do produto e está lhe dizendo apenas o que você deseja ouvir.

5. Os mágicos usam o humor e a empatia para fazer o espectador baixar a guarda. Quando simpatiza com um ilusionista, você se diverte mais e fica menos vigilante para descobrir os segredos por trás da magia dele. Ao lidar com relações interpessoais, profissionais ou de trabalho, faça como os mágicos e desarme o outro com seu charme.
6. Todo espectador é "telepata". Se você tem algo a esconder de um sócio, um cônjuge ou um policial, é melhor não pensar no assunto enquanto estiver na presença deles, para não ser traído por sua voz, seu olhar ou sua postura.
7. Os mágicos sabem que a atenção destaca uma pequena parte do mundo ao mesmo tempo que elimina todo o resto. Ao tomar uma decisão difícil, como contratar alguém ou aceitar uma oferta de emprego, faça uma lista de todas as informações de que dispõe, por mais que elas pareçam não ter importância. Depois, concentre, de maneira sequencial, toda a sua atenção em cada item, examinando-o individual e plenamente. Considere com cuidado as ramificações de cada fato e cada impressão ou intuição que você possa ter. Por sua vez, seus processos de atenção intensificarão cada questão específica, suprimindo todas as outras informações. Quando você chegar ao fim da lista, disporá de um quadro completo, com base nos fatos concretos e em suas intuições. Estará pronto para decidir.

Notas

Os números à esquerda indicam as páginas em que se encontram os trechos destacados.

Introdução (p.7-12)

8 *Neuromagia*: ver S. Martinez-Conde e S.L. Macknik, "Magic and the brain", *Scientific American* 299 (2008), p.72-9.

9 O trabalho de Margaret Livingstone: M.S. Livingstone, "Is it warm? Is it real? Or just low spatial frequency?" *Science* 290 (2000), p.1299.

1. A mulher do vestido camaleônico (p.13-32)

14 Por definição: ver a recente edição especial da *Scientific American* em que discutimos como nossa percepção visual é dominada por ilusões. S. Martinez-Conde e S.L. Macknik, "The Science of Perception Special Issue", *Scientific American Special* 20 (2010), p.1.

17 Para chegar aos correlatos neurais do TEPT: ler mais em http://www.smithsonianmag.com/science-nature/How-Our-Brains-Make-Memories.html.

18 É aí que detectamos pela primeira vez as diferentes orientações: a descoberta de neurônios seletivos da orientação das linhas rendeu a David Hubel e seu parceiro, Torsten Wiesel, o Prêmio Nobel de Fisiologia ou Medicina em 1981. Uma vez descoberta a seletividade da orientação, o campo da neurociência visual tratou de categorizar todos os diversos tipos de traços codificados pelo sistema visual.

19 Inventamos grande parte daquilo que vemos: o campo receptivo é uma região do espaço que ao sofrer a ação de determinado estímulo faz com que o neurônio reaja. É a parte da retina que cada neurônio é capaz de ver. Haldan Keffer Hartline recebeu, em 1967, o Prêmio Nobel de Fisiologia ou Medicina por mostrar que os neurônios retinianos que transmitem informações ao cérebro reagem melhor às partes da cena visual que contêm bordas de objetos. Ao somar, subtrair ou até multiplicar os campos receptivos, o cérebro cria uma árvore zoológica de neurônios com preferências individuais por vários aspectos das cenas visuais ou das características dos objetos.

22 Essa resposta faz com que uma imagem-fantasma do objeto perdure por um momento: S.L. Macknik e M.S. Livingstone, "Neuronal correlates of visibility and invisibility in the primate visual system", *Nature Neuroscience* 1(2) (1998), p.144-9.

24 Auzinger captou de imediato as implicações: Ottokar Fisher, *Illustrated Magic* (Nova York: Macmillan, 1943).

25 Hoje em dia, um número de teatro negro: dois irmãos, Joe e Bob Switzer, inventaram a tinta fluorescente e a tinta luminosa (Day-Glo) na década de 1930. Quando jovem, Joe queria ser mágico, e então começou a brincar com a luz negra, que ele e o irmão tinham aprendido a fazer na revista *Popular Science*. Os dois entraram furtivamente na farmácia do pai e fizeram essa luz incidir sobre diferentes produtos químicos; algumas substâncias brilharam com intensidade. Assim, eles misturaram substâncias químicas para desenvolver diversos tipos de tinta capazes de fluorescer sob a luz ultravioleta comum. Os pigmentos fluorescentes parecem mais luminosos do que os pigmentos-padrão por refletirem mais luz visível do que refletiriam se não fossem fluorescentes.

28 "O céu é repleto de estrelas...": todos os corpos celestes, inclusive as galáxias, projetam pontos de luz menores do que qualquer fotorreceptor de nossos olhos. Então, como algumas estrelas parecem maiores do que outras? A resposta é que alguns corpos celestes são tão brilhantes que a luz extra que produzem se reflete no fundo da retina. Por sua vez, essa reflexão estimula muitos outros fotorreceptores em uma área circular maior. O resultado é que as estrelas mais luminosas parecem maiores.

2. O segredo das colheres que entortam (p.33-50)

40 Dois aspectos normais da percepção de profundidade: talvez você se surpreenda ao saber que a percepção de profundidade criada por seu cérebro quando ele compara as imagens de seus dois olhos (chamada *estereopsia*) é uma ilusão, uma completa construção da mente. O olho esquerdo e o direito transmitem ao cérebro visões ligeiramente diferentes do mundo. Se você fechar os olhos esquerdo e direito em rápida sucessão, fitando um objeto, verá que tal objeto se desloca da esquerda para a direita. Com os dois olhos abertos, o cérebro triangula essas duas imagens em uma única imagem estereóptica, que dá uma sensação de profundidade. É esse o princípio que está por trás das ilusões de profundidade, como nos livros da série Magic Eye.

O modo como a estereopsia se dá no cérebro continua sendo um dos mistérios mais obscuros da neurociência da visão. Temos algum conhecimento, mas ele é relativamente pequeno, comparado ao que sabemos sobre como se dão outros processos, como a percepção do movimento. Sabemos que as informações provenientes de cada olho permanecem segregadas no nível do nervo óptico. Sabemos também que as informações visuais oriundas dos dois olhos convergem para os mesmos neurônios no córtex visual primário. Isso significa que certos neurônios dessa região cerebral podem reagir a estímulos vindos de um dos olhos ou de ambos – são binoculares.

Mas onde, no cérebro, a visão dos dois olhos se funde? Onde é calculada a profundidade de cada objeto da cena? Onde as imagens se fundem em uma experiência única? Sabemos que essas coisas devem acontecer, caso contrário teríamos uma visão dupla, em vez da percepção de profundidade. Em nossos laboratórios, constatamos que os processos usados para derivar a percepção estereoscópica devem surgir vários níveis acima do córtex visual primário na hierarquia da visão. A localização exata dessa área tem envolvido muitas pesquisas.

A estereopsia também contribui para o truque de Vernon, pois nossos dois olhos veem por ângulos diferentes a carta ser inserida no baralho. O cérebro triangula essas duas imagens retinianas diferentes para calcular a profundidade da carta no monte. É uma ilusão, mas a estereopsia confirma que a carta está no meio do baralho.

46 Tony tirou partido: A.S. Barnhart (no prelo), "The exploitation of Gestalt principles by magicians", *Perception*.

46 A boa continuidade é parte tão integrante de uma multiplicidade de mecanismos cerebrais: ibid.

48 Serra uma mulher ao meio: esse truque também pode ser feito de outras maneiras, mas, em todas elas, a boa continuidade tem sempre um papel a desempenhar no efeito obtido.

48 Charles Gilbert e alguns colegas: M.K. Kapadia, M. Ito, C.D. Gilbert e G. Westheimer, "Improvement in visual sensitivity by changes in local context: Parallel studies in human observers and in V1 of alert monkeys", *Neuron* 15 (1995), p.843-56.

49 Um segundo conceito por trás da mágica da colher: ele foi publicado como a ilusão das "barras dançantes" por Peter Tse e Brown Hsieh, do Dartmouth College. A base neural dessa ilusão foi demonstrada por Christopher Pack, que hoje trabalha no Instituto de Neurologia de Montreal. P.U. Tse e P.-J. Hsieh, "Component and intrinsic motion integrate in 'dancing bar' illusion", *Biological Cybernetics* 96(1) (2007), p.1-8; C.C. Pack e R.T. Born, "Temporal dynamics of a neural solution to the aperture problem in visual area MT of macaque brain", *Nature* 409 (2001), p.1040-2.

49 Para localizar as extremidades de uma reta: C.C. Pack, M.S. Livingstone, K.R. Duffy e R.T. Born, "End-stopping and the aperture problem: Two-dimensional motion signals in macaque V1", *Neuron* 39 (2003), p.671-80.

3. O padre que simulou uma cúpula (p.51-63)

52 Para discussões mais amplas sobre como interagem a arte visual e a ciência da visão, ver S. Martinez-Conde e S.L. Macknik, "Art as Visual Research: Kinetic Illusions in Op Art", *Scientific American Special* 20(1) (2010), p.48-55.

57 Os resultados de Susana mostraram, ao contrário: X.G. Troncoso, S.L. Macknik e S. Martinez-Conde, "Novel visual illusions related to Vasarely's 'nested squares' show that corner salience varies with corner angle", *Perception* 34 (2005), p.409-20; X.G. Troncoso, P.U. Tse, S.L. Macknik, G.P. Caplovitz, P.-J. Hsieh, A.A. Schlegel, J. Otero-Millan e S. Martinez-Conde, "BOLD activation varies parametrically with corner angle throughout human retinotopic cortex", *Perception* 36 (2007), p.808-20;

X.G. Troncoso, S.L. Macknik e S. Martinez-Conde, "Corner salience varies linearly with corner angle during flicker-augmented contrast: A general principle of corner perception based on Vasarely's artworks", *Spatial Vision* 22 (2009), p.211-24.

57 Em 2006, concebemos um experimento: X.G. Troncoso, S.L. Macknik, J. Otero-Millan e S. Martinez-Conde, "Microsaccades drive illusory motion in the Enigma illusion", *Proceedings of the National Academy of Sciences of the United States of America* [doravante PNAS] 105 (2008), p.16033-8.

58 Sua expressão é comumente chamada de: M.S. Livingstone, "Is it warm? Is it real? Or just low spatial frequency?", *Science* 290 (2000), p.1299.

60 A ilusão da torre inclinada: F.A.A. Kingdom, A. Yoonessi e E. Gheorghiu, "The Leaning Tower illusion: A new illusion of perspective", *Perception* 36(3) (2007), p.475-7.

61 A única diferença entre esses dois rostos: R. Russell, "A sex difference in facial pigmentation and its exaggeration by cosmetics", *Perception* 38 (2009), p.1211-9.

62 Alguns padrões estáticos geram: A. Kitaoka, *Trick Eyes: Magical Illusions That Will Activate the Brain* (Nova York: Sterling Publishing, 2005).

63 Demos à nova ilusão o nome de: S.L. Macknik e M.S. Livingstone, "Neuronal correlates of visibility and invisibility in the primate visual system", *Nature Neuroscience* 1(2) (1998), p.144-9; S.L. Macknik e M.M. Haglund, "Optical images of visible and invisible percepts in the primary visual cortex of primates", PNAS 96 (1999), p.15208-10; S.L. Macknik, S. Martinez-Conde e M.M. Haglund, "The role of spatiotemporal edges in visibility and visual masking", PNAS 97 (2000), p.7556-60; S.L. Macknik e S. Martinez-Conde, "Dichoptic visual masking reveals that early binocular neurons exhibit weak interocular suppression: Implications for binocular vision and visual awareness", *Journal of Cognitive Neuroscience* 16 (2004), p.1049-59; P.U. Tse, S. Martinez-Conde, A.A. Schlegel e S.L. Macknik, "Visibility, visual awareness, and visual masking of simple unattended targets are confined to areas in the occipital cortex beyond human V1/V2", PNAS 102 (2005), p.17178-83; S.L. Macknik, "Visual masking approaches to visual awareness", *Progress in Brain Research* 155 (2006), p.177-215; S.L. Macknik e S. Martinez-Conde, "The role of feedback in visual masking and visual processing", *Advances in Cognitive Psychology* 3 (2007), p.125-52; S.L. Macknik e S. Martinez-Conde, "The Role of Feedback in Visual Attention and Awareness", in M.S. Gazzaniga (org.), *The Cognitive Neurosciences* (Cambridge, Massachusetts: MIT Press, 2009), p.1165-79.

4. Bem-vindos ao espetáculo (p.64-84)

70 Um indício crucial: T. Moore e M. Fallah, "Microstimulation of the frontal eye field and its effects on covert spatial attention", *Journal of Neurophysiology* 91 (2004), p.152-62; Z.M. Hafed e R.J. Krauzlis, "Microsaccadic suppression of visual bursts in the primate superior colliculus", *Journal of Neuroscience* 30(28) (2010), p.9542-7; N.L. Port e R.H. Wurtz, "Target selection and saccade generation in monkey superior

colliculus", *Experimental Brain Research* 192(3) (2009), p.465-77; J.W. Bisley e M.E. Goldberg, "Attention, intention, and priority in the parietal lobe", *Annual Review of Neuroscience* 33 (2010), p.1-21.

73 Em outras ocasiões, podemos deslocar a atenção de um lado para outro: ver o estudo de Keisuke Fukada e Edward K. Vogel, "Human variation in overriding attentional capture", *Journal of Neuroscience*, 8 de julho de 2009.

73 As pesquisas mostram que, quanto maior a capacidade: G.F. Woodman e S.J. Luck, "Do the contents of visual working memory automatically influence attentional selection during visual search?", *Journal of Experimental Psychology: Human Perception and Performance* 33(2) (2007), p.363-77.

74 Espaço "retinotópico": R. Desimone e J. Duncan, "Neural mechanisms of selective visual attention", *Annual Review of Neuroscience* 18 (1995), p.193-222.

74 José-Manuel Alonso: nosso trabalho com José-Manuel Alonso também mostrou que um tipo específico de neurônio é intensificado durante a atenção no centro do foco, enquanto um tipo diferente de neurônio é inibido durante a atenção nas regiões circunvizinhas. Os neurônios com os disparos aumentados no centro do foco de atenção inibem sabidamente outros neurônios, ao passo que os neurônios com disparos reprimidos nas regiões circundantes são cruciais para determinar a direção de objetos em movimento. Esses resultados sugerem que o papel da atenção de cima para baixo, nos primeiríssimos estágios da visão, é reprimir os aspectos que captam a atenção nos objetos que se movem ao redor daquilo para que se quer atentar. Ver Y. Chen, S. Martinez-Conde, S.L. Macknik, Y. Bareshpolova, H.A. Swadlow e J.-M. Alonso, "Task difficulty modulates the activity of specific neuronal populations in primary visual cortex", *Nature Neuroscience* 11 (2008), p.974-82.

79 Arturo de Ascanio: A. Ascanio, *The Magic of Ascanio*, vol.1, trad. R.B. Etcheberry (publicação pessoal, 2007).

80 Eric Kandel, ganhador do Prêmio Nobel: E. Kandel, *In Search of Memory: The Emergence of a New Science of Mind* (Nova York: W.W. Norton, 2007).

84 Estudos etológicos mostram: uma das vantagens evolutivas de ter o foco de atenção dissociado do centro do olhar é que isso aumenta a capacidade de enganar os outros. Ter um foco de atenção móvel, capaz de apontar para longe da direção do nosso olhar, permite escondermos dos concorrentes aquilo a que estamos prestando atenção (uma fonte potencial de alimento, um parceiro desejável). Marc Hauser, da Universidade Harvard, mostrou que os macacos desviam intencionalmente o olhar de fontes ocultas de alimento, para induzir os outros macacos a ficar longe de seu tesouro. Ver M.D. Hauser, "Costs of deception: Cheaters are punished in rhesus monkeys (Macaca mulatta)", PNAS 89(24) (1992), p.12137-39. O custo desse sistema é que atentar para um ponto distante da fóvea é, por definição, atentar para informações de baixa resolução. Por isso, ao esconder interesses secretos dos que estão em volta, você deve ter uma importante vantagem adaptativa.

84 Nesse sentido, os primatas e os seres humanos: muitas outras espécies usam o engodo para maximizar a sobrevivência e o sucesso reprodutor. Algumas aves fingem

estar com uma asa quebrada para induzir os predadores a se afastar do ninho, o que é uma forma de despistamento. Fingir fraqueza é uma antiga estratégia das guerras humanas. Sun Tzu escreveu, em *A arte da guerra*, há mais de dois mil anos: "Toda guerra se baseia na dissimulação. Assim, quando estamos aptos a atacar, devemos parecer incapazes; ao usarmos nossas forças, devemos parecer inativos; quando estamos perto, devemos fazer o inimigo crer que estamos longe; quando distantes, devemos fazê-lo acreditar que estamos perto. Devemos oferecer iscas para atrair o inimigo. Fingir desordem e esmagá-lo." Outros animais contam com a camuflagem e a mímica para efeito de dissimulação: algumas borboletas não venenosas desenvolveram os mesmos desenhos de asas das espécies venenosas, o que lhe confere a vantagem de repelir os pássaros predadores.

5. O gorila entre nós (p.85-107)

87 Para superar a adaptação: S. Martinez-Conde e S.L. Macknik, "Windows on the mind", *Scientific American* 297 (2007), p. 56-63; S. Martinez-Conde, S.L. Macknik, X.G. Trancoso e T. Dyar, "Microsaccades counteract visual fading during fixation", *Neuron* 49 (2006), p.297-305.

89 Não sabemos prever para onde a mão se dirige: para uma discussão mais aprofundada dessas ideias, ver S. Martinez-Conde e S.L. Macknik, "Magic and the brain", *Scientific American* 299 (2008), p.72-9; S.L. Macknik, M. King, J. Randi, A. Robbins, Teller, J. Thompson e S. Martinez-Conde, "Attention and awareness in stage magic: Turning tricks into research", *Nature Reviews Neuroscience* 9 (2008), p.871-9.

90 Para descrever esses métodos: Macknik et al., "Attention and awareness in stage magic", op.cit.

90 Os neurocientistas cognitivos entendem: A. Mack e I. Rock, *Inattentional Blindness* (Cambridge, Massachusetts: MIT Press, 1998).

91 Você consegue nos impedir de adivinhar seus pensamentos?: de Martinez-Conde e Macknik, "Magic and the brain", op.cit.

92 Tamariz usa a cegueira por desatenção: é possível encontrar detalhes em sua obra-prima de ensinamentos, *Los Cinco Puntos Mágicos*.

95 Nossas pesquisas: Y. Chen, S. Martinez-Conde, S.L. Macknik, Y. Bereshpolova, H.A. Swadlow e J.-M. Alonso, "Task difficulty modulates the activity of specific neuronal populations in primary visual cortex", *Nature Neuroscience* 11 (2008), p.974-82.

96 O experimento do gorila: para um exame aprofundado, maravilhoso e muito divertido desse efeito e de outros correlatos, ver o novo livro de Chabris e Simons, *The Invisible Gorilla* (Nova York: Crown Archetype, 2010).

96 Em 2006, usando gravações do rastreamento ocular: D. Memmert, "The effects of eye movements, age, and expertise on inattentional blindness", *Consciousness and Cognition* 15 (2006), p.620-7.

97 A cegueira por desatenção pode: I.E. Hyman Jr., M. Boss, B.M. Wise, K.E. McKenzie e J.M. Caggiano, "Did you see the unicycling clown? Inattentional blindness while walking and talking on a cell phone", *Applied Cognitive Psychology* 24 (2010), p.597-607.

98 Outro colega nosso: C. Rosen, "The myth of multitasking", *New Atlantis: A Journal of Technology and Society* 20 (2008), p.105-10.

102 Em uma versão do experimento: D.J. Simons e D.T. Levin, "Failure to detect changes to people during a real-world interaction", *Psychonomic Bulletin and Review* 5 (1998), p.644-9. Ver também C.F. Chabris e D.J. Simons, *The Invisible Gorilla* (Nova York: Crown Archetype, 2010).

102 O experimento foi repetido muitas vezes: o mentalista e mágico britânico Derren Brown adora a cegueira para a mudança e fez vários videoclipes desse truque, em cenários de Londres, com base nos vídeos originais de Simons.

106 As mudanças lentas ou graduais: Chabris e Simons, *The Invisible Gorilla*.

6. O segredo do ventríloquo (p.108-23)

113 Os sentidos não apenas interagem: essa pesquisa foi conduzida por Charles Spence, chefe do Laboratório de Pesquisas Transmodais sediado no Departamento de Psicologia Experimental da Universidade de Oxford (www.psy.ox.ac.uk/xmodal/default.htm). Spence busca saber como as pessoas percebem o mundo à sua volta – em particular, de que modo o cérebro consegue processar as informações provenientes de cada um de nossos sentidos (olfato, paladar, visão, audição e tato), formando as experiências multissensoriais extraordinariamente ricas que enchem a nossa vida cotidiana. No momento, ele vem trabalhando com problemas associados à concepção de alimentos que estimulam os sentidos ao máximo e com o efeito dos ambientes fechados sobre o humor, o bem-estar e o desempenho.

113 O mesmo se aplica à pele e ao som: ao mesclarem o áudio com a sensação tátil do fluxo de ar, dois pesquisadores da Universidade da Colúmbia Britânica, em Vancouver – o professor de linguística Bryan Gick e seu aluno Donald Derrick –, constataram que a percepção de certos sons depende, em parte, da possibilidade de eles serem sentidos. O artigo desses pesquisadores foi publicado na revista *Nature*, edição de 26 de novembro de 2009.

114 Os olhos podem enganar os ouvidos: L. Shams, Y. Kamitani e S. Shimojo, "Visual illusion induced by sound", *Cognitive Brain Research* 14 (2002), p.147-52.

114 Do mesmo modo, aquilo que ouvimos: V. Jousmaki e R. Hari, "Parchment-skin illusion: Soundbiased touch", *Current Biology* 8(6) (1998), p.R190.

114 A maneira de sentir o mundo pode efetivamente modificar a maneira de vê-lo: essa pesquisa foi realizada no laboratório de Chris Moore, no MIT, e publicada na edição on-line da revista *Current Biology* de 9 de abril de 2009. Podemos ver demonstrações dos estímulos de movimento no endereço http://web.mit.edu/~tkonkle/www/CrossmodalMAE.html.

115 E há também a ilusão da mão de borracha: M. Botvinick e J. Cohen, "Rubber hands 'feel' touch that eyes see", *Nature* 391 (1998), p.756.

115 Esse fenômeno é chamado de *sinestesia*: R.E. Cytowic, *Synesthesia: A Union of the Senses* (Cambridge, Massachusetts: MIT Press, 2ª ed., 2002); R.E. Cytowic, *The Man Who Tasted Shapes* (Cambridge, Massachusetts: MIT Press, 2003); R.E. Cytowic e D.M. Eagelman, *Wednesday Is Indigo Blue: Discovering the Brain of Synesthesia* (Cambridge, Massachusetts: MIT Press, 2009); J.E. Harrison, *Synaesthesia: Classic and Contemporary Readings* (Oxford, Reino Unido: Blackwell Publishing, 1996); A.N. Rich e J.B. Mattingley, "Anomalous perception in synaesthesia: A cognitive neuroscience perspective", *Nature Reviews Neuroscience* 3(1) (2002), p.43-52; E.M. Hubbard e V.S. Ramachandran, "Neurocognitive mechanisms of synesthesia", *Neuron* 48(3) (2005), p.509-20; J. Simner, C. Mulvenna, N. Sagic, E. Tsakanikos, S. Witherby, C. Fraser, K. Scott e J. Ward, "Synesthesia: The prevalence of atypical cross-modal experience", *Perception* 35 (2006), p.1024-33.

115 Os neurocientistas identificaram pelo menos 54 variedades de sinestesia: Melissa Saenz, docente de computação e sistemas neurais da Caltech, descobriu esse fenômeno por puro acaso. Junto com o neurocientista Christof Koch, ela comunicou seus resultados na edição de 5 de agosto de 2008 da revista *Current Biology*.

116 Na sinestesia tátil especular: M.J. Banissy e J. Ward, "Mirror-touch synesthesia is linked with empathy", *Nature Neuroscience* 10 (2007), p. 815-6.

116 Quanto o restante de nós: o efeito *bouba kiki* foi originalmente observado pelo psicólogo teuto-americano Wolfgang Köhler. W. Köhler, *Gestalt Psychology* (Nova York: Liveright, 1929) [*Psicologia da Gestalt*, trad. David Jardim, Belo Horizonte, Itatiaia, 1980].

119 Você já endoidou um gato com uma ponteira laser?: B.E. Stein, M.A. Meredith, W.S. Honeycutt e L. McDade, "Behavioral indices of multisensory integration: Orientation to visual cues is affected by auditory stimuli", *Journal of Cognitive Neuroscience* 1 (1989), p.12-24.

120 *Teoria da integração de traços*: A. Treisman e G. Gelade, "A feature-integration theory of attention", *Cognitive Psychology* 12(1) (1980), p.97-136.

122 Esse conceito foi originalmente apresentado: P.M. Roget, "Explanation of an optical deception in the appearance of the spokes of a wheel seen through vertical apertures", *Philosophical Transactions of the Royal Society of London* 115 (1825), p.131-40; S.L. Macknik, "Flicker fusion", 2006, www.scholarpedia.org/article/Flicker_fusion.

122 Max Wertheimer … e Hugo Munsterberg: M. Wertheimer, *Drei Abhandlungen zur Gestalttheorie* (Erlangen, Alemanha: Philosophische Akademie, 1925); H. Munsterberg, *The Photoplay: A Psychological Study* (Nova York: D. Appelton and Co., 1916).

122 Perplexo, o editor mandou: A.R. Luria e J. Bruner, *The Mind of a Mnemonist: A Little Book About a Vast Memory* (Cambridge, Massachusetts: Harvard University Press, 1987).

7. O truque indiano da corda (p.124-50)

125 De acordo com Teller: Teller escreveu essa resenha na *Sunday New York Times Book Review* de 13 de fevereiro de 2005. Ver www.nytimes.com/2005/02/13/books/review/13TELLERL.html.

132 As falsas lembranças podem ser devastadoras: E.F. Loftus, *Eyewitness Testimony* (Cambridge, Massachusetts: Harvard University Press, 1996); E.F. Loftus e J.E. Pickrell, "The formation of false memories", *Psychiatric Annals* 25(12) (1995), p.720-5.

132 Em um dos exemplos, os participantes: E.F. Loftus, "Made in Memory: Distortions in Memory after Misleading Communications", in G. Bower (org.), *The Psychology of Learning and Motivation*, vol.30, *Advances in Research and Theory* (San Diego: Academic Press, 1993), p.187-215.

133 Em outro experimento clássico: E.F. Loftus e J.C. Palmer, "Reconstruction of automobile destruction: An example of the interaction between language and memory", *Journal of Verbal Learning and Verbal Behavior* 13 (1974), p.585-9.

134 Nader demonstrou que: O. Hardt e K. Nader, "A single standard for memory: The case for reconsolidation", *Nature Reviews Neuroscience* 10(3) (2009), p.224-34.

135 As "lembranças em lampejo": K. Nader, "Memory traces unbound", *Trends in Neurosciences* 26(2) (2003), p.65-72.

146 Em um artigo para a revista *Slate*: Joshua Foer, "Forget Me Not", Slate.com, 16 de março de 2005 (www.slate.com/id/2114925).

8. Expectativa e suposição (p.151-77)

156 Esse princípio, conhecido como teoria das soluções falsas: J. Tamariz, *The Magic Way* (Madri, Espanha: Frakson Books, 1988).

160 Pouco tempo atrás, Eric Kandel, da Universidade Columbia: E. Kandel, *In Search of Memory: The Emergence of a New Science of Mind* (Nova York: W.W. Norton, 2007) [*Em busca da memória: O nascimento de uma nova ciência da mente*, trad. Rejane Rubino, São Paulo, Companhia das Letras, 2009].

162 Primeiro, uma região visual do cérebro: R.A. Andersen e C.A. Buneo, "Intentional maps in posterior parietal cortex", *Annual Review of Neuroscience* 25 (2002), p. 189-220.

164 Gustav Kuhn, um psicólogo e mágico: Gustav Kuhn e Michael F. Land, "There's more to magic than meets the eye", *Current Biology* 16(22), p.950-1.

164 Assim, o correlato neural: J.A. Assad e J.H. Maunsell, "Neuronal correlates of inferred motion in primate posterior parietal cortex", *Nature* 373 (1995), p.518-21.

165 Sujeitos experimentais foram solicitados a ler uma lista de palavras: estudo descrito em Blink, de Malcolm Gladwell (Boston: Little, Brown, 2005) [*Blink: A decisão num piscar de olhos*, trad. Nivaldo Montingelli Jr., Rio de Janeiro, Rocco, 2005].

165 O fato de serem relembradas de seu gênero: Gladwell, *Blink*.

165 Metade dos participantes de outro estudo: Johan C. Karremans, Wolfgang Stroebe e Jasper Claus, "Beyond Vicary's fantasies: The impact of subliminal priming and brand choice", *Journal of Experimental Social Psychology* 42(6), p.792-8.

165 Os anunciantes usam a preparação: J.L. Harris, J.A. Bargh e K.D. Brownell, "Priming effects of television food advertising on eating behavior", *Health Psychology* 28(4) (2009), p.404-13.

167 Com certeza existem outros fatores que contribuem: a maioria dos mágicos não faria essa versão particular do truque no palco porque ela não é completamente à prova de falhas. Nós a incluímos aqui para ilustrar o uso da preparação no ilusionismo.

167 *Teoria da detecção de sinais*: D.M. Green e J.A. Swets, *Signal Detection Theory and Psychophysics* (Nova York: Wiley, 1966).

168 Por exemplo, Keith Payne: B.K. Payne, "Prejudice and perception: The role of automatic and controlled processes in misperceiving a weapon", *Journal of Personality and Social Psychology* 81 (2001), p.181-92.

171 Essas perguntas suscitam dúvidas mais profundas: J. Piaget, *The Origins of Intelligence in Children* (Nova York: International University Press, 1952) [*O nascimento da inteligência na criança*, trad. Álvaro Cabral, Rio de Janeiro: Ed. Guanabara, 4ª ed., c. 1987]; J. Piaget, *The Moral Judgment of the Child* (Londres: Kegan, Paul, Trench, Trubner and Co., 1932) [*O juízo moral na criança*, trad. Elzon Lenardon, São Paulo: Summus, 1994].

172 Elizabeth Spelke, psicóloga do desenvolvimento: E.S. Spelke, "Principles of object perception", *Cognitive Science* 14(1) (1990), p.29-56.

172 Essas pesquisas também mostram que os bebês: para uma boa resenha, ver Laura Kotovsky e Renée Baillargeon, "The development of calibration-based reasoning about collision events in young infants", *Cognition* 67(3), p.311-51.

173 Ele observou que os bebês sabem: ver www.cmu.edu/cmnews/030625/03625_cognition.html.

174 O famoso teste de Sally-Ann: H. Wimmer e J. Perner, "Beliefs about beliefs: Representation and constraining function of wrong beliefs in young children's understanding of deception", *Cognition* 13 (1983), p.103-28.

175 "Os adultos sabem seguir instruções": J. Colombo, "Visual Attention in Infancy: Process and Product in Early Cognitive Development", in Alison Gopnik, *The Philosophical Baby* (Nova York: Farrar Straus and Giroux, 2009).

175 Em um experimento de John Hagen: J.W. Hagen e G.H. Hale, "The Development of Attention in Children", in A.D. Pick (org.), *Minnesota Symposia on Child Psychology* (Minneapolis: University of Minnesota Press, 1973).

176 Silly Billy: D. Kaye, *Seriously Silly: How to Entertain Children with Magic and Comedy* (Washington: Kaufman & Co., 2005).

9. Que a força esteja com você (p.178-200)

187 O efeito é assombroso e sempre divertido: a explicação matemática desse truque pode ser encontrada no endereço www.numericana.com.magic.htm.

191 Vejamos o que a dra. Anna Berti: A. Berti, G. Bottini, M. Gandola, L. Pia, N. Smania, A. Stracciari, I. Castiglioni, G. Vallar e E. Paulesu, "Shared cortical anatomy for motor awareness and motor control", *Science* 309 (2005), p.488-91.

193 *Cegueira para a escolha*: P. Johansson, L. Hall, S. Sikstrom e A. Olsson, "Failure to detect mismatches between intention and outcome in a simple decision task", *Science* 310 (2005), p.116-9.

193 Johansson explicou que os experimentos da dupla foram inspirados: ver Richard E. Nisbett e Timothy D. Wilson, "Telling more than we can know: Verbal reports on mental processes", *Psychological Review* 8 (1977), p.231-59, e http://en.wikipedia.org/wiki/introspection_ illusion.

195 Em um experimento de acompanhamento: os estudos sobre preferências em relação à geleia e ao chá, bem como o questionário mágico, foram submetidos para publicação. Para atualizações mais recentes, ver o site de Petter Johansson, http://www.lucs.lu.se/petter.johansson/.

196 Mais uma vez, os resultados mostraram que a maioria dos participantes ficou cega: ver o site de Johansson e Hall (www.lucs.lu.se/projects/choiceblindness) e um vídeo no YouTube (www.youtube.com/watch?v=WB003PngZPU).

198 Nossos colegas Apollo Robbins ... e ... Eric Mead: ver o vídeo em www.sfn.org/index.aspx?pagename=am2009_highlights.

200 Na década de 1970: o artigo original é B. Libet, C.A. Gleason, E.W. Wright e D.K. Pearl, "Time of conscious intention to act in relation to onset of cerebral activity (readiness-potential)", *Brain* 106 (1983), p.623-42.

202 Político do gabinete do prefeito: ver http://www.youtube.com/watch?v= o_pYTO odu4.

203 Um colega nosso, John-Dylan Haynes: C.S. Soon, M. Brass, H.J. Heinze e J.-D. Haynes, "Unconscious determinants of free decisions in the human brain", *Nature Neuroscience* 11(5) (2008), p.543-45.

207 Podemos crer que eles estão ligados ao livre-arbítrio: ver o trabalho de John Bargh em Yale, www.yale.edu/psychology/FacInfo/Bargh.html.

207 A ilusão do eu mágico não é fácil de eliminar: uma das descobertas mais interessantes da literatura sobre o livre-arbítrio é que, quando as pessoas acreditam ou são levadas a crer que o livre-arbítrio é uma ilusão, elas podem se tornar mais antissociais. Kathleen Vohs, da Universidade de Minnesota, e Jonathan Schooler, da Universidade da Colúmbia Britânica, levaram trinta estudantes para seu laboratório, a fim de conduzir um estudo supostamente sobre a aritmética mental. Os estudantes foram solicitados a calcular de cabeça as respostas de vinte problemas simples de matemática. Antes de fazerem o teste, porém, metade deles leu o

seguinte trecho de um livro de Francis Crick, *A hipótese espantosa*: "'Você', suas alegrias e tristezas, suas lembranças e ambições, seu sentimento de identidade pessoal e livre-arbítrio na verdade nada mais são do que o comportamento de uma vasta montagem de células nervosas e das moléculas a elas associadas. A pessoa que você é não passa de um aglomerado de neurônios ...; embora pareçamos ter livre-arbítrio, na verdade nossas escolhas já foram predeterminadas para nós, e não podemos modificar isso." Os outros quinze alunos leram um trecho diferente, que não mencionava o livre-arbítrio. Mais tarde, ao terem essa oportunidade, os estudantes que leram a passagem mais neutra colaram menos do que o grupo que leu que o livre-arbítrio é uma ilusão. Para uma discussão desse experimento, ver www.scientificamerican.com/article.cfm?id=scientists-say-free-will-probably-d-2010-04-06. Ver também D.M. Wegner, *The Illusion of Conscious Will* (Cambridge, Massachusetts: MIT Press, 2002).

207 Além disso, muitos filósofos e cientistas afirmam: ver Daniel C. Dennett, *Freedom Evolves* (Nova York: Viking Penguin, 2003).

10. Por que as varinhas mágicas funcionam (p.209-38)

210 *Efeito ideomotor*: *rabdomancia* é um tipo de adivinhação usado nas tentativas de localizar lençóis freáticos, metais ou minério subterrâneos, pedras preciosas, petróleo, sepulturas e outros objetos sob a superfície da Terra. O rabdomante segura uma vara em forma de Y, que "se dobra" magicamente quando ele para sobre o alvo procurado. *Escrita automática* é um processo de escrever que não provém do pensamento consciente e é produzido por pessoas em estado de transe. *Comunicação facilitada* é um processo mediante o qual um facilitador segura a mão ou o braço de uma pessoa deficiente – muitas vezes um autista – a fim de ajudá-la a escrever e a se comunicar. Todas as três práticas são exemplos do efeito ideomotor.

215 Contudo, ninguém jamais deixa de apertá-lo: o final da segunda temporada do seriado de TV *Lost* revelou que apertar o botão, na verdade, descarregava um campo eletromagnético que, de outro modo, continuaria a crescer até acabar causando o fim do mundo. Portanto, apertar o botão para evitar a destruição em escala mundial veio a se revelar uma verdadeira relação de causa e efeito, em vez de uma correlação ilusória. Porém, no começo da temporada, quando os personagens se resignaram a apertar o botão, aparentemente ineficaz, a cada 108 minutos, eles não dispunham de nenhum dado factual de que essa correlação fosse verdadeira.

216 Em 2009, uma equipe de neurocientistas: B.A. Parris, G. Kuhn, G.A. Mizon, A. Benattayallah e T.L. Hodgson, "Imaging the impossible: An fMRI study of impossible causal relationships in magic tricks", *Neuroimage* 45(3) (2009), p.1033-9.

216 Seu sistema implícito de conhecimento de causa e efeito: ver *Neuroimage* 45(3), p.1033-9.

217 Uma dessas áreas, a CCAE, identifica o conflito: M.M. Botvinick, T.S. Braver, D.M. Barch, C.S. Carter e J.D. Cohen, "Conflict monitoring and cognitive control", *Psychological Review* 108 (2001), p.624-52.

221 Se o mentalista nunca errar: o mérito dessa observação cabe a Magic Tony.

230 Algumas olharam para palavras comuns: A. Raz, T. Shapiro, J. Fan e M.I. Posner, "Hypnotic suggestion and the modulation of Stroop interference", *Archives of General Psychiatry* 59 (2002), p.1155-61.

231 Dezesseis pessoas ... entraram no laboratório de Raz: Cortex 44(10), p.1336-41.

232 Embora alguns subtipos de um gene chamado COMT possam conferir suscetibilidade: P. Lichtenberg, R. Bachner-Melman, L. Gritsenko e R.P. Ebstein, "Exploratory association study between catechol-O-methyltransferase (COMT) high/low enzyme activity polymorphism and hypnotizability", *American Journal of Medical Genetics* 96(6) (2000), p.771-4.

234 "Aliás, fui vítima de um golpe clássico": ver o blog de Zak: www.psychologytoday.com/blog/the-moral-molecule.

237-8 A oxitocina faz com que tenhamos empatia pelos outros: um estudo recente indicou que a oxitocina não é toda sentimento e emoção; ao disputarem um jogo competitivo no laboratório, os sujeitos experimentais que a inalaram experimentaram sentimentos mais intensos de inveja e vanglória do que os sujeitos expostos a um placebo. Os pesquisadores especularam que talvez a oxitocina intensifique os afetos sociais em geral, levando à generosidade e à confiança nas situações positivas e à inveja e à arrogância nos cenários competitivos. Ver www.scientificamerican.com/article.cfm?id =oxytocin-hormone.

238 Com o mágico, você sabe que está sendo tapeado: ver o blog de Paul Zak em *Psychology Today*, 13 de novembro de 2008. Seu livro *The Moral Molecule* será publicado em 2012.

11. O Castelo Mágico (p.239-66)

246 Os pianistas profissionais (e os mágicos!): A. Pascual-Leone, D. Nguyet, L.G. Cohen et al., "Modulation of muscle responses evoked by transcranial magnetic stimulation during the acquisition of new fine motor skills", *Journal of Neurophysiology* 74 (1995), p.1037-45; A. Pascual-Leone, "The brain that plays music and is changed by it", *Annals of the New York Academy of Sciences* 930 (2006), p.315-29.

246 Eis mais um fato interessante: S. Blakeslee e M. Blakeslee, *The Body Has a Mind of Its Own* (Nova York: Random House, 2007).

247 A dança se tornou parte de seu ser: ver Blakeslee e Blakeslee, *The Body Has a Mind of Its Own*. Ver www.youtube.com/watch?v=-XoAamE1Bxs para ter uma ideia do que acontece quando se aprende a sambar quando bebê.

249 Eles são tão competentes: M. Natter e F. Phillips, "Deceptive biological motion: Understanding illusionary movements", *Journal of Vision* 8(6) (2008), p.1052.

257 O xeque quase desmaiou: em 1856, Luís Napoleão pediu a Robert-Houdin que convencesse alguns chefes tribais árabes de que a máquina de guerra francesa tinha poderes mágicos. Os líderes tribais religiosos, os chamados marabutos, que usavam a magia para controlar seus seguidores, tinham recomendado aos chefes que rompessem com os franceses. Napoleão queria que Robert-Houdin persuadisse os árabes de que a magia francesa era mais forte do que a árabe – e com isso pretendia evitar uma guerra na Argélia. Uma noite, no calor abafado de um teatro em Argel, Robert-Houdin demonstrou seus poderes aos chefes reunidos. Tirou uma bala de canhão de uma cartola e fez com que uma garrafa inesgotável que servia café quente circulasse pela plateia. Mas o carro-chefe do mágico francês foi enunciado sob a forma de um desafio:

– Posso privar de sua força o mais poderoso dos homens e restabelecê-la a meu critério. Quem se sentir forte o bastante para experimentar pode aproximar-se de mim.

Um homem musculoso se aproximou:

– Você é muito forte?

– Ah, sim.

– Tem certeza de que sempre continuará a sê-lo?

– Toda a certeza – respondeu o homem.

– Pois está enganado – disse Robert-Houdin –, pois num instante roubarei *toda* a sua força e você passará a ser como uma criança pequena.

Apontando para uma caixinha de madeira, instruiu:

– Levante essa caixa.

O homem a levantou e riu:

– É só isso?

– Espere! – disse Robert-Houdin, fazendo um gesto imponente. – Olhe. – Agitou sua varinha mágica. – Agora, você está mais fraco do que uma mulher. Tente levantar a caixa.

O homem tentou. Puxou com toda a sua força. O suor escorreu-lhe do rosto. Ele tentou rasgar a caixa, mas foi inútil. A caixa continha um poderoso eletroímã que exercia uma força desconhecida pelos marabutos. Em seguida, Robert-Houdin aplicou um choque elétrico no homem, que disparou do palco aos gritos. Com essa demonstração do poder sobrenatural francês, a rebelião foi sufocada.

261 Em 2007, um alto funcionário aposentado da CIA: H. Keith Melton e Robert Wallace, *The Official CIA Manual of Trickery and Deception* (Nova York: William Morrow, 2009) [*CIA: Manual oficial de truques e espionagem*, trad. Carlos Szlak, São Paulo: Lua de Papel, 2010].

12. A mágica vai acabar? (p.267-86)

276 O sistema de neurônios especulares: S. Blakeslee e M. Blakeslee, *The Body Has a Mind of Its Own* (Nova York: Random House, 2007).

276 O mesmo se aplica práticas atléticas: B. Calvo-Merino, D.E. Glaser, J. Grezes, R.E. Passingham e P. Haggard, "Action observation and acquired motor skills: An fMRI study with expert dancers", *Cerebral Cortex* 15(8) (2005), p.1243-9.

279 E a coisa também poderia funcionar no sentido inverso: em seus números de palco, os mágicos estão começando a usar efeitos perceptuais originalmente concebidos para experimentos científicos. Derren Brown e a dupla Penn & Teller executam números de cegueira para a mudança que têm suas raízes nas ciências cognitivas. Teller disse, a propósito do número sobre cegueira para a mudança de seu espetáculo com Penn: "A ideia veio diretamente da ciência. Achamos que seria divertido mostrar como eles são ruins em reparar nas coisas" (J. Lehrer, "Magic and the brain: Teller reveals the neuroscience of illusion", Wired.com, 20 de abril de 2009).

282 Talvez você se pergunte: de fato, alguns de nossos colegas, liderados por Peter Lamont, professor de psicologia da Universidade de Edimburgo, fizeram essa sugestão.

284 Acreditamos que ele também determina: Y. Chen, S. Martinez-Conde et al., "Task difficulty modulates the activity of specific neuronal populations in primary visual cortex", *Nature Neuroscience* 11(8) (2008), p.974-82.

Agradecimentos

Este livro é produto de uma colaboração de um ano inteiro entre nós dois e Sandy Blakeslee, que é, em nossa opinião, a mais talentosa redatora de neurociências do mundo. Sandy não apenas pegou nosso conteúdo e o embelezou, como pôs na mesa uma enorme quantidade de conhecimentos neurocientíficos. Com o respaldo de seu livro mais recente, *The Body Has a Mind of Its Own* ["O corpo tem sua própria mente"], Sandy poderia facilmente dar aulas de neurociência do controle motor cerebral em nível de pós-graduação. Ela decerto nos ensinou a pensar sobre muitos efeitos mágicos que vínhamos estudando pela perspectiva do controle motor. Este livro ficou tão mais sólido graças à sua participação que simplesmente não temos palavras para lhe agradecer por seus achados, seu belo texto e sua paciência com nossas ofertas insípidas e nossos horários enlouquecidos de trabalho.

Matt Blakeslee, filho de Sandy e coautor de *The Body Has a Mind of Its Own*, também é um redator brilhante, com um vasto conhecimento de neurociências. Deu-nos uma imensa ajuda na criação da proposta e da estruturação do roteiro do livro.

Dezenas de mágicos e colegas cientistas desprendidos também ofereceram seu tempo e sua competência especializada, muitas vezes cumprindo prazos absurdamente curtos. Um ano é um ciclo curtíssimo para a produção de um livro. No jargão dos editores, eles dizem que nosso livro foi feito a toque de caixa. Assim, todos os prazos foram apertados, todos os pedidos de informações ou verificação de fatos foram feitos às pressas, e somos muito gratos a todos por terem unido esforços para nos ajudar em tão pouco tempo.

Nossos agradecimentos vão, em especial, para o grupo original de mágicos que nos ensinou a importância do ilusionismo como empreitada neurocientífica (citados em ordem alfabética do sobrenome): Mac King, James Randi (O Incr!vel Randi), Apollo Robbins, Teller e Johnny Thompson (O Grande Tomsoni). Eles nos guiaram ao longo de todo este projeto, inclusive fazendo a revisão de provas das partes do livro referentes a mágicas, a fim de verificar sua exatidão. Os erros encontrados são nossos, com certeza, e temos de admitir que, provavelmente, qualquer lampejo brilhante é deles.

Anthony Barnhart (Magic Tony), o extraordinário jovem mágico aqui de Phoenix que teve a trabalhosa tarefa de realmente nos ensinar a fazer mágicas com nossas próprias mãos, é um santo. A leitura de livros como este pode ajudar os leitores a compreender por que o ilusionismo é esplêndido em termos intelectuais. Mas aprender a fazer truques bem o bastante para de fato iludir alguém é outra história. Tony também contribuiu com muitas percepções científicas importantes. Por isso, também recebe o nosso mais profundo agradecimento.

Dezenas de outros mágicos contribuíram com seu tempo e seu discernimento. Entre eles se incluem (em ordem alfabética do sobrenome): Francesc Amílcar, Jerry Andrus, Mago Antón, Luis Boyano, Eugene Burger, Jack Devlin, Ava Do, Paul Draper, Jesús Etcheverry, Miguel Ángel Gea, Roberto Giobbi, Larry Hass, Danny Hillis, Joshua Jay, Penn Jillette, Isaac Jurado (Mago Isaac), Bill Kalush, David Kaye (Silly Billy), Jason Latimer, Patrick Martin, Max Maven, Jeff McBride, Eric Mead, Tom Meseroll (Magus, O Mágico Marcial), Harry Monti, Luis Piedrahita, Shoot Ogawa, Gabi Pareras, Kiko Pastur, Adam Rubin, Jay Sankey, Victoria Skye, Scotto Smith, Jamy Ian Swiss, Juan Tamariz, Ángel Vicente, Timothy Vient, Allen Waters, Michael Weber e Richard Wiseman.

Muitos de nossos colegas acadêmicos nos orientaram e merecem nosso agradecimento: José-Manuel Alonso, Dan Ariely, Mahzarin Banaji, Dan Dennett, David Eagleman, Lars Hall, Petter Johansson, Christof Koch, Gustav Kuhn, Joseph Ledoux, Luis Martínez, Michael Natter, Flip Phillips, Dan Simons, Benjamin Tatler, Paul Zak e Stuart Zola.

Somos muito gratos às várias organizações de financiamento que apoiaram nossas pesquisas ou os nossos outros esforços científicos que acabaram dando origem a este livro: a Fundação Neurológica Barrow, a Fundação de Ciências da Mente, a Fundação Nacional de Ciências, o Instituto Nacional de Saúde, a Fundação de Ciências do Arizona e a Comissão de Pesquisas Biomédicas do Arizona. Oferecemos um agradecimento especial a Joseph Dial, da Fundação de Ciências da Mente, por nos incentivar durante muitos anos.

Phil Pomeroy e Lynne Reaves, do Instituto Barrow de Neurologia, foram maravilhosos conosco e nos deram o mais vigoroso apoio e promoção possíveis. Obrigado.

Somos gratos a María Dolores Ruiz e a Guillermo Santamaría, da Fundación "la Caixa", e a Marcos Pérez, da Casa de las Ciencias, por nos reunirem com inúmeros colegas na Espanha.

Tom Carew, presidente da Sociedade de Neurociências em 2009, mostrou-se um amigo maravilhoso. Fez da neuromagia um tema central da conferência anual da Sociedade, a maior conferência acadêmica do mundo. Mais de sete mil neurocientistas compareceram ao encontro.

Algumas das ilustrações deste livro foram feitas a nosso pedido, e entre os artistas fantásticos que as fizeram, no Instituto Barrow de Neurologia, estão Mark Schornak, Marie Clarkson, Mike Hickman e Jorge Otero-Millan.

Os oficiais da Marinha e do corpo de fuzileiros que nos ajudaram a compreender as questões que cercam a consciência situacional na aviação militar foram muito generosos com seu tempo: Ellis Gayles, Michael Prevost, Paul Gosden e Vincent Bertucci.

Este livro nunca teria surgido se não fosse Mariette DiChristina, editora-chefe da revista *Scientific American*, que teve a bondade de compilar dezenas de contribuições nossas à família de publicações da Scientific American. Sem o seu incentivo sumamente generoso, sua amizade e seu trabalho criterioso de editoração, não nos teríamos atrevido a escrever para o público. Também somos gratos a Peter Brown pelo esplêndido trabalho de editar nossa matéria de capa da *Scientific American* de dezembro de 2008, intitulada "Mágica no cérebro". David Dobbs, autor de *Reef Madness: Charles Darwin, Alexander Agassiz, and the Meaning of Coral* ["Loucura dos recifes: Charles Darwin, Alexander Agassiz e o significado dos corais"]; Jonah Lehrer, autor de *Proust Was a Neuroscientist* ["Proust era neurocientista"] e de *How We Decide* ["Como tomamos decisões"]; e Gareth Cook, vencedor do Prêmio Pulitzer, trabalharam todos como editores de nossa coluna "A neurociência da ilusão", na seção Mind Matters do site ScientificAmerican.com, e somos gratos a todos eles por nos ajudarem tanto a aprender a escrever para o público.

Nossos agradecimentos vão ainda para George Johnson e Ben Carey, do *New York Times*, que fizeram a cobertura de nosso simpósio sobre mágica e o levaram à atenção de inúmeras pessoas em 2007 e 2008. Desde então, eles também foram orientadores esplêndidos e perspicazes.

Em todo o labirinto da publicação, o livro foi guiado com grande mestria por Gillian Blake, editora-executiva da Henry Holt and Company, e por sua assistente Allison McElgunn. O trabalho de editoração das duas, somado ao de Emily DeHuff, serviu para fazer deste livro exatamente o que havíamos esperado, e mais até.

Quem orquestrou toda a empreitada pelo lado da publicação foi Jim Levine, nosso agente literário na Levine/Greenberg, em Nova York. Ele e sua equipe, que inclui Kerry Sparks e Elizabeth Fisher, fizeram a execução deste projeto parecer fácil. Pura magia da parte deles, temos certeza.

Por fim, queremos agradecer a nossas famílias. A irmã de Susana, Carolina Martinez-Conde García, ajudou-nos a compreender a natureza da falácia do jogador do ponto de vista do crupiê, e também digitou a totalidade dos diários do avô de ambas, Enrique, para que Susana pudesse usá-los no Capítulo 10. A madrinha de Susana, María de la Cruz García Blanco, ajudou-nos a entender a história de seu pai, Enrique, e o papel que ele desempenhou na Guerra Civil espanhola. Nossos dois filhos pequenos, Iago e Brais, nasceram depois de começarmos a trabalhar com mágicos e estiveram mergulhados nesse processo durante toda a vida deles. O projeto nos levou pelo mundo afora, a mais de uma dúzia de países de quase todos os continentes. Arrastamos os meninos conosco em todo esse percurso. Nossas mães, Sarah Macknik e Laura Cruz García Blanco, foram maravilhosas e muitas vezes viajaram conosco para nos ajudar a cuidar de nossos filhos, mas foram realmente os meninos que suportaram com espírito esportivo os inconvenientes para sua jovem vida. Iago, aos três anos, tem seu próprio cartão ouro de viajante frequente da US Airways. Brincando em um hotel diferente a cada semana e procurando crianças com quem brincar em restaurantes anônimos, eles foram parceiros de verdade e nós lhes somos profundamente gratos pela magia que trazem para nossas vidas.

Índice

Os números de página em itálico referem-se a quadros e ilustrações.

1ª EDIÇÃO [2011]

ESTA OBRA FOI COMPOSTA POR POR LETRA E IMAGEM EM UNIVERS E DANTE PRO E IMPRESSA PELA UMLIVRO EM PROCESSO DE IMPRESSÃO SOB DEMANDA SOBRE PAPEL PÓLEN SOFT DA SUZANO S.A. PARA A EDITORA SCHWARCZ A PARTIR DE MAIO DE 2020

FSC
www.fsc.org
MISTO
Papel produzido a partir de fontes responsáveis
FSC® C128038

A marca FSC® é a garantia de que a madeira utilizada na fabricação do papel deste livro provém de florestas que foram gerenciadas de maneira ambientalmente correta, socialmente justa e economicamente viável, além de outras fontes de origem controlada.